普通高等教育农业部"十二五"规划教材
全国高等农林院校"十二五"规划教材

线 性 代 数

第 三 版

张洪谦　主编

中国农业出版社

内容简介

　　本书较全面地介绍了线性代数的主要内容。全书共分七章，分别介绍了行列式、n 维向量、矩阵、线性方程组、方阵的特征值和特征向量、二次型以及线性空间与线性变换。每章末配有一定数量的习题，并附有习题参考答案。每章后面都附加一篇阅读材料，或介绍一则基础知识，或给出一种重要方法，以便于查阅和开阔视野。

　　本书可作为高等院校线性代数教材，也可供自学者和科技工作者参考使用。

第三版编写人员名单

主　编　张洪谦

副主编　孙丹娜　李福乐　黄凯美

参　编　刘　倩　刘振斌　吴　慧

　　　　辛永训　许　洋　徐　英

　　　　杨　雪　邢海龙

第一版编写人员名单

主　编　任明荣　张洪谦

副主编　孙丹娜　刘桂阳　沙荣方

　　　　黄凯美　魏云超

第二版编写人员名单

主　编　张洪谦

副主编　孙丹娜　刘柱阳　沙荣方

　　　　黄凯美　魏云超　王兆玲

参　编　刘　倩　许　洋　辛永训

　　　　吴　慧　李福乐　杨　雪

　　　　赵　静　徐　英

主　审　任明荣

[第三版前言]

　　本教材是普通高等教育农业部"十二五"规划教材，结合在教学过程中授课教师、广大同学以及工作人员对本教材所提出的意见和建议，本次修订除了对几处极个别错误和个别不当之处进行了改正和修正之外，主要做了以下工作：

　　1. 进一步统一了全书的数学符号，使其应用更趋广泛、更趋完美。

　　2. 调整了一套自我检测题，增加了两套自我检测题，以便于学生更全面系统地进行自我学习与检测之用。

　　3. 新加了多媒体教学课件，以便于广大师生更直观更形象地进行教学，同时，本课件还对本课程的主要内容、基本要求等方面进行了总结，这对于初学者也是重要的。

　　许洋老师编写并制作了多媒体课件的第一章，刘倩老师编写并制作了第二章，辛永训老师编写并制作了第三章，杨雪老师编写并制作了第四章，吴慧老师编写并制作了第五章，徐英老师编写并制作了第六章，教学大纲是由李福乐和刘振斌老师共同完成的。

　　在修订过程中，各位任课教师提出了许多宝贵的意见和建议，在此一并致谢。

　　教材中难免还有不当之处，敬请专家、同仁和广大读者批评指正。

编　者

2013 年 7 月于青岛

[第一版前言]

　　本书是由在农、林、水等高等院校从事数学教学工作多年的第一线教师集体编写。根据农、林、医、生物类《线性代数》的基本要求，面对相应学生的实际情况，经参编同志的反复讨论，写就目前这一体系。

　　考虑到农、林、医、生物类专业之间的差异，打"※"部分可由执教老师自定取舍。习题画线之前的部分，作为教学必须掌握内容的相应练习。画线之后的部分供有余力的学生自我提高练习之用。为了拓展学生视野以及提高学生兴趣，每章末编写了阅读材料，希望有益于本课程的学习。

　　魏云超老师编写了第一章，沙荣方老师编写了第二章，任明荣老师编写了第三章，刘桂阳老师编写了第四章，孙丹娜老师编写了第五章，黄凯美老师编写了第六章，张洪谦老师编写了第七章。同时，张洪谦老师编写了全部的阅读材料。张洪谦、魏云超两位老师对书稿的最后编排，付出了大量的劳动。

　　上海水产大学教务处、莱阳农学院教务处对于本教材的出版，给予了积极的支持和帮助，在此表示感谢。

　　由于水平所限，不当之处在所难免，敬请专家和读者批评指正，不吝赐教。

编　者

2006 年 7 月于青岛

除对初版中的个别错误和不当之处做了必要的改正和修正外，相对初版主要做了以下工作：

1. 作为矩阵初等变换和齐次线性方程组解的理论的应用，将向量组的极大线性无关组的求法放在了线性方程组一章中，并加了一个支撑性定理。

2. 化二次型为标准形的初等变换法可以看作配方法的矩阵表达形式，它们解决了同种类型的标准形的化法问题，因此将初等变换法列为选学内容。而正交变换法由于所化标准形唯一，且保持了几何性质不变，因此被列为必学内容。

向量的内积作为向量的重要运算被列为必学内容。

对称矩阵的正交对角化列为必学内容。

3. 克莱姆法则是行列式的典型应用，将它放在行列式的重要计算方法——展开定理之后。

4. 修正了个别定理的证明方法。

5. 调整了部分例题和习题。

6. 书末给出了七套自我检测题且附以较详细的解答，以便于初学者自我检查基本内容的掌握情况。

张洪谦

2009 年 3 月于青岛

［目 录］

□□□□□□□□□□□□□□□□□□□□

第三版前言
第一版前言
第二版前言

第一章　行　列　式

中学数学中一个非常重要的内容就是一次方程(组)，从一元一次方程、二元一次方程组、三元一次方程组到较为多元的一次方程组，解法往往是换元、替代或高斯消元，但是对于多元一次方程组而言，用中学的方法求解显然是比较繁杂的，所以进一步研究一次方程组的解法是很有必要的，而行列式是研究一次方程组的重要数学工具之一．本章在对行列式概念和性质讨论的基础上，会深入阐述行列式的展开定理和克莱姆法则，并介绍拉普拉斯定理与行列式乘法．

§1　行列式的概念

一、排列和逆序数

行列式有多种定义形式，我们采用最常见的 n 元排列定义法，为此，先学习相关概念和结论，看一个例子．

例 1　用 1、2、3 三个数字，可以组成多少个没有重复数字的三位数？

解　有 6 个不同的三位数，它们是：123，132，213，231，312，321.

同理，对于 n 个不同的数字，也可以作类似的排列．

定义 1　由前 n 个正整数 1，2，$\cdots$，n 组成的一个有序数组称为一个 n 元排列．

一般常用 $j_1 j_2 \cdots j_n$ 表示一个 n 元排列，其中 j_1 是该排列的第 1 个数，j_2 是该排列的第 2 个数，依此类推．显然，由数集 $\{1, 2, \cdots, n\}$ 组成的所有排列的种数为 $n!$．下面用逆序来对排列进行分类．

定义 2　在一个排列中，若有一个大数排在一个小数之前(即左边)，则称这两个数构成该排列的一个逆序(反序)．一个排列中逆序的总数，称为该排列的逆序数(反序数)，记作 $\tau(j_1 j_2 \cdots j_n)$．如果逆序数是偶数称为偶排列，逆序数是奇数称为奇排列．

现在来讨论排列 $j_1 j_2 \cdots j_n$ 的逆序数的计算．考虑排列中的第 i 个位置上的数 $j_i (i=1, 2, \cdots, n)$，如果比 j_i 大的且排在 j_i 前面的数有 a_i 个，则由 j_i 构成的逆序数就是 a_i，由此可得该排列的逆序数就是：

$$\tau(j_1 j_2 \cdots j_n) = a_1 + a_2 + \cdots + a_n = \sum_{i=1}^{n} a_i.$$

例 2 求排列 24135 的逆序数.

解 在该排列中，2 排在首位，逆序数 $a_1 = 0$；4 的前面比 4 大的数没有，逆序数 $a_2 = 0$；1 的前面比 1 大的数有 2 和 4，逆序数 $a_3 = 2$；3 的前面比 3 大的数有 4，逆序数 $a_4 = 1$；5 的前面比 5 大的数没有，逆序数 $a_5 = 0$. 所以该排列的逆序数 $a = a_1 + a_2 + \cdots + a_5 = 3$.

二、二阶与三阶行列式

在线性代数发展的过程中，行列式的研究源于对线性方程组的研究. 例如，在中学时求解二元一次线性方程组

$$\begin{cases} a_{11}x + a_{12}y = b_1, \\ a_{21}x + a_{22}y = b_2, \end{cases} \tag{1}$$

用加减消元法不难求出，当 $a_{11}a_{22} \neq a_{12}a_{21}$ 时，得到解

$$x = \frac{b_1 a_{22} - a_{12} b_2}{a_{11} a_{22} - a_{12} a_{21}}, \quad y = \frac{a_{11} b_2 - b_1 a_{21}}{a_{11} a_{22} - a_{12} a_{21}}. \tag{2}$$

现把方程组(1)中的未知数系数按照下标次序排列在一起

$$\begin{matrix} a_{11} & a_{12} \\ a_{21} & a_{22} \end{matrix}, \tag{3}$$

从(2)式的结果可以看出，分母正好是(3)式排列的对角线乘积之差.

定义 3 $\begin{vmatrix} a_{11} & a_{12} \\ a_{21} & a_{22} \end{vmatrix}$ 叫作一个二阶行列式，它的值定义为

$$a_{11}a_{22} - a_{12}a_{21},$$

即

$$\begin{vmatrix} a_{11} & a_{12} \\ a_{21} & a_{22} \end{vmatrix} = a_{11}a_{22} - a_{12}a_{21},$$

其中，a_{ij} 表示第 i 行第 j 列 (i, j 分别为行标和列标) 位置上的元素.

由此，若记

$$D = \begin{vmatrix} a_{11} & a_{12} \\ a_{21} & a_{22} \end{vmatrix}, \quad D_1 = \begin{vmatrix} b_1 & a_{12} \\ b_2 & a_{22} \end{vmatrix}, \quad D_2 = \begin{vmatrix} a_{11} & b_1 \\ a_{21} & b_2 \end{vmatrix},$$

则(2)式可写成

$$x = \frac{D_1}{D}, \quad y = \frac{D_2}{D}.$$

用这个公式可以求解二元一次方程组，请读者自己去检验.

注意，在 $a_{11}a_{22}-a_{12}a_{21}$ 里，从 $a_{11}a_{22}$ 到 $-a_{12}a_{21}$，行标顺序没有变，而列标的顺序颠倒了，并且 $a_{11}a_{22}$ 中的列标逆序为 0(偶数)，它的系数就为正数；反之 $-a_{12}a_{21}$ 的列标逆序为 1(奇数)，它的系数为负，这是巧合吗？下面来看三阶行列式.

定义 4 $\begin{vmatrix} a_{11} & a_{12} & a_{13} \\ a_{21} & a_{22} & a_{23} \\ a_{31} & a_{32} & a_{33} \end{vmatrix}$ 叫作一个三阶行列式，它的值定义为

$$a_{11}a_{22}a_{33}+a_{12}a_{23}a_{31}+a_{13}a_{21}a_{32}-a_{11}a_{23}a_{32}-a_{12}a_{21}a_{33}-a_{13}a_{22}a_{31},$$

即 $\begin{vmatrix} a_{11} & a_{12} & a_{13} \\ a_{21} & u_{22} & a_{23} \\ a_{31} & a_{32} & a_{33} \end{vmatrix}=a_{11}a_{22}a_{33}+a_{12}a_{23}a_{31}+a_{13}a_{21}a_{32}-a_{11}a_{23}a_{32}-a_{12}a_{21}a_{33}-a_{13}a_{22}a_{31},$

其中 $a_{ij}(i,j=1,2,3)$ 表示第 i 行第 j 列(i,j 分别为行标和列标)位置上的元素.

例 3 计算三阶行列式

$$D=\begin{vmatrix} 4 & -7 & 2 \\ 5 & 3 & 6 \\ 1 & 1 & -1 \end{vmatrix}.$$

解 按三阶行列式的定义代入便有：
$$\begin{aligned} D &= 4\times3\times(-1)+(-7)\times6\times1+2\times5\times1-\\ &\quad 4\times6\times1-(-7)\times5\times(-1)-1\times3\times2\\ &=-12-42+10-24-35-6=-109. \end{aligned}$$

同理，在 $a_{11}a_{22}a_{33}+a_{12}a_{23}a_{31}+a_{13}a_{21}a_{32}-a_{11}a_{23}a_{32}-a_{12}a_{21}a_{33}-a_{13}a_{22}a_{31}$ 里，从正项到负项每项 $a_{1j_1}a_{2j_2}a_{3j_3}$ 行标的顺序没有变，而列标的顺序变了，并且正项的列标逆序为偶数，负项的列标逆序为奇数，这看来不是巧合. 这样三阶行列式可表示为

$$\begin{vmatrix} a_{11} & a_{12} & a_{13} \\ a_{21} & a_{22} & a_{23} \\ a_{31} & a_{32} & a_{33} \end{vmatrix}=\sum_{j_1 j_2 j_3}(-1)^{\tau(j_1 j_2 j_3)}a_{1j_1}a_{2j_2}a_{3j_3},$$

其中 $\sum\limits_{j_1 j_2 j_3}$ 表示对所有三元排列 $j_1 j_2 j_3$ 求和. 由此可以给出 n 阶行列式的定义.

三、n 阶行列式

定义 5 将 n^2 个数按 n 行 n 列排列为

$$\begin{vmatrix} a_{11} & a_{12} & \cdots & a_{1n} \\ a_{21} & a_{22} & \cdots & a_{2n} \\ \vdots & \vdots & & \vdots \\ a_{n1} & a_{n2} & \cdots & a_{nn} \end{vmatrix}$$

叫作一个 n 阶行列式，它的值定义为

$$\sum_{j_1 j_2 \cdots j_n} (-1)^{\tau(j_1 j_2 \cdots j_n)} a_{1j_1} a_{2j_2} \cdots a_{nj_n},$$

即

$$\begin{vmatrix} a_{11} & a_{12} & \cdots & a_{1n} \\ a_{21} & a_{22} & \cdots & a_{2n} \\ \vdots & \vdots & & \vdots \\ a_{n1} & a_{n2} & \cdots & a_{nn} \end{vmatrix} = \sum_{j_1 j_2 \cdots j_n} (-1)^{\tau(j_1 j_2 \cdots j_n)} a_{1j_1} a_{2j_2} \cdots a_{nj_n},$$

其中 $\displaystyle\sum_{j_1 j_2 \cdots j_n}$ 表示对所有 n 元排列 $j_1 j_2 \cdots j_n$ 求和.

例4 证明上三角行列式

$$D = \begin{vmatrix} a_{11} & a_{12} & \cdots & a_{1n} \\ 0 & a_{22} & \cdots & a_{2n} \\ \vdots & \vdots & & \vdots \\ 0 & 0 & \cdots & a_{nn} \end{vmatrix} = a_{11} a_{22} \cdots a_{nn}.$$

证 我们关心的是 D 的展开式中不为零的那些项. D 的一般项是

$$D = \sum_{j_1 j_2 \cdots j_n} (-1)^{\tau(j_1 j_2 \cdots j_n)} a_{1j_1} a_{2j_2} \cdots a_{nj_n}.$$

由于 D 的第 n 行元素除去 a_{nn} 外全是零，所以只要考虑 $j_n = n$ 的那些项；同理，D 的第 $(n-1)$ 行只要考虑 $j_{n-1} = n-1$. 这样逐步推导下去易得，在 D 的展开式中，除去 $a_{11} a_{22} \cdots a_{nn}$ 这项外，其余项全为零，且此项前的系数为 $(-1)^{\tau(12 \cdots n)} = 1$.

另外，由这个结论可得到

$$\begin{vmatrix} a_{11} & & & \\ & a_{22} & & \\ & & \ddots & \\ & & & a_{nn} \end{vmatrix} = a_{11} a_{22} \cdots a_{nn}.$$

同理可推得

$$\begin{vmatrix} a_{11} & 0 & \cdots & 0 \\ a_{21} & a_{22} & \cdots & 0 \\ \vdots & \vdots & & \vdots \\ a_{n1} & a_{n2} & \cdots & a_{nn} \end{vmatrix} = a_{11} a_{22} \cdots a_{nn}$$

和
$$\begin{vmatrix} & & & a_{1n} \\ & & a_{2,n-1} & \\ & \ddots & & \\ a_{n1} & & & \end{vmatrix} = (-1)^{\frac{n(n-1)}{2}} a_{1n} a_{2,n-1} \cdots a_{n1}.$$

§2 行列式的性质

一、排列的对换

在研究 n 阶行列式的性质之前必须要了解排列的性质.

定义 6 在排列中任意对调两个元素，其余的元素不动，这一过程被称为对换. 若两个元素相邻，则称为相邻对换.

定理 1 每一个对换，排列的逆序数改变奇偶性.

证[※] 先看相邻情况，设

$$\cdots ab \cdots \longrightarrow \cdots ba \cdots.$$

这种情况下，这两个数 a 和 b 与其他数是否构成逆序的事实没有改变. 不同的只是对换了 a 与 b 的次序. 若原来它们不构成逆序，那么对换后，排列的逆序数增加 1；反之减少 1. 因此，相邻数的对换改变了排列的奇偶性.

再看一般情况，设

$$\cdots a j_1 j_2 \cdots j_s b \cdots \longrightarrow \cdots b j_1 j_2 \cdots j_s a \cdots.$$

显然，这个对换总可以通过一系列的相邻对换来实现. 先把 a 与 j_1 对换，再与 j_2 对换，$\cdots$，即把 a 一位一位地向右移，则经过 $s+1$ 次相邻的对换，就变成了

$$\cdots a j_1 j_2 \cdots j_s b \cdots \longrightarrow \cdots j_1 j_2 \cdots j_s ba \cdots.$$

同样，再把 b 一位一位相邻左移，经过 s 次相邻的对换可得

$$\cdots j_1 j_2 \cdots j_s ba \cdots \longrightarrow \cdots b j_1 j_2 \cdots j_s a \cdots.$$

因此，a、b 的对换可以通过 $2s+1$ 次相邻的对换来实现. 前面已证明相邻的对换改变排列的奇偶性，显然，$2s+1$ 次相邻对换的最终结果还是改变排列的奇偶性.

定理 2 n 阶行列式也可定义为

$$\begin{vmatrix} a_{11} & a_{12} & \cdots & a_{1n} \\ a_{21} & a_{22} & \cdots & a_{2n} \\ \vdots & \vdots & & \vdots \\ a_{n1} & a_{n2} & \cdots & a_{nn} \end{vmatrix} = \sum_{j_1 j_2 \cdots j_n} (-1)^{\tau(j_1 j_2 \cdots j_n)} a_{j_1 1} a_{j_2 2} \cdots a_{j_n n}.$$

证　按行列式定义，原式有

$$D = \sum_{j_1 j_2 \cdots j_n} (-1)^{\tau(j_1 j_2 \cdots j_n)} a_{1j_1} a_{2j_2} \cdots a_{nj_n},$$

记

$$D_1 = \sum_{j_1 j_2 \cdots j_n} (-1)^{\tau(j_1 j_2 \cdots j_n)} a_{j_1 1} a_{j_2 2} \cdots a_{j_n n},$$

对于 D 中任一项 $(-1)^{\tau(j_1 j_2 \cdots j_n)} a_{1j_1} a_{2j_2} \cdots a_{nj_n}$，经过因子的交换便得到 D_1 中的唯一一项 $(-1)^{\tau(j_1' j_2' \cdots j_n')} a_{j_1' 1} a_{j_2' 2} \cdots a_{j_n' n}$，以下只需说明 $\tau(j_1 j_2 \cdots j_n)$ 与 $\tau(j_1' j_2' \cdots j_n')$ 的奇偶性相同即可．我们说，每进行一次因子的交换，行排列和列排列都发生一次对换，由定理 1 可知，行排列和列排列的奇偶性同时改变，而行排列由偶排列 $12 \cdots n$ 变成排列 $j_1' j_2' \cdots j_n'$，列排列则由排列 $j_1 j_2 \cdots j_n$ 变成偶排列 $12 \cdots n$，所以排列 $j_1' j_2' \cdots j_n'$ 与 $j_1 j_2 \cdots j_n$ 有相同的奇偶性．于是 $D = D_1$．

二、行列式的性质

定义 7　称行列式

$$\begin{vmatrix} a_{11} & a_{21} & \cdots & a_{n1} \\ a_{12} & a_{22} & \cdots & a_{n2} \\ \vdots & \vdots & & \vdots \\ a_{1n} & a_{2n} & \cdots & a_{nn} \end{vmatrix}$$

是行列式

$$D = \begin{vmatrix} a_{11} & a_{12} & \cdots & a_{1n} \\ a_{21} & a_{22} & \cdots & a_{2n} \\ \vdots & \vdots & & \vdots \\ a_{n1} & a_{n2} & \cdots & a_{nn} \end{vmatrix}$$

的转置行列式，记作 D^{T}．

性质 1　行列式和它的转置行列式相等．

证　根据行列式的定义不难得到

$$D^{\mathrm{T}} = \sum_{j_1 j_2 \cdots j_n} (-1)^{\tau(j_1 j_2 \cdots j_n)} a_{j_1 1} a_{j_2 2} \cdots a_{j_n n}.$$

再由定理 2 即可得出结论．

性质 1 告诉我们这样一个事实：行列式中行具有的性质列也具有．这使得性质的证明过程省掉一半，即只对行（或列）证明即可．

性质 2　互换行列式的两行（或列），行列式变号．

为了便于书写，往往以 r_i 表示行列式的第 i 行，以 c_i 表示行列式的第 i 列．交换两行记作 $r_i \leftrightarrow r_j (i \neq j)$，交换两列记作 $c_i \leftrightarrow c_j (i \neq j)$．

推论 1 若行列式有两行(或列)完全相同,则行列式为零.

证 把这两行互换,有 $D=-D$,故 $D=0$.

性质 3 行列式的某一行(或列)中所有的元素都乘以同一个数 k,等于用数 k 乘以此行列式,即

$$kD=k\begin{vmatrix} a_{11} & a_{12} & \cdots & a_{1n} \\ \vdots & \vdots & & \vdots \\ a_{i1} & a_{i2} & \cdots & a_{in} \\ \vdots & \vdots & & \vdots \\ a_{n1} & a_{n2} & \cdots & a_{nn} \end{vmatrix}=\begin{vmatrix} a_{11} & a_{12} & \cdots & a_{1n} \\ \vdots & \vdots & & \vdots \\ ka_{i1} & ka_{i2} & \cdots & ka_{in} \\ \vdots & \vdots & & \vdots \\ a_{n1} & a_{n2} & \cdots & a_{nn} \end{vmatrix}.$$

第 i 行(或列)乘以 k,记作 kr_i(或 kc_i).

结合推论 1 立得以下推论:

推论 2 行列式中如果有两行(或列)的元素成比例,则此行列式等于零.

性质 2、3 直接由行列式定义不难验证(略).

性质 4 若行列式的某一行(或列)的元素都是两数之和:

$$D=\begin{vmatrix} a_{11} & a_{12} & \cdots & a_{1n} \\ a_{21} & a_{22} & \cdots & a_{2n} \\ \vdots & \vdots & & \vdots \\ a_{i1}+a_{i1}' & a_{i2}+a_{i2}' & \cdots & a_{in}+a_{in}' \\ \vdots & \vdots & & \vdots \\ a_{n1} & a_{n2} & \cdots & a_{nn} \end{vmatrix}, \tag{a}$$

则

$$D=\begin{vmatrix} a_{11} & a_{12} & \cdots & a_{1n} \\ a_{21} & a_{22} & \cdots & a_{2n} \\ \vdots & \vdots & & \vdots \\ a_{i1} & a_{i2} & \cdots & a_{in} \\ \vdots & \vdots & & \vdots \\ a_{n1} & a_{n2} & \cdots & a_{nn} \end{vmatrix}+\begin{vmatrix} a_{11} & a_{12} & \cdots & a_{1n} \\ a_{21} & a_{22} & \cdots & a_{2n} \\ \vdots & \vdots & & \vdots \\ a_{i1}' & a_{i2}' & \cdots & a_{in}' \\ \vdots & \vdots & & \vdots \\ a_{n1} & a_{n2} & \cdots & a_{nn} \end{vmatrix}. \tag{b}$$

证 由行列式的定义,

$$(a)=\begin{vmatrix} a_{11} & a_{12} & \cdots & a_{1n} \\ a_{21} & a_{22} & \cdots & a_{2n} \\ \vdots & \vdots & & \vdots \\ a_{i1}+a_{i1}' & a_{i2}+a_{i2}' & \cdots & a_{in}+a_{in}' \\ \vdots & \vdots & & \vdots \\ a_{n1} & a_{n2} & \cdots & a_{nn} \end{vmatrix}$$

$$=\sum_{j_1 j_2 \cdots j_n} (-1)^{\tau(j_1 j_2 \cdots j_n)} a_{1j_1} a_{2j_2} \cdots (a_{ij_i}+a_{ij_i}') \cdots a_{nj_n}$$

$$= \sum_{j_1 j_2 \cdots j_n} (-1)^{\tau(j_1 j_2 \cdots j_n)} a_{1j_1} a_{2j_2} \cdots a_{ij_i} \cdots a_{nj_n} +$$

$$\sum_{j_1 j_2 \cdots j_n} (-1)^{\tau(j_1 j_2 \cdots j_n)} a_{1j_1} a_{2j_2} \cdots a'_{ij_i} \cdots a_{nj_n}$$

$$= (b).$$

性质 5 把行列式的某一行（或列）的各元素乘以同一数后加到另一行（或列）对应的元素上去，行列式不变.

由性质 4 拆开，再由推论 2 即得（略）.

以数 k 乘第 j 行（或列）加到第 i 行（或列）上，记作 $r_i + k r_j (c_i + k c_j)$.

例 5 计算行列式

$$\begin{vmatrix} 2 & 8 & -6 & 1 \\ 1 & 9 & 0 & -6 \\ 0 & -5 & -1 & 2 \\ 1 & 0 & -7 & 6 \end{vmatrix}.$$

解

$$\begin{vmatrix} 2 & 8 & -6 & 1 \\ 1 & 9 & 0 & -6 \\ 0 & -5 & -1 & 2 \\ 1 & 0 & -7 & 6 \end{vmatrix} \xlongequal[\text{}]{r_1 \leftrightarrow r_2} - \begin{vmatrix} 1 & 9 & 0 & -6 \\ 2 & 8 & -6 & 1 \\ 0 & -5 & -1 & 2 \\ 1 & 0 & -7 & 6 \end{vmatrix}$$

$$\xlongequal[r_4 - r_1]{r_2 - 2r_1} - \begin{vmatrix} 1 & 9 & 0 & -6 \\ 0 & -10 & -6 & 13 \\ 0 & -5 & -1 & 2 \\ 0 & -9 & -7 & 12 \end{vmatrix} \xlongequal[r_4 - \frac{9}{10}r_2]{r_3 - \frac{1}{2}r_2} - \begin{vmatrix} 1 & 9 & 0 & -6 \\ 0 & -10 & -6 & 13 \\ 0 & 0 & 2 & -\frac{9}{2} \\ 0 & 0 & -\frac{8}{5} & \frac{3}{10} \end{vmatrix}$$

$$\xlongequal{r_4 + \frac{4}{5}r_3} - \begin{vmatrix} 1 & 9 & 0 & -6 \\ 0 & -10 & -6 & 13 \\ 0 & 0 & 2 & -\frac{9}{2} \\ 0 & 0 & 0 & -\frac{33}{10} \end{vmatrix} = -66.$$

例 6 证明行列式

$$\begin{vmatrix} a_1 + b_1 x & a_1 x + b_1 & c_1 \\ a_2 + b_2 x & a_2 x + b_2 & c_2 \\ a_3 + b_3 x & a_3 x + b_3 & c_3 \end{vmatrix} = (1 - x^2) \begin{vmatrix} a_1 & b_1 & c_1 \\ a_2 & b_2 & c_2 \\ a_3 & b_3 & c_3 \end{vmatrix}.$$

证 解法 1 利用性质 4

$$\begin{vmatrix} a_1+b_1x & a_1x+b_1 & c_1 \\ a_2+b_2x & a_2x+b_2 & c_2 \\ a_3+b_3x & a_3x+b_3 & c_3 \end{vmatrix} = \begin{vmatrix} a_1+b_1x & a_1x & c_1 \\ a_2+b_2x & a_2x & c_2 \\ a_3+b_3x & a_3x & c_3 \end{vmatrix} + \begin{vmatrix} a_1+b_1x & b_1 & c_1 \\ a_2+b_2x & b_2 & c_2 \\ a_3+b_3x & b_3 & c_3 \end{vmatrix}$$

$$= \begin{vmatrix} a_1 & a_1x & c_1 \\ a_2 & a_2x & c_2 \\ a_3 & a_3x & c_3 \end{vmatrix} + \begin{vmatrix} b_1x & a_1x & c_1 \\ b_2x & a_2x & c_2 \\ b_3x & a_3x & c_3 \end{vmatrix} + \begin{vmatrix} a_1 & b_1 & c_1 \\ a_2 & b_2 & c_2 \\ a_3 & b_3 & c_3 \end{vmatrix} + \begin{vmatrix} b_1x & b_1 & c_1 \\ b_2x & b_2 & c_2 \\ b_3x & b_3 & c_3 \end{vmatrix}.$$

利用性质 3 可得

$$原式 = x\begin{vmatrix} a_1 & a_1 & c_1 \\ a_2 & a_2 & c_2 \\ a_3 & a_3 & c_3 \end{vmatrix} + x^2\begin{vmatrix} b_1 & a_1 & c_1 \\ b_2 & a_2 & c_2 \\ b_3 & a_3 & c_3 \end{vmatrix} + \begin{vmatrix} a_1 & b_1 & c_1 \\ a_2 & b_2 & c_2 \\ a_3 & b_3 & c_3 \end{vmatrix} + x\begin{vmatrix} b_1 & b_1 & c_1 \\ b_2 & b_2 & c_2 \\ b_3 & b_3 & c_3 \end{vmatrix}.$$

利用推论 1 可得

$$原式 = x^2\begin{vmatrix} b_1 & a_1 & c_1 \\ b_2 & a_2 & c_2 \\ b_3 & a_3 & c_3 \end{vmatrix} + \begin{vmatrix} a_1 & b_1 & c_1 \\ a_2 & b_2 & c_2 \\ a_3 & b_3 & c_3 \end{vmatrix}.$$

再利用性质 2 可得

$$原式 = (1-x^2)\begin{vmatrix} a_1 & b_1 & c_1 \\ a_2 & b_2 & c_2 \\ a_3 & b_3 & c_3 \end{vmatrix}.$$

必须注意：以下做法是错误的.

$$\begin{vmatrix} a_1+b_1x & a_1x+b_1 & c_1 \\ a_2+b_2x & a_2x+b_2 & c_2 \\ a_3+b_3x & a_3x+b_3 & c_3 \end{vmatrix} = \begin{vmatrix} a_1 & a_1x & c_1 \\ a_2 & a_2x & c_2 \\ a_3 & a_3x & c_3 \end{vmatrix} + \begin{vmatrix} b_1x & b_1 & c_1 \\ b_2x & b_2 & c_2 \\ b_3x & b_3 & c_3 \end{vmatrix}.$$

一般来讲，拆开的方法较麻烦. 以下我们给出例 6 的更简单解法.

解法 2 左边 $\xlongequal{c_1-xc_2}$ $\begin{vmatrix} a_1(1-x^2) & a_1x+b_1 & c_1 \\ a_2(1-x^2) & a_2x+b_2 & c_2 \\ a_3(1-x^2) & a_3x+b_3 & c_3 \end{vmatrix}$

$$= (1-x^2)\begin{vmatrix} a_1 & a_1x+b_1 & c_1 \\ a_2 & a_2x+b_2 & c_2 \\ a_3 & a_3x+b_3 & c_3 \end{vmatrix}$$

$$\xlongequal{c_2-xc_1} (1-x^2)\begin{vmatrix} a_1 & b_1 & c_1 \\ a_2 & b_2 & c_2 \\ a_3 & b_3 & c_3 \end{vmatrix} = 右边.$$

例 7 计算行列式

$$\begin{vmatrix} x & a & \cdots & a \\ a & x & \cdots & a \\ \vdots & \vdots & & \vdots \\ a & a & \cdots & x \end{vmatrix}.$$

解 从第 2 列到第 n 列都加到第 1 列上，可得

$$\begin{vmatrix} x+(n-1)a & a & \cdots & a \\ x+(n-1)a & x & \cdots & a \\ \vdots & \vdots & & \vdots \\ x+(n-1)a & a & \cdots & x \end{vmatrix} = [x+(n-1)a]\begin{vmatrix} 1 & a & \cdots & a \\ 1 & x & \cdots & a \\ \vdots & \vdots & & \vdots \\ 1 & a & \cdots & x \end{vmatrix}.$$

再从第 2 行至第 n 行，每行都减去第 1 行可得

$$原式=[x+(n-1)a]\begin{vmatrix} 1 & a & \cdots & a \\ 0 & x-a & \cdots & 0 \\ \vdots & \vdots & & \vdots \\ 0 & 0 & \cdots & x-a \end{vmatrix}$$

$$=[x+(n-1)a](x-a)^{n-1}.$$

§3 行列式的展开定理

前面已经详细讨论了行列式的计算方法，结合行列式的性质，我们不难发现，低阶行列式的化简还是比较容易的．因此，如果能够把高阶的行列式降阶，这对计算高阶行列式显然是非常有益的，接下来我们将着重讨论这个问题．

定义 8 在 n 阶行列式中，把元素 a_{ij} 所在的第 i 行和第 j 列划去后，留下来的 $n-1$ 阶行列式叫作元素 a_{ij} 的余子式，记为 M_{ij}；而 $A_{ij}=(-1)^{i+j}M_{ij}$ 被称为元素 a_{ij} 的代数余子式．

例 8 求三阶行列式

$$D = \begin{vmatrix} 1 & 2 & 3 \\ 4 & 5 & 6 \\ 7 & 8 & 9 \end{vmatrix}$$

中元素 1 和 8 的余子式和代数余子式．

解 1 的余子式：$M_{11} = \begin{vmatrix} 5 & 6 \\ 8 & 9 \end{vmatrix} = 45-48 = -3$；

1 的代数余子式：$A_{11} = (-1)^{1+1}M_{11} = M_{11} = -3$；

8 的余子式：$M_{32} = \begin{vmatrix} 1 & 3 \\ 4 & 6 \end{vmatrix} = 6-12 = -6$；

8 的代数余子式：$A_{32}=(-1)^{3+2}M_{32}=-M_{32}=6.$

利用代数余子式，我们可以得出一个很重要的行列式展开定理：

定理 3 一个 n 阶行列式，若其中第 i 行所有元素除 a_{ij} 外都为零，则这个行列式等于 a_{ij} 与它的代数余子式的乘积，即

$$D=a_{ij}A_{ij}.$$

证 先证 $i=n$，$j=n$ 的情况，此时

$$D=\begin{vmatrix} a_{11} & \cdots & a_{1,n-1} & a_{1n} \\ \vdots & \ddots & \vdots & \vdots \\ a_{n-1,1} & \cdots & a_{n-1,n-1} & a_{n-1,n} \\ 0 & \cdots & 0 & a_{nn} \end{vmatrix}.$$

根据行列式的定义可知

$$D=\sum_{j_1\cdots j_{n-1}j_n}(-1)^{\tau(j_1\cdots j_{n-1}j_n)}a_{1j_1}\cdots a_{n-1,\,j_{n-1}}a_{nj_n}.$$

在 D 的展开式中，对应于 $j_n\neq n$ 的项全为零，故只考虑 $j_n=n$ 的项，所以

$$D=\sum_{j_1\cdots j_{n-1}n}(-1)^{\tau(j_1\cdots j_{n-1}n)}a_{1j_1}\cdots a_{n-1,\,j_{n-1}}a_{nn}$$

$$=a_{nn}\sum_{j_1\cdots j_{n-1}}(-1)^{\tau(j_1\cdots j_{n-1})}a_{1j_1}\cdots a_{n-1,\,j_{n-1}}$$

$$=a_{nn}M_{nn}$$

$$=a_{nn}A_{nn}.$$

再看一般形式

$$D=\begin{vmatrix} a_{11} & \cdots & a_{1j} & \cdots & a_{1n} \\ \vdots & & \vdots & & \vdots \\ 0 & \cdots & a_{ij} & \cdots & 0 \\ \vdots & & \vdots & & \vdots \\ a_{n1} & \cdots & a_{nj} & \cdots & a_{nn} \end{vmatrix}.$$

只要对此进行相邻对换行和列，直至 a_{ij} 到第 n 行第 n 列的位置上，再利用上面已得出的结果即可.

利用定理 3，容易得到行列式展开定理的一般形式：

定理 4（展开定理） 一个 n 阶行列式等于它的任一行（或列）的各元素与其对应的代数余子式的乘积之和，即

$$D=a_{i1}A_{i1}+a_{i2}A_{i2}+\cdots+a_{in}A_{in}(i=1,\ 2,\ \cdots,\ n)$$

或 $\qquad D=a_{1j}A_{1j}+a_{2j}A_{2j}+\cdots+a_{nj}A_{nj}(j=1,\ 2,\ \cdots,\ n).$

证

$$D = \begin{vmatrix} a_{11} & a_{12} & \cdots & a_{1n} \\ \vdots & \vdots & & \vdots \\ a_{i1}+0+\cdots+0 & 0+a_{i2}+\cdots+0 & \cdots & 0+\cdots+0+a_{in} \\ \vdots & \vdots & & \vdots \\ a_{n1} & a_{n2} & \cdots & a_{nn} \end{vmatrix}$$

$$= \begin{vmatrix} a_{11} & a_{12} & \cdots & a_{1n} \\ \vdots & \vdots & & \vdots \\ a_{i1} & 0 & \cdots & 0 \\ \vdots & \vdots & & \vdots \\ a_{n1} & a_{n2} & \cdots & a_{nn} \end{vmatrix} + \begin{vmatrix} a_{11} & a_{12} & \cdots & a_{1n} \\ \vdots & \vdots & & \vdots \\ 0 & a_{i2} & \cdots & 0 \\ \vdots & \vdots & & \vdots \\ a_{n1} & a_{n2} & \cdots & a_{nn} \end{vmatrix} + \cdots + \begin{vmatrix} a_{11} & a_{12} & \cdots & a_{1n} \\ \vdots & \vdots & & \vdots \\ 0 & 0 & \cdots & a_{in} \\ \vdots & \vdots & & \vdots \\ a_{n1} & a_{n2} & \cdots & a_{nn} \end{vmatrix}.$$

由定理 3 的结果可得

$$D = a_{i1}A_{i1} + a_{i2}A_{i2} + \cdots + a_{in}A_{in} \quad (i=1, 2, \cdots, n).$$

类似可证 $D = a_{1j}A_{1j} + a_{2j}A_{2j} + \cdots + a_{nj}A_{nj} \quad (j=1, 2, \cdots, n).$

推论 3 行列式某一行(或列)的元素与另一行(或列)的对应元素的代数余子式的乘积之和等于零，即

$$a_{i1}A_{j1} + a_{i2}A_{j2} + \cdots + a_{in}A_{jn} = 0 \quad (i \neq j)$$

或

$$a_{1i}A_{1j} + a_{2i}A_{2j} + \cdots + a_{ni}A_{nj} = 0 \quad (i \neq j).$$

证※ 把 n 阶行列式按第 j 行展开，有

$$D = \begin{vmatrix} a_{11} & \cdots & a_{1n} \\ \vdots & & \vdots \\ a_{i1} & \cdots & a_{in} \\ \vdots & & \vdots \\ a_{j1} & \cdots & a_{jn} \\ \vdots & & \vdots \\ a_{n1} & \cdots & a_{nn} \end{vmatrix} = a_{j1}A_{j1} + a_{j2}A_{j2} + \cdots + a_{jn}A_{jn}.$$

在 D 中把 a_{jk} 换成 $a_{ik}(k=1, 2, \cdots, n)$ 得 D_1，将 D_1 仍按第 j 行展开可得

$$D_1 = \begin{vmatrix} a_{11} & \cdots & a_{1n} \\ \vdots & & \vdots \\ a_{i1} & \cdots & a_{in} \\ \vdots & & \vdots \\ a_{i1} & \cdots & a_{in} \\ \vdots & & \vdots \\ a_{n1} & \cdots & a_{nn} \end{vmatrix} = a_{i1}A_{j1} + a_{i2}A_{j2} + \cdots + a_{in}A_{jn},$$

当 $i\neq j$ 时，行列式 D_1 有两行对应元素相等，故行列式 D_1 等于零，所以有
$$a_{i1}A_{j1}+a_{i2}A_{j2}+\cdots+a_{in}A_{jn}=0 \quad (i\neq j).$$

同理可以证明另一个式子.

例9 证明范德蒙行列式
$$D_n=\begin{vmatrix} 1 & 1 & \cdots & 1 \\ x_1 & x_2 & \cdots & x_n \\ x_1^2 & x_2^2 & \cdots & x_n^2 \\ \vdots & \vdots & & \vdots \\ x_1^{n-1} & x_2^{n-1} & \cdots & x_n^{n-1} \end{vmatrix}=\prod_{1\leqslant j<i\leqslant n}(x_i-x_j),\ n>1,$$

其中
$$\prod_{1\leqslant j<i\leqslant n}(x_i-x_j)=(x_2-x_1)(x_3-x_1)\cdots(x_n-x_1)$$
$$(x_3-x_2)\cdots(x_n-x_2)$$
$$\cdots\cdots$$
$$(x_n-x_{n-1}).$$

证 这是一个很有规律的含 n 个参数的 n 阶行列式. 现用数学归纳法加以证明. 当 $n=2$ 时，
$$D_2=\begin{vmatrix} 1 & 1 \\ x_1 & x_2 \end{vmatrix}=x_2-x_1=\prod_{1\leqslant j<i\leqslant 2}(x_i-x_j),$$

结论显然成立. 假设对 $n-1$ 阶范德蒙行列式，结论成立，只要证明对 n 阶范德蒙行列式结论也成立就可以了.

在 D_n 中，从第 n 行起依次减去前一行的 x_1 倍，便有
$$D_n=\begin{vmatrix} 1 & 1 & \cdots & 1 \\ 0 & x_2-x_1 & \cdots & x_n-x_1 \\ 0 & x_2(x_2-x_1) & \cdots & x_n(x_n-x_1) \\ \vdots & \vdots & & \vdots \\ 0 & x_2^{n-2}(x_2-x_1) & \cdots & x_n^{n-2}(x_n-x_1) \end{vmatrix}.$$

按第1列展开后各列分别提取公因子得
$$D_n=(x_2-x_1)(x_3-x_1)\cdots(x_n-x_1)D_{n-1}.$$
而 D_{n-1} 是 $n-1$ 阶范德蒙行列式，根据归纳假设有
$$D_n=(x_2-x_1)(x_3-x_1)\cdots(x_n-x_1)\prod_{2\leqslant j<i\leqslant n}(x_i-x_j)=\prod_{1\leqslant j<i\leqslant n}(x_i-x_j).$$

§4 克莱姆法则

作为对行列式的应用，我们来讨论方程的个数与未知量个数相等的线性方程组的求解，它的一般形式为

$$\begin{cases} a_{11}x_1 + a_{12}x_2 + \cdots + a_{1n}x_n = b_1, \\ a_{21}x_1 + a_{22}x_2 + \cdots + a_{2n}x_n = b_2, \\ \cdots\cdots\cdots\cdots\cdots\cdots\cdots \\ a_{n1}x_1 + a_{n2}x_2 + \cdots + a_{nn}x_n = b_n. \end{cases} \qquad (4)$$

方程组(4)的一种特殊形式就是当 $b_1 = b_2 = \cdots = b_n = 0$ 时,被称为**齐次线性方程组**,即

$$\begin{cases} a_{11}x_1 + a_{12}x_2 + \cdots + a_{1n}x_n = 0, \\ a_{21}x_1 + a_{22}x_2 + \cdots + a_{2n}x_n = 0, \\ \cdots\cdots\cdots\cdots\cdots\cdots\cdots \\ a_{n1}x_1 + a_{n2}x_2 + \cdots + a_{nn}x_n = 0. \end{cases} \qquad (5)$$

与二元一次线性方程组一样,当满足一定条件时,方程组(4)的解也可以用 n 阶行列式表示,即有

定理 5(克莱姆法则) 如果线性方程组(4)的系数行列式不等于零,即

$$D = \begin{vmatrix} a_{11} & a_{12} & \cdots & a_{1n} \\ a_{21} & a_{22} & \cdots & a_{2n} \\ \vdots & \vdots & & \vdots \\ a_{n1} & a_{n2} & \cdots & a_{nn} \end{vmatrix} \neq 0,$$

则方程组(4)有唯一解

$$x_1 = \frac{D_1}{D}, \ x_2 = \frac{D_2}{D}, \ \cdots, \ x_n = \frac{D_n}{D},$$

其中 $D_j(j=1, 2, \cdots, n)$ 是把系数行列式 D 中的第 j 列元素用方程组右端的常数项代替后所得的 n 阶行列式,即

$$D_j = \begin{vmatrix} a_{11} & \cdots & a_{1,j-1} & b_1 & a_{1,j+1} & \cdots & a_{1n} \\ a_{21} & \cdots & a_{2,j-1} & b_2 & a_{2,j+1} & \cdots & a_{2n} \\ \vdots & & \vdots & \vdots & \vdots & & \vdots \\ a_{n1} & \cdots & a_{n,j-1} & b_n & a_{n,j+1} & \cdots & a_{nn} \end{vmatrix}.$$

该定理的证明不作必要要求,在此略去. 它作为线性方程组的一个特殊结论见第四章相关内容.

推论 4 若齐次线性方程组(5)的系数行列式 $D \neq 0$,则齐次线性方程组(5)没有非零解,即齐次线性方程组(5)只有唯一零解.

作为定理 5 的逆否命题就是定理 6.

定理 6 如果线性方程组(4)无解或有无穷多解,则它的系数行列式 $D=0$.

推论 5 若齐次线性方程组(5)有非零解,则它的系数行列式必为零.

例 10 用克莱姆法则求解方程组

$$\begin{cases} 2x_1 - 3x_2 + x_3 = -1, \\ x_1 + x_2 + x_3 = 6, \\ 6x_1 - x_2 = 4. \end{cases}$$

解 $D = \begin{vmatrix} 2 & -3 & 1 \\ 1 & 1 & 1 \\ 6 & -1 & 0 \end{vmatrix} \xrightarrow[r_3-3r_1]{r_2-\frac{1}{2}r_1} \begin{vmatrix} 2 & -3 & 1 \\ 0 & \frac{5}{2} & \frac{1}{2} \\ 0 & 8 & -3 \end{vmatrix} \xrightarrow{r_3-\frac{16}{5}r_2} \begin{vmatrix} 2 & -3 & 1 \\ 0 & \frac{5}{2} & \frac{1}{2} \\ 0 & 0 & -\frac{23}{5} \end{vmatrix}$

$$= 2 \times \frac{5}{2} \times \left(-\frac{23}{5}\right) = -23.$$

同理可得

$$D_1 = \begin{vmatrix} -1 & -3 & 1 \\ 6 & 1 & 1 \\ 4 & -1 & 0 \end{vmatrix} = -23, \quad D_2 = \begin{vmatrix} 2 & -1 & 1 \\ 1 & 6 & 1 \\ 6 & 4 & 0 \end{vmatrix} = -46,$$

$$D_3 = \begin{vmatrix} 2 & -3 & -1 \\ 1 & 1 & 6 \\ 6 & -1 & 4 \end{vmatrix} = -69,$$

于是得 $\quad x_1 = \dfrac{D_1}{D} = 1, \ x_2 = \dfrac{D_2}{D} = 2, \ x_3 = \dfrac{D_3}{D} = 3.$

例 11 问 λ 取何值时，齐次线性方程组

$$\begin{cases} \lambda x_1 + x_2 + x_3 = 0, \\ x_1 + x_2 + 3x_3 = 0, \\ 2x_1 + x_2 - x_3 = 0 \end{cases}$$

有非零解.

解 根据题意我们知道系数行列式

$$D = \begin{vmatrix} \lambda & 1 & 1 \\ 1 & 1 & 3 \\ 2 & 1 & -1 \end{vmatrix} = 0,$$

从而可得 $-\lambda + 1 + 6 - 2 + 1 - 3\lambda = 0$，于是 $\lambda = \dfrac{3}{2}$.

§5※ 拉普拉斯定理与行列式的乘法

一、拉普拉斯定理

如果一个单独数字被称为**一阶行列式**，那么行列式的完全展开式就是按照

某一行的一阶行列式与其代数余子式的乘积进行的. 拉普拉斯定理可以看作这一结论的推广, 首先推广余子式和代数余子式的概念.

定义 9 在 n 阶行列式 D 中任选 k 行、k 列, 位于这些行与列的交点处的 k^2 个元素按原来的相对位置组成的 k 阶行列式 M, 叫作 D 的一个 k 阶子式. 在 D 中划去 M 所在的行与列得到的 $n-k$ 阶子式 N, 叫作 M 的余子式. 如果 M 所在行的序数是 i_1, i_2, $\cdots$, i_k, 所在列的序数是 j_1, j_2, $\cdots$, j_k, 则称 $(-1)^{(i_1+\cdots+i_k)+(j_1+\cdots+j_k)} N$ 为 M 的代数余子式.

显然 M 与 N 互为余子式.

如五阶行列式

$$\begin{vmatrix} a_{11} & a_{12} & a_{13} & a_{14} & a_{15} \\ a_{21} & a_{22} & a_{23} & a_{24} & a_{25} \\ a_{31} & a_{32} & a_{33} & a_{34} & a_{35} \\ a_{41} & a_{42} & a_{43} & a_{44} & a_{45} \\ a_{51} & a_{52} & a_{53} & a_{54} & a_{55} \end{vmatrix}$$

的二阶子式 $M_1 = \begin{vmatrix} a_{21} & a_{23} \\ a_{41} & a_{43} \end{vmatrix}$ 和三阶子式 $M_2 = \begin{vmatrix} a_{11} & a_{14} & a_{15} \\ a_{31} & a_{34} & a_{35} \\ a_{51} & a_{54} & a_{55} \end{vmatrix}$ 的代数余子式分

别为 $\qquad (-1)^{2+4+1+3} \begin{vmatrix} a_{12} & a_{14} & a_{15} \\ a_{32} & a_{34} & a_{35} \\ a_{52} & a_{54} & a_{55} \end{vmatrix} = \begin{vmatrix} a_{12} & a_{14} & a_{15} \\ a_{32} & a_{34} & a_{35} \\ a_{52} & a_{54} & a_{55} \end{vmatrix}$

和 $\qquad (-1)^{1+3+5+1+4+5} \begin{vmatrix} a_{22} & a_{23} \\ a_{42} & a_{43} \end{vmatrix} = -\begin{vmatrix} a_{22} & a_{23} \\ a_{42} & a_{43} \end{vmatrix}.$

定理 7(拉普拉斯定理) 若在 n 阶行列式 D 中, 取定某 k 行($1 \leqslant k \leqslant n-1$), 那么这 k 行中的所有 k 阶子式(共有 C_n^k 个)分别与它们的代数余子式的乘积之和等于行列式 D.

证明从略.

例 12 计算五阶行列式

$$D = \begin{vmatrix} 3 & -1 & 0 & 0 & 0 \\ 1 & 3 & -1 & 0 & 0 \\ 0 & 1 & 3 & -1 & 0 \\ 0 & 0 & 1 & 3 & -1 \\ 0 & 0 & 0 & 1 & 3 \end{vmatrix}.$$

解 由于前两行有较多的零, 所以利用拉普拉斯展开定理, 把 D 按前两

行展开，前两行共有 $C_5^2 = 10$ 个二阶子式，但其中不为零的只有 3 个，即

$$M_1 = \begin{vmatrix} 3 & -1 \\ 1 & 3 \end{vmatrix}, \quad M_2 = \begin{vmatrix} 3 & 0 \\ 1 & -1 \end{vmatrix}, \quad M_3 = \begin{vmatrix} -1 & 0 \\ 3 & -1 \end{vmatrix}.$$

根据定理 7 可得

$$D = \begin{vmatrix} 3 & -1 \\ 1 & 3 \end{vmatrix} \begin{vmatrix} 3 & -1 & 0 \\ 1 & 3 & -1 \\ 0 & 1 & 3 \end{vmatrix} - \begin{vmatrix} 3 & 0 \\ 1 & -1 \end{vmatrix} \begin{vmatrix} 1 & -1 & 0 \\ 0 & 3 & -1 \\ 0 & 1 & 3 \end{vmatrix} +$$

$$\begin{vmatrix} -1 & 0 \\ 3 & -1 \end{vmatrix} \begin{vmatrix} 0 & -1 & 0 \\ 0 & 3 & -1 \\ 0 & 1 & 3 \end{vmatrix} = 360.$$

例 13 设 $D_1 = \begin{vmatrix} a_{11} & \cdots & a_{1k} \\ \vdots & & \vdots \\ a_{k1} & \cdots & a_{kk} \end{vmatrix}$，$D_2 = \begin{vmatrix} b_{11} & \cdots & b_{1n} \\ \vdots & & \vdots \\ b_{n1} & \cdots & b_{nn} \end{vmatrix}$，证明：

$$D = \begin{vmatrix} a_{11} & \cdots & a_{1k} & & & \\ \vdots & & \vdots & & \boldsymbol{O} & \\ a_{k1} & \cdots & a_{kk} & & & \\ c_{11} & \cdots & c_{1k} & b_{11} & \cdots & b_{1n} \\ \vdots & & \vdots & \vdots & & \vdots \\ c_{n1} & \cdots & a_{nk} & b_{n1} & \cdots & b_{nn} \end{vmatrix} = D_1 D_2.$$

证 由定理 7 将 D 按前 k 行展开即得结论.

二、行列式的乘法

定理 8 两个 n 阶行列式

$$D_1 = \begin{vmatrix} a_{11} & a_{12} & \cdots & a_{1n} \\ a_{21} & a_{22} & \cdots & a_{2n} \\ \vdots & \vdots & & \vdots \\ a_{n1} & a_{n2} & \cdots & a_{nn} \end{vmatrix} \text{ 和 } D_2 = \begin{vmatrix} b_{11} & b_{12} & \cdots & b_{1n} \\ b_{21} & b_{22} & \cdots & b_{2n} \\ \vdots & \vdots & & \vdots \\ b_{n1} & b_{n2} & \cdots & b_{nn} \end{vmatrix}$$

的乘积等于一个 n 阶行列式

$$C = \begin{vmatrix} c_{11} & c_{12} & \cdots & c_{1n} \\ c_{21} & c_{22} & \cdots & c_{2n} \\ \vdots & \vdots & & \vdots \\ c_{n1} & c_{n2} & \cdots & c_{nn} \end{vmatrix},$$

其中，C 的元素 c_{ij} 是 D_1 的第 i 行元素与 D_2 的第 j 列的对应元素的乘积之和，即

$$c_{ij} = a_{i1}b_{1j} + a_{i2}b_{2j} + \cdots + a_{in}b_{nj} = \sum_{k=1}^{n} a_{ik}b_{kj}, \ i, j = 1, 2, \cdots, n.$$

证明略.

习 题 一

1. 求下列排列的逆序数，并说明奇偶性：

(1) 312645；   (2) 2341657；   (3) $n(n-1)\cdots 321$.

2. 用定义求下列行列式：

(1) $\begin{vmatrix} -2 & 1 & 0 \\ 4 & -3 & -7 \\ 4 & 6 & 10 \end{vmatrix}$;

(2) $\begin{vmatrix} 0 & 0 & 0 & d \\ 0 & 0 & c & 0 \\ 0 & b & 0 & 0 \\ a & 0 & 0 & 0 \end{vmatrix}$;

(3) $\begin{vmatrix} a & b & c \\ b & c & a \\ c & a & b \end{vmatrix}$;

(4) $\begin{vmatrix} & & & a_1 \\ & & a_2 & \\ & \cdots & & \\ a_n & & & \end{vmatrix}$.

3. 写出四阶行列式中，所有含因子 $a_{21}a_{32}$ 的项.

4. 用适当的方法求下列行列式：

(1) $\begin{vmatrix} x & y & x+y \\ y & x+y & x \\ x+y & x & y \end{vmatrix}$;

(2) $\begin{vmatrix} 1 & 2 & 3 & 4 \\ 2 & 3 & 4 & 1 \\ 3 & 4 & 1 & 2 \\ 4 & 1 & 2 & 3 \end{vmatrix}$;

(3) $\begin{vmatrix} 1 & 1 & 1 & 1 \\ a & b & c & a+b+c \\ a^2 & b^2 & c^2 & (a+b+c)^2 \\ a^3 & b^3 & c^3 & (a+b+c)^3 \end{vmatrix}$;

(4) $\begin{vmatrix} 4 & 3 & 3 & \cdots & 3 \\ 3 & 4 & 3 & \cdots & 3 \\ 3 & 3 & 4 & \cdots & 3 \\ \vdots & \vdots & \vdots & & \vdots \\ 3 & 3 & 3 & \cdots & 4 \end{vmatrix}_n$.

5. 计算行列式

$$\begin{vmatrix} 0 & 2 & 1 & -4 \\ -1 & 3 & 2 & -2 \\ 4 & 7 & 2 & 1 \\ 0 & 2 & 1 & 3 \end{vmatrix}$$

各元素的代数余子式.

6. 用克莱姆法则解下列方程组:

$$(1) \begin{cases} x_2 - x_3 + x_4 = -3, \\ x_1 - 2x_2 + 3x_3 - 4x_4 = 4, \\ x_1 + 3x_2 \qquad + x_4 = 1, \\ -7x_2 + 3x_3 + x_4 = -2; \end{cases} \qquad (2) \begin{cases} x_1 + x_2 + x_3 + x_4 = 4, \\ x_1 + 2x_2 - x_3 + 4x_4 = 6, \\ 2x_1 - 3x_2 - x_3 - 5x_4 = -7, \\ 3x_1 + x_2 + 2x_3 + 11x_4 = 17. \end{cases}$$

7. 问 λ 为何值时，齐次线性方程组

$$\begin{cases} x_1 + x_2 + (\lambda - 1)x_3 = 0, \\ 2x_1 + (3 - \lambda)x_2 - x_3 = 0, \\ (1 - \lambda)x_1 - 2x_2 - 4x_3 = 0 \end{cases}$$

有非零解?

8. 选择 i、j 与 k，使下列九元排列为奇排列．

(1) $1274i5jk9$;　　　　　　　　(2) $718i3j26k$.

9. 证明行列式:

$$\begin{vmatrix} a_{n1} & \cdots & a_{nn} \\ \vdots & & \vdots \\ a_{11} & \cdots & a_{1n} \end{vmatrix} = (-1)^{\frac{n(n-1)}{2}} \begin{vmatrix} a_{nn} & \cdots & a_{1n} \\ \vdots & & \vdots \\ a_{n1} & \cdots & a_{11} \end{vmatrix}.$$

10. 讨论含参数 a、b 的齐次线性方程组

$$\begin{cases} 3ax_1 + x_2 - x_3 = 0, \\ 3x_1 + x_2 - bx_3 = 0, \\ 3x_1 + x_2 - 2bx_3 = 0 \end{cases}$$

的解的情况．

11. 用拉普拉斯展开定理计算行列式:

$$(1)\ D_5 = \begin{vmatrix} 1 & 0 & 0 & 0 & 0 \\ 0 & 1 & 2 & 0 & 0 \\ 0 & 2 & 3 & 4 & 5 \\ 0 & 0 & 0 & 3 & 2 \\ 0 & 0 & 0 & 5 & 4 \end{vmatrix}; \qquad (2)\ D_{2n} = \begin{vmatrix} a_n & & & & & b_n \\ & \ddots & & & \iddots & \\ & & a_1 & b_1 & & \\ & & c_1 & d_1 & & \\ & \iddots & & & \ddots & \\ c_n & & & & & d_n \end{vmatrix}.$$

12. 计算行列式:

$$(1)\ \begin{vmatrix} 1 & 2 & 2 & \cdots & 2 \\ 2 & 2 & 2 & \cdots & 2 \\ 2 & 2 & 3 & \cdots & 2 \\ \vdots & \vdots & \vdots & & \vdots \\ 2 & 2 & 2 & \cdots & n \end{vmatrix}; \quad (2)\ \begin{vmatrix} x & -1 & 0 & \cdots & 0 & 0 \\ 0 & x & -1 & \cdots & 0 & 0 \\ 0 & 0 & x & \cdots & 0 & 0 \\ \vdots & \vdots & \vdots & & \vdots & \vdots \\ 0 & 0 & 0 & \cdots & x & -1 \\ a_n & a_{n-1} & a_{n-2} & \cdots & a_2 & x+a_1 \end{vmatrix}.$$

阅读材料 1：

连加号"$\sum$"与连乘号"$\prod$"

数学中经常遇到多个数连加

$$a_1 + a_2 + \cdots + a_n, \tag{1}$$

为方便起见我们把它简记为

$$\sum_{i=1}^{n} a_i, \tag{2}$$

其中，"$\sum$"称作连加号，也叫和号；a_i 称为一般项，也叫通项；i 叫求和指标；和号 $\sum$ 上下方两个数 1 和 n 表示了求和指标 i 的取值范围，(2)式中表示求和指标 i 取正整数从 1 一直取到 n.

有两点需要说明，其一，在不引起混淆的前提下，求和指标是任意的. 如(2)式又可表示成 $\sum_{j=1}^{n} a_j$，$\sum_{k=1}^{n} a_k$ 等，但不能表示为 $\sum_{n=1}^{n} a_n$；其二，求和指标的取值范围不一定用两个数来确定上下限，可根据具体问题表示，如 $\sum_{j_1 j_2} a_{1j_1} a_{2j_2}$ 中 $j_1 j_2$ 表示对所有二元排列求和，即 $\sum_{j_1 j_2} a_{1j_1} a_{2j_2} = a_{11} a_{22} + a_{12} a_{21}$，再如 $\sum_{1 \leqslant i < j \leqslant 3} a_{ij} = a_{12} + a_{13} + a_{23}$ 等.

有时候，求和指标要用两个符号表示，也就是说连加数要用两个指标来编号，如

$$
\begin{aligned}
& a_{11} + a_{12} + \cdots + a_{1n} + \\
& a_{21} + a_{22} + \cdots + a_{2n} + \\
& \qquad \cdots + \\
& a_{m1} + a_{m2} + \cdots + a_{mn}.
\end{aligned} \tag{3}
$$

对这样的连加式子，我们可用双重和号表示.(3)式表示为 $\sum_{i=1}^{m} \sum_{j=1}^{n} a_{ij}$，显然 (3)式又可表示为 $\sum_{j=1}^{n} \sum_{i=1}^{m} a_{ij}$，所以我们有：$\sum_{i=1}^{m} \sum_{j=1}^{n} a_{ij} = \sum_{j=1}^{n} \sum_{i=1}^{m} a_{ij}$，即双重和号可交换.

与和号一样，双重和号也有多种表示形式，可根据具体问题灵活表示.如，

$$\sum_{i=2}^{4} \sum_{1 \leqslant j < i} a_{ij} = a_{21} + a_{31} + a_{32} + a_{41} + a_{42} + a_{43},$$

$$\sum_{i=1}^{5}\sum_{j=2i-1} a_{ij} = a_{11} + a_{23} + a_{35} + a_{47} + a_{59}.$$

与连加号一样，当有多个数相乘时：$a_1 a_2 \cdots a_n$，我们也可以用连乘号简单表示：$\prod_{i=1}^{n} a_i$，即 $\prod_{i=1}^{n} a_i = a_1 a_2 \cdots a_n$，其中，$\prod$ 称作连乘号.

与连加号一样，连乘号也有不同的表示形式，如

$$\prod_{i=1}^{n} i = 12 \cdots n = n!,$$

$$\prod_{1 \leqslant j < i \leqslant n} (a_i - a_j) = (a_n - a_1)(a_{n-1} - a_1) \cdots (a_3 - a_1)(a_2 - a_1)$$

$$(a_n - a_2)(a_{n-1} - a_2) \cdots (a_3 - a_2)$$

$$\cdots\cdots$$

$$(a_n - a_{n-1}),$$

等等.

第二章 n 维向量

§1 n 维向量的定义和运算

一、n 维向量的定义

在解析几何中我们已经看到，有些事物的性质不能用一个数来刻画．为了表达一点在平面上的位置需要两个数，一点在空间中的位置需要三个数，也就是它们的坐标．又例如，要描述一个人的健康状况，需要年龄、体重、身高、血压等 n 个数，这 n 个数作为一个整体按照约定的次序反映了一个人的各项身体指标．类似情况在自然界中广泛存在，为此，我们给出以下定义．

定义 1 n 个有次序的数 a_1，a_2，$\cdots$，a_n 所组成的数组称为 n 维向量，记作

$$(a_1, a_2, \cdots, a_n) \text{或} \begin{bmatrix} a_1 \\ a_2 \\ \vdots \\ a_n \end{bmatrix},$$

这 n 个数称为该向量的 n 个分量，第 i 个数 a_i 称为第 i 个分量．

分量全为实数的向量称为**实向量**，分量为复数的向量称为**复向量**．本书中除特别指明外，一般只讨论实向量．

n 维向量可写成一行 $(a_1, a_2, \cdots, a_n)$，称为**行向量**，也可写成一列 $\begin{bmatrix} a_1 \\ a_2 \\ \vdots \\ a_n \end{bmatrix}$，称为**列向量**．本书中，用黑体小写希腊字母 **α**、**β**、**γ** 等表示列向量，而用 **α**$^\mathrm{T}$、**β**$^\mathrm{T}$、**γ**$^\mathrm{T}$ 等表示行向量，本书所讨论的向量在没有指明是行向量还是列向量时，都当作列向量．

同为行向量（或同为列向量）且维数相等的向量称为**同型向量**．

定义 2　如果两个同型向量 $\alpha=\begin{bmatrix} a_1 \\ a_2 \\ \vdots \\ a_n \end{bmatrix}$，$\beta=\begin{bmatrix} b_1 \\ b_2 \\ \vdots \\ b_n \end{bmatrix}$ 的对应分量都相等，即

$$a_i = b_i \quad (i=1, 2, \cdots, n),$$

就称这两个向量是相等的，记为 $\alpha=\beta$.

本书中，把同维数的行向量与列向量作为不相等的向量，因为它们不是同型向量.

二、向量的加法

定义 3　向量 $\gamma=\begin{bmatrix} a_1+b_1 \\ a_2+b_2 \\ \vdots \\ a_n+b_n \end{bmatrix}$ 称为向量 $\alpha=\begin{bmatrix} a_1 \\ a_2 \\ \vdots \\ a_n \end{bmatrix}$ 与向量 $\beta=\begin{bmatrix} b_1 \\ b_2 \\ \vdots \\ b_n \end{bmatrix}$ 的和，记为

$\gamma=\alpha+\beta$.

分量全为 0 的向量称为零向量，记为 0 或 θ. 维数不同的零向量，如 $\begin{bmatrix} 0 \\ 0 \\ 0 \end{bmatrix}$ 与

$\begin{bmatrix} 0 \\ 0 \\ 0 \\ 0 \end{bmatrix}$ 是不相等的，因为它们不是同型向量.

向量 $\begin{bmatrix} -a_1 \\ -a_2 \\ \vdots \\ -a_n \end{bmatrix}$ 称为向量 $\alpha=\begin{bmatrix} a_1 \\ a_2 \\ \vdots \\ a_n \end{bmatrix}$ 的负向量，记为 $-\alpha$.

利用负向量，我们可定义向量的减法：$\alpha-\beta=\alpha+(-\beta)$.

例 1　若 $\begin{bmatrix} x \\ y \\ 0 \end{bmatrix} - \begin{bmatrix} y \\ z \\ 2 \end{bmatrix} = \begin{bmatrix} z \\ -x \\ x \end{bmatrix}$，求 x、y、z.

解　由向量的减法和向量相等的定义可得

$$
\begin{cases}
x-y=z, \\
y-z=-x, \\
-2=x,
\end{cases}
$$

解方程组得

$$
\begin{cases}
x=-2, \\
y=0, \\
z=-2.
\end{cases}
$$

三、向量的数量乘法

定义4 n 维向量 $\boldsymbol{\alpha}=\begin{bmatrix} a_1 \\ a_2 \\ \vdots \\ a_n \end{bmatrix}$ 的各个分量都乘以常数 k 所组成的向量，称为

数 k 与向量 $\boldsymbol{\alpha}$ 的数量乘法（又简称为数乘），记为 $k\boldsymbol{\alpha}$，即 $k\boldsymbol{\alpha}=\begin{bmatrix} ka_1 \\ ka_2 \\ \vdots \\ ka_n \end{bmatrix}$.

向量的加法和数乘运算统称为向量的**线性运算**.

设 $\boldsymbol{\alpha}$、$\boldsymbol{\beta}$、$\boldsymbol{\gamma}$ 为向量，k、l 为常数，由定义得到向量关于线性运算的 8 条基本运算规则：

(1) $\boldsymbol{\alpha}+\boldsymbol{\beta}=\boldsymbol{\beta}+\boldsymbol{\alpha}$;   (2) $(\boldsymbol{\alpha}+\boldsymbol{\beta})+\boldsymbol{\gamma}=\boldsymbol{\alpha}+(\boldsymbol{\beta}+\boldsymbol{\gamma})$;

(3) $\boldsymbol{\alpha}+\mathbf{0}=\boldsymbol{\alpha}$;   (4) $\boldsymbol{\alpha}+(-\boldsymbol{\alpha})=\mathbf{0}$;

(5) $1\boldsymbol{\alpha}=\boldsymbol{\alpha}$;   (6) $k(l\boldsymbol{\alpha})=(kl)\boldsymbol{\alpha}$;

(7) $k(\boldsymbol{\alpha}+\boldsymbol{\beta})=k\boldsymbol{\alpha}+k\boldsymbol{\beta}$;   (8) $(k+l)\boldsymbol{\alpha}=k\boldsymbol{\alpha}+l\boldsymbol{\alpha}$.

由定义还可推出：$0\boldsymbol{\alpha}=\mathbf{0}$；$(-1)\boldsymbol{\alpha}=-\boldsymbol{\alpha}$；$k\mathbf{0}=\mathbf{0}$；如果 $k\neq0$，$\boldsymbol{\alpha}\neq\mathbf{0}$，那么 $k\boldsymbol{\alpha}\neq\mathbf{0}$.

例2 设 $\boldsymbol{\alpha}=\begin{bmatrix} 1 \\ -2 \\ 0 \end{bmatrix}$，$\boldsymbol{\beta}=\begin{bmatrix} 2 \\ -1 \\ 3 \end{bmatrix}$，$\boldsymbol{\gamma}=\begin{bmatrix} 0 \\ 1 \\ -1 \end{bmatrix}$.

(1) 求 $2\boldsymbol{\alpha}-3\boldsymbol{\beta}+\boldsymbol{\gamma}$；(2) 若有 $\boldsymbol{\xi}$ 满足 $2\boldsymbol{\alpha}-\boldsymbol{\beta}+2\boldsymbol{\gamma}-2\boldsymbol{\xi}=\mathbf{0}$，求 $\boldsymbol{\xi}$.

解　(1) $2\boldsymbol{\alpha}-3\boldsymbol{\beta}+\boldsymbol{\gamma}=2\begin{pmatrix}1\\-2\\0\end{pmatrix}-3\begin{pmatrix}2\\-1\\3\end{pmatrix}+\begin{pmatrix}0\\1\\-1\end{pmatrix}$

$$=\begin{pmatrix}2\\-4\\0\end{pmatrix}-\begin{pmatrix}6\\-3\\9\end{pmatrix}+\begin{pmatrix}0\\1\\-1\end{pmatrix}=\begin{pmatrix}-4\\0\\-10\end{pmatrix}.$$

(2) 由 $2\boldsymbol{\alpha}-\boldsymbol{\beta}+2\boldsymbol{\gamma}-2\boldsymbol{\xi}=\mathbf{0}$，得

$$\boldsymbol{\xi}=\frac{1}{2}(2\boldsymbol{\alpha}-\boldsymbol{\beta}+2\boldsymbol{\gamma})=\boldsymbol{\alpha}-\frac{1}{2}\boldsymbol{\beta}+\boldsymbol{\gamma}$$

$$=\begin{pmatrix}1\\-2\\0\end{pmatrix}-\frac{1}{2}\begin{pmatrix}2\\-1\\3\end{pmatrix}+\begin{pmatrix}0\\1\\-1\end{pmatrix}=\begin{pmatrix}0\\-\dfrac{1}{2}\\-\dfrac{5}{2}\end{pmatrix}.$$

　　n 维实向量的全体所构成的集合，同时考虑到定义在它上面的加法和数量乘法，称为实数域上的 n **维向量空间**，简称 n **维实向量空间**，记为 $\mathbf{R}^n$.

　　在解析几何中，我们把"既有大小又有方向的量"称为向量，并把可随意平行移动的有向线段作为向量的几何形象. 引入坐标系后，又定义了向量的坐标表示式，此即前面定义的 3 维向量. 因此，当 $n=3$ 时，3 维向量可以把有向线段作为其几何形象，3 维实向量空间可以认为就是几何空间中全体向量所构成的空间. 当 $n>3$ 时，n 维向量没有直观的几何形象.

§2　向量的线性相关性

一、线性相关性

　　在这一节我们来进一步研究向量之间的关系.

　　若干个同型向量 $\boldsymbol{\alpha}_1$，$\boldsymbol{\alpha}_2$，$\cdots$，$\boldsymbol{\alpha}_m$ 所组成的集合叫作向量组，用大写的英文字母 A、B 等表示.

　　定义 5　给定向量组 A：$\boldsymbol{\alpha}_1$，$\boldsymbol{\alpha}_2$，$\cdots$，$\boldsymbol{\alpha}_s$，对于任何一组常数 k_1，k_2，$\cdots$，k_s，表达式

$$k_1\boldsymbol{\alpha}_1+k_2\boldsymbol{\alpha}_2+\cdots+k_s\boldsymbol{\alpha}_s$$

称为向量组 A 的一个**线性组合**，k_1，k_2，$\cdots$，k_s 称为这个线性组合的**组合系数**.

给定向量组 A：$\boldsymbol{\alpha}_1$，$\boldsymbol{\alpha}_2$，$\cdots$，$\boldsymbol{\alpha}_s$ 和向量 $\boldsymbol{\beta}$，若存在一组数 k_1，k_2，$\cdots$，k_s，使

$$\boldsymbol{\beta} = k_1\boldsymbol{\alpha}_1 + k_2\boldsymbol{\alpha}_2 + \cdots + k_s\boldsymbol{\alpha}_s,$$

则称向量 $\boldsymbol{\beta}$ 是向量组 A 的**线性组合**，又称向量 $\boldsymbol{\beta}$ 能由向量组 A **线性表示**（或**线性表出**）．

两个向量 $\boldsymbol{\alpha}$、$\boldsymbol{\beta}$ 之间最简单的关系是成比例，即存在一数 k，使 $\boldsymbol{\beta} = k\boldsymbol{\alpha}$；而在一个向量与多个向量之间，成比例的关系表现为线性表示．

向量 $\boldsymbol{\beta} = \begin{pmatrix} -6 \\ 7 \\ 5 \\ -3 \end{pmatrix}$ 为向量组 $\boldsymbol{\alpha}_1 = \begin{pmatrix} -2 \\ 0 \\ 3 \\ 1 \end{pmatrix}$，$\boldsymbol{\alpha}_2 = \begin{pmatrix} 1 \\ 3 \\ -2 \\ -1 \end{pmatrix}$，$\boldsymbol{\alpha}_3 = \begin{pmatrix} 2 \\ -1 \\ 0 \\ 4 \end{pmatrix}$ 的线性组合，

因为 $\boldsymbol{\beta} = 3\boldsymbol{\alpha}_1 + 2\boldsymbol{\alpha}_2 - \boldsymbol{\alpha}_3$．

对任一向量组 A：$\boldsymbol{\alpha}_1$，$\boldsymbol{\alpha}_2$，$\cdots$，$\boldsymbol{\alpha}_s$，$\mathbf{0} = 0\boldsymbol{\alpha}_1 + 0\boldsymbol{\alpha}_2 + \cdots + 0\boldsymbol{\alpha}_s$ 都成立，故**零向量 $\mathbf{0}$ 是任一向量组 A：$\boldsymbol{\alpha}_1$，$\boldsymbol{\alpha}_2$，$\cdots$，$\boldsymbol{\alpha}_s$ 的线性组合**．

n 维向量空间 $\mathbf{R}^n$ 中的 n 个向量

$$\boldsymbol{\varepsilon}_1 = \begin{pmatrix} 1 \\ 0 \\ \vdots \\ 0 \end{pmatrix}, \quad \boldsymbol{\varepsilon}_2 = \begin{pmatrix} 0 \\ 1 \\ \vdots \\ 0 \end{pmatrix}, \quad \cdots, \quad \boldsymbol{\varepsilon}_n = \begin{pmatrix} 0 \\ 0 \\ \vdots \\ 1 \end{pmatrix}$$

称为**单位向量**．

显然，单位向量中任一向量都不能由其余 $n-1$ 个向量线性表出；而任一 n 维向量 $\boldsymbol{\alpha} = \begin{pmatrix} a_1 \\ a_2 \\ \vdots \\ a_n \end{pmatrix}$ 都是 n 个单位向量 $\boldsymbol{\varepsilon}_1$，$\boldsymbol{\varepsilon}_2$，$\cdots$，$\boldsymbol{\varepsilon}_n$ 的线性组合：

$$\boldsymbol{\alpha} = a_1\boldsymbol{\varepsilon}_1 + a_2\boldsymbol{\varepsilon}_2 + \cdots + a_n\boldsymbol{\varepsilon}_n.$$

例3 已知 $\boldsymbol{\alpha}_1 = \begin{pmatrix} 1+c \\ 1 \\ 1 \end{pmatrix}$，$\boldsymbol{\alpha}_2 = \begin{pmatrix} 1 \\ 1+c \\ 1 \end{pmatrix}$，$\boldsymbol{\alpha}_3 = \begin{pmatrix} 1 \\ 1 \\ 1+c \end{pmatrix}$，$\boldsymbol{\beta} = \begin{pmatrix} 0 \\ c \\ c^2 \end{pmatrix}$，试问当 c 取何值时，

（1）$\boldsymbol{\beta}$ 可由 $\boldsymbol{\alpha}_1$，$\boldsymbol{\alpha}_2$，$\boldsymbol{\alpha}_3$ 线性表示，且表达式唯一？

（2）$\boldsymbol{\beta}$ 可由 $\boldsymbol{\alpha}_1$，$\boldsymbol{\alpha}_2$，$\boldsymbol{\alpha}_3$ 线性表示，且表达式不唯一？

（3）$\boldsymbol{\beta}$ 不能由 $\boldsymbol{\alpha}_1$，$\boldsymbol{\alpha}_2$，$\boldsymbol{\alpha}_3$ 线性表示？

解　设 $\boldsymbol{\beta}=k_1\boldsymbol{\alpha}_1+k_2\boldsymbol{\alpha}_2+k_3\boldsymbol{\alpha}_3$，得方程组

$$\begin{cases}(1+c)k_1+k_2+k_3=0,\\ k_1+(1+c)k_2+k_3=c,\\ k_1+k_2+(1+c)k_3=c^2\end{cases}$$

的系数行列式

$$D=\begin{vmatrix}1+c&1&1\\1&1+c&1\\1&1&1+c\end{vmatrix}=\begin{vmatrix}3+c&1&1\\3+c&1+c&1\\3+c&1&1+c\end{vmatrix}$$

$$=\begin{vmatrix}3+c&1&1\\0&c&0\\0&0&c\end{vmatrix}=c^2(3+c).$$

(1) 由克莱姆法则，当 $D\neq0$ 时，方程组有唯一解，即当 $c\neq0$ 且 $c\neq-3$ 时，k_1、k_2、k_3 有唯一解，$\boldsymbol{\beta}$ 可由 $\boldsymbol{\alpha}_1$，$\boldsymbol{\alpha}_2$，$\boldsymbol{\alpha}_3$ 的线性表示，且表达式唯一.

(2) 当 $c=0$ 时，方程组为

$$\begin{cases}k_1+k_2+k_3=0,\\ k_1+k_2+k_3=0,\\ k_1+k_2+k_3=0,\end{cases}\quad\text{即}\ k_1+k_2+k_3=0,$$

显然 k_1、k_2、k_3 有无穷多解，故 $\boldsymbol{\beta}$ 可由 $\boldsymbol{\alpha}_1$，$\boldsymbol{\alpha}_2$，$\boldsymbol{\alpha}_3$ 线性表示，且表达式不唯一.

(3) 当 $c=-3$ 时，方程组为

$$\begin{cases}-2k_1+k_2+k_3=0,\\ k_1-2k_2+k_3=-3,\\ k_1+k_2-2k_3=9,\end{cases}$$

将 3 个等式相加，得到 $0k_1+0k_2+0k_3=6$，矛盾，故 k_1、k_2、k_3 无解，即 $\boldsymbol{\beta}$ 不能由 $\boldsymbol{\alpha}_1$，$\boldsymbol{\alpha}_2$，$\boldsymbol{\alpha}_3$ 线性表示.

定义 6　给定向量组 A：$\boldsymbol{\alpha}_1$，$\boldsymbol{\alpha}_2$，$\cdots$，$\boldsymbol{\alpha}_s$，如果存在不全为零的数 k_1，k_2，$\cdots$，k_s，使

$$k_1\boldsymbol{\alpha}_1+k_2\boldsymbol{\alpha}_2+\cdots+k_s\boldsymbol{\alpha}_s=\mathbf{0},$$

则称向量组 A **线性相关**，否则称向量组 A **线性无关**.

这里，向量组 A：$\boldsymbol{\alpha}_1$，$\boldsymbol{\alpha}_2$，$\cdots$，$\boldsymbol{\alpha}_s$ 线性无关，是指没有不全为零的数 k_1，k_2，$\cdots$，k_s，使得 $k_1\boldsymbol{\alpha}_1+k_2\boldsymbol{\alpha}_2+\cdots+k_s\boldsymbol{\alpha}_s=\mathbf{0}$ 成立. 也就是说，只有当 $k_1=k_2=\cdots=k_s=0$ 时，$k_1\boldsymbol{\alpha}_1+k_2\boldsymbol{\alpha}_2+\cdots+k_s\boldsymbol{\alpha}_s=\mathbf{0}$ 才成立. 或者说，由 $k_1\boldsymbol{\alpha}_1+k_2\boldsymbol{\alpha}_2+\cdots+k_s\boldsymbol{\alpha}_s=\mathbf{0}$，只能推出 $k_1=k_2=\cdots=k_s=0$.

由定义易得下列结论：

(1) **包含零向量的任何向量组是线性相关的**.

（2）向量组只含有一个向量 $\boldsymbol{\alpha}$ 时，线性相关的充要条件是 $\boldsymbol{\alpha}=\mathbf{0}$.

（3）仅含两个向量的向量组线性相关的充要条件是这两个向量的对应分量成比例.

两个向量线性相关的几何意义是这两个向量共线，三个向量线性相关的几何意义是这三个向量共面.

例 4 已知 $\boldsymbol{\alpha}_1$，$\boldsymbol{\alpha}_2$，$\boldsymbol{\alpha}_3$ 线性无关，试证明：

（1）$\boldsymbol{\beta}_1=\boldsymbol{\alpha}_1+\boldsymbol{\alpha}_2$，$\boldsymbol{\beta}_2=\boldsymbol{\alpha}_2+\boldsymbol{\alpha}_3$，$\boldsymbol{\beta}_3=\boldsymbol{\alpha}_3+\boldsymbol{\alpha}_1$ 线性无关；

（2）$\boldsymbol{\gamma}_1=\boldsymbol{\alpha}_1-\boldsymbol{\alpha}_2$，$\boldsymbol{\gamma}_2=\boldsymbol{\alpha}_2-\boldsymbol{\alpha}_3$，$\boldsymbol{\gamma}_3=\boldsymbol{\alpha}_3-\boldsymbol{\alpha}_1$ 线性相关.

证 （1）设 $k_1\boldsymbol{\beta}_1+k_2\boldsymbol{\beta}_2+k_3\boldsymbol{\beta}_3=\mathbf{0}$，得

$$k_1(\boldsymbol{\alpha}_1+\boldsymbol{\alpha}_2)+k_2(\boldsymbol{\alpha}_2+\boldsymbol{\alpha}_3)+k_3(\boldsymbol{\alpha}_3+\boldsymbol{\alpha}_1)=\mathbf{0},$$

即

$$(k_1+k_3)\boldsymbol{\alpha}_1+(k_1+k_2)\boldsymbol{\alpha}_2+(k_2+k_3)\boldsymbol{\alpha}_3=\mathbf{0},$$

由 $\boldsymbol{\alpha}_1$，$\boldsymbol{\alpha}_2$，$\boldsymbol{\alpha}_3$ 线性无关，得

$$\begin{cases} k_1+k_3=0, \\ k_1+k_2=0, \\ k_2+k_3=0, \end{cases}$$

只有零解 $k_1=k_2=k_3=0$，故 $\boldsymbol{\beta}_1$，$\boldsymbol{\beta}_2$，$\boldsymbol{\beta}_3$ 线性无关.

（2）取 $k_1=k_2=k_3=1$，则 $k_1\boldsymbol{\gamma}_1+k_2\boldsymbol{\gamma}_2+k_3\boldsymbol{\gamma}_3=(\boldsymbol{\alpha}_1-\boldsymbol{\alpha}_2)+(\boldsymbol{\alpha}_2-\boldsymbol{\alpha}_3)+(\boldsymbol{\alpha}_3-\boldsymbol{\alpha}_1)=\mathbf{0}$，所以 $\boldsymbol{\gamma}_1$，$\boldsymbol{\gamma}_2$，$\boldsymbol{\gamma}_3$ 线性相关.

例 5 有 n 个 n 维的向量组成的向量组

$$A：\boldsymbol{\alpha}_1=\begin{pmatrix} a_{11} \\ a_{21} \\ \vdots \\ a_{n1} \end{pmatrix}, \boldsymbol{\alpha}_2=\begin{pmatrix} a_{12} \\ a_{22} \\ \vdots \\ a_{n2} \end{pmatrix}, \cdots, \boldsymbol{\alpha}_n=\begin{pmatrix} a_{1n} \\ a_{2n} \\ \vdots \\ a_{nn} \end{pmatrix}.$$

若行列式 $D=\begin{vmatrix} a_{11} & a_{12} & \cdots & a_{1n} \\ a_{21} & a_{22} & \cdots & a_{2n} \\ \vdots & \vdots & & \vdots \\ a_{n1} & a_{n2} & \cdots & a_{nn} \end{vmatrix}\neq 0$，证明：向量组 A 线性无关.

证 设 $x_1\boldsymbol{\alpha}_1+x_2\boldsymbol{\alpha}_2+\cdots+x_n\boldsymbol{\alpha}_n=\mathbf{0}$，即得齐次线性方程组

$$\begin{cases} a_{11}x_1+a_{12}x_2+\cdots+a_{1n}x_n=0, \\ a_{21}x_1+a_{22}x_2+\cdots+a_{2n}x_n=0, \\ \cdots\cdots\cdots\cdots\cdots\cdots\cdots \\ a_{n1}x_1+a_{n2}x_2+\cdots+a_{nn}x_n=0. \end{cases}$$

因为其系数行列式

$$D=\begin{vmatrix} a_{11} & a_{12} & \cdots & a_{1n} \\ a_{21} & a_{22} & \cdots & a_{2n} \\ \vdots & \vdots & & \vdots \\ a_{n1} & a_{n2} & \cdots & a_{nn} \end{vmatrix}\neq 0,$$

由克莱姆法则，方程组有唯一解，即只有零解 $x_1=x_2=\cdots=x_n=0$，则向量组 A：$\boldsymbol{\alpha}_1$，$\boldsymbol{\alpha}_2$，$\cdots$，$\boldsymbol{\alpha}_n$ 线性无关.

下面讨论线性相关的充要条件.

定理 1　向量组 A：$\boldsymbol{\alpha}_1$，$\boldsymbol{\alpha}_2$，$\cdots$，$\boldsymbol{\alpha}_s(s\geqslant 2)$线性相关的充要条件是向量组中至少有一个向量可由其余 $s-1$ 个向量线性表示.

证　充分性：设 $\boldsymbol{u}_1$，$\boldsymbol{\alpha}_2$，$\cdots$，$\boldsymbol{\alpha}_s$ 中至少有一个向量可由其余向量线性表示，不妨设 $\boldsymbol{\alpha}_1$ 可由其余向量线性表示，即 $\boldsymbol{\alpha}_1=k_2\boldsymbol{\alpha}_2+\cdots+k_s\boldsymbol{\alpha}_s$，则有 $(-1)\boldsymbol{\alpha}_1+k_2\boldsymbol{\alpha}_2+\cdots+k_s\boldsymbol{\alpha}_s=\boldsymbol{0}$，那么 $\boldsymbol{\alpha}_1$，$\boldsymbol{\alpha}_2$，$\cdots$，$\boldsymbol{\alpha}_s$ 前的系数至少有一个不为零($-1\neq 0$)，所以向量组 A：$\boldsymbol{\alpha}_1$，$\boldsymbol{\alpha}_2$，$\cdots$，$\boldsymbol{\alpha}_s$ 线性相关.

必要性：设向量组 A：$\boldsymbol{\alpha}_1$，$\boldsymbol{\alpha}_2$，$\cdots$，$\boldsymbol{\alpha}_s$ 线性相关，则存在不全为零的数 k_1，k_2，$\cdots$，k_s，使得 $k_1\boldsymbol{\alpha}_1+k_2\boldsymbol{\alpha}_2+\cdots+k_s\boldsymbol{\alpha}_s=\boldsymbol{0}$ 成立，不妨设 $k_1\neq 0$，于是

$$\boldsymbol{\alpha}_1=\left(-\frac{k_2}{k_1}\right)\boldsymbol{\alpha}_2+\left(-\frac{k_3}{k_1}\right)\boldsymbol{\alpha}_3+\cdots+\left(-\frac{k_s}{k_1}\right)\boldsymbol{\alpha}_s,$$

即 $\boldsymbol{\alpha}_1$ 可由其余向量线性表示.

定理 2　向量组 A：$\boldsymbol{\alpha}_1=\begin{pmatrix} a_{11} \\ a_{21} \\ \vdots \\ a_{n1} \end{pmatrix}$，$\boldsymbol{\alpha}_2=\begin{pmatrix} a_{12} \\ a_{22} \\ \vdots \\ a_{n2} \end{pmatrix}$，$\cdots$，$\boldsymbol{\alpha}_s=\begin{pmatrix} a_{1s} \\ a_{2s} \\ \vdots \\ a_{ns} \end{pmatrix}$ 线性相关的充

要条件是齐次线性方程组：

$$\begin{cases} a_{11}x_1+a_{12}x_2+\cdots+a_{1s}x_s=0, \\ a_{21}x_1+a_{22}x_2+\cdots+a_{2s}x_s=0, \\ \cdots\cdots\cdots\cdots\cdots\cdots\cdots\cdots\cdots \\ a_{n1}x_1+a_{n2}x_2+\cdots+a_{ns}x_s=0 \end{cases} \tag{1}$$

有非零解. 即向量组 A 线性无关的充要条件是齐次线性方程组(1)只有零解.

请读者自己证明.

下面我们进一步讨论线性相关的性质.

定理 3　设向量组 A：$\boldsymbol{\alpha}_1$，$\boldsymbol{\alpha}_2$，$\cdots$，$\boldsymbol{\alpha}_s$ 线性无关，而向量组 B：$\boldsymbol{\alpha}_1$，$\boldsymbol{\alpha}_2$，$\cdots$，$\boldsymbol{\alpha}_s$，$\boldsymbol{\beta}$ 线性相关，则向量 $\boldsymbol{\beta}$ 必能由向量组 A 线性表示，且表示式是唯一的.

证　因为 $\boldsymbol{\alpha}_1$，$\boldsymbol{\alpha}_2$，$\cdots$，$\boldsymbol{\alpha}_s$，$\boldsymbol{\beta}$ 线性相关，所以存在不全为零的数 k_1，

k_2，$\cdots$，k_s，k_{s+1} 使

$$k_1\boldsymbol{\alpha}_1 + k_2\boldsymbol{\alpha}_2 + \cdots + k_s\boldsymbol{\alpha}_s + k_{s+1}\boldsymbol{\beta} = \mathbf{0}$$

成立，若 $k_{s+1}=0$，则有 $k_1\boldsymbol{\alpha}_1+k_2\boldsymbol{\alpha}_2+\cdots+k_s\boldsymbol{\alpha}_s=\mathbf{0}$，且 k_1，k_2，$\cdots$，k_s 不全为零，即向量组 A 线性相关，与已知条件矛盾，故 $k_{s+1}\neq0$. 于是有：

$$\boldsymbol{\beta} = \left(-\frac{k_1}{k_{s+1}}\right)\boldsymbol{\alpha}_1 + \left(-\frac{k_2}{k_{s+1}}\right)\boldsymbol{\alpha}_2 + \cdots + \left(-\frac{k_s}{k_{s+1}}\right)\boldsymbol{\alpha}_s,$$

即向量 $\boldsymbol{\beta}$ 能由向量组 A 线性表示.

设 $\boldsymbol{\beta}=x_1\boldsymbol{\alpha}_1+x_2\boldsymbol{\alpha}_2+\cdots+x_s\boldsymbol{\alpha}_s$ 和 $\boldsymbol{\beta}=y_1\boldsymbol{\alpha}_1+y_2\boldsymbol{\alpha}_2+\cdots+y_s\boldsymbol{\alpha}_s$ 都是向量 $\boldsymbol{\beta}$ 的表示式，两式相减得到

$$(x_1-y_1)\boldsymbol{\alpha}_1+(x_2-y_2)\boldsymbol{\alpha}_2+\cdots+(x_s-y_s)\boldsymbol{\alpha}_s=\mathbf{0}.$$

因为向量组 A：$\boldsymbol{\alpha}_1$，$\boldsymbol{\alpha}_2$，$\cdots$，$\boldsymbol{\alpha}_s$ 线性无关，所以

$$x_1-y_1=x_2-y_2=\cdots=x_s-y_s=0,$$

即 $x_i=y_i(i=1,2,\cdots,s)$，表示式是唯一的.

由线性方程组的知识，我们还容易得到下面的引理：

引理 对齐次线性方程组(1)，若 $s>n$(变量个数大于方程个数)，则方程组一定有非零解.

定理 4 (1) 如果向量组中有一部分向量(部分组)线性相关，则整个向量组线性相关；其逆否命题为：如果一向量组线性无关，则其任一非空部分组也线性无关.

(2) 如果向量组 A：

$$\boldsymbol{\alpha}_1=\begin{bmatrix}a_{11}\\a_{21}\\\vdots\\a_{n1}\end{bmatrix},\ \boldsymbol{\alpha}_2=\begin{bmatrix}a_{12}\\a_{22}\\\vdots\\a_{n2}\end{bmatrix},\ \cdots,\ \boldsymbol{\alpha}_s=\begin{bmatrix}a_{1s}\\a_{2s}\\\vdots\\a_{ns}\end{bmatrix}$$

线性无关，在其每一个向量上添一个分量所得的 $n+1$ 维向量组 B：

$$\boldsymbol{\beta}_1=\begin{bmatrix}a_{11}\\a_{21}\\\vdots\\a_{n1}\\a_{n+1,1}\end{bmatrix},\ \boldsymbol{\beta}_2=\begin{bmatrix}a_{12}\\a_{22}\\\vdots\\a_{n2}\\a_{n+1,2}\end{bmatrix},\ \cdots,\ \boldsymbol{\beta}_s=\begin{bmatrix}a_{1s}\\a_{2s}\\\vdots\\a_{ns}\\a_{n+1,s}\end{bmatrix}$$

也线性无关. 其逆否命题为：如果向量组 B 线性相关，那么向量组 A 也线性相关.

(3) 若向量组中向量的个数大于向量的维数，则此向量组必线性相关.

证 (1) 设向量组 A：$\boldsymbol{\alpha}_1$，$\boldsymbol{\alpha}_2$，$\cdots$，$\boldsymbol{\alpha}_s$ 中的部分组 $\boldsymbol{\alpha}_1$，$\boldsymbol{\alpha}_2$，$\cdots$，$\boldsymbol{\alpha}_r(r<s)$

线性相关，则存在不全为零的数 k_1，k_2，$\cdots$，k_r，使
$$k_1\boldsymbol{\alpha}_1+k_2\boldsymbol{\alpha}_2+\cdots+k_r\boldsymbol{\alpha}_r=\boldsymbol{0}.$$
取 $k_{r+1}=k_{r+2}=\cdots=k_s=0$，得到
$$k_1\boldsymbol{\alpha}_1+k_2\boldsymbol{\alpha}_2+\cdots+k_r\boldsymbol{\alpha}_r+k_{r+1}\boldsymbol{\alpha}_{r+1}+k_{r+2}\boldsymbol{\alpha}_{r+2}+\cdots+k_s\boldsymbol{\alpha}_s=\boldsymbol{0},$$
则向量组 A：$\boldsymbol{\alpha}_1$，$\boldsymbol{\alpha}_2$，$\cdots$，$\boldsymbol{\alpha}_s$ 线性相关.

(2) 设 $x_1\boldsymbol{\beta}_1+x_2\boldsymbol{\beta}_2+\cdots+x_s\boldsymbol{\beta}_s=\boldsymbol{0}$，即得方程组
$$\begin{cases} a_{11}x_1+a_{12}x_2+\cdots+a_{1s}x_s=0, \\ a_{21}x_1+a_{22}x_2+\cdots+a_{2s}x_s=0, \\ \cdots\cdots\cdots\cdots\cdots\cdots\cdots\cdots \\ a_{n1}x_1+a_{n2}x_2+\cdots+a_{ns}x_s=0, \\ a_{n+1,1}x_1+a_{n+1,2}x_2+\cdots+a_{n+1,s}x_s=0, \end{cases} \quad (2)$$
比较方程组(1)与(2)可知，方程组(2)的解一定是方程组(1)的解，由定理 2 知，方程组(1)只有零解，所以方程组(2)也只有零解，故向量组 B 线性无关.

(3) 设向量组 A：$\boldsymbol{\alpha}_1=\begin{bmatrix} a_{11} \\ a_{21} \\ \vdots \\ a_{n1} \end{bmatrix}$，$\boldsymbol{\alpha}_2=\begin{bmatrix} a_{12} \\ a_{22} \\ \vdots \\ a_{n2} \end{bmatrix}$，$\cdots$，$\boldsymbol{\alpha}_s=\begin{bmatrix} a_{1s} \\ a_{2s} \\ \vdots \\ a_{ns} \end{bmatrix}$，其中 $s>n$，

令
$$x_1\boldsymbol{\alpha}_1+x_2\boldsymbol{\alpha}_2+\cdots+x_s\boldsymbol{\alpha}_s=\boldsymbol{0},$$
即得方程组(1)，由引理知方程组有非零解，再由定理 3 得向量组 A 线性相关.

定理 4 中的(2)可以推广到添几个分量的情形.

例 6　设向量组 $\boldsymbol{\alpha}_1$，$\boldsymbol{\alpha}_2$，$\boldsymbol{\alpha}_3$ 线性相关，向量组 $\boldsymbol{\alpha}_2$，$\boldsymbol{\alpha}_3$，$\boldsymbol{\alpha}_4$ 线性无关，证明：

(1) $\boldsymbol{\alpha}_1$ 能由 $\boldsymbol{\alpha}_2$，$\boldsymbol{\alpha}_3$ 线性表示；

(2) $\boldsymbol{\alpha}_4$ 不能由 $\boldsymbol{\alpha}_1$，$\boldsymbol{\alpha}_2$，$\boldsymbol{\alpha}_3$ 线性表示.

证　(1) 因 $\boldsymbol{\alpha}_2$，$\boldsymbol{\alpha}_3$，$\boldsymbol{\alpha}_4$ 线性无关，由定理 4 中的(1)知 $\boldsymbol{\alpha}_2$，$\boldsymbol{\alpha}_3$ 线性无关，而 $\boldsymbol{\alpha}_1$，$\boldsymbol{\alpha}_2$，$\boldsymbol{\alpha}_3$ 线性相关，由定理 3 知 $\boldsymbol{\alpha}_1$ 能由 $\boldsymbol{\alpha}_2$，$\boldsymbol{\alpha}_3$ 线性表示.

(2) 用反证法：假设 $\boldsymbol{\alpha}_4$ 能由 $\boldsymbol{\alpha}_1$，$\boldsymbol{\alpha}_2$，$\boldsymbol{\alpha}_3$ 线性表示，而由(1)知 $\boldsymbol{\alpha}_1$ 能由 $\boldsymbol{\alpha}_2$，$\boldsymbol{\alpha}_3$ 线性表示，因此 $\boldsymbol{\alpha}_4$ 能由 $\boldsymbol{\alpha}_2$，$\boldsymbol{\alpha}_3$ 线性表示，由定理 1 知 $\boldsymbol{\alpha}_2$，$\boldsymbol{\alpha}_3$，$\boldsymbol{\alpha}_4$ 线性相关，这与已知条件矛盾.

二、极大线性无关组和秩

定义 7　设有两同型向量组 A：$\boldsymbol{\alpha}_1$，$\boldsymbol{\alpha}_2$，$\cdots$，$\boldsymbol{\alpha}_s$ 与 B：$\boldsymbol{\beta}_1$，$\boldsymbol{\beta}_2$，$\cdots$，$\boldsymbol{\beta}_t$，

若向量组 B 中的每一个向量都能由向量组 A 线性表示，则称向量组 B 能由向量组 A 线性表示；若向量组 A 与向量组 B 能相互线性表示，则称向量组 A 与向量组 B 等价.

显然，向量组之间的等价关系具有以下性质：

（1）**反身性：每一个向量组都与它自身等价.**

（2）**对称性：如果向量组 A 与向量组 B 等价，则向量组 B 也与向量组 A 等价.**

（3）**传递性：如果向量组 A 与向量组 B 等价，向量组 B 与向量组 C 等价，则向量组 A 也与向量组 C 等价.**

定理 5 设向量组 A：$\boldsymbol{\alpha}_1$，$\boldsymbol{\alpha}_2$，$\cdots$，$\boldsymbol{\alpha}_s$ 可由向量组 B：$\boldsymbol{\beta}_1$，$\boldsymbol{\beta}_2$，$\cdots$，$\boldsymbol{\beta}_n$ 线性表示，若 $s>n$，则向量组 A 线性相关；其逆否命题为：若向量组 A 线性无关，则 $s\leqslant n$.

证 设

$$\begin{cases} \boldsymbol{\alpha}_1 = a_{11}\boldsymbol{\beta}_1 + a_{21}\boldsymbol{\beta}_2 + \cdots + a_{n1}\boldsymbol{\beta}_n, \\ \boldsymbol{\alpha}_2 = a_{12}\boldsymbol{\beta}_1 + a_{22}\boldsymbol{\beta}_2 + \cdots + a_{n2}\boldsymbol{\beta}_n, \\ \cdots\cdots\cdots\cdots\cdots\cdots\cdots \\ \boldsymbol{\alpha}_s = a_{1s}\boldsymbol{\beta}_1 + a_{2s}\boldsymbol{\beta}_2 + \cdots + a_{ns}\boldsymbol{\beta}_n. \end{cases} \tag{3}$$

若 $x_1\boldsymbol{\alpha}_1 + x_2\boldsymbol{\alpha}_2 + \cdots + x_s\boldsymbol{\alpha}_s = 0$，将方程组(3)代入，得到：

$$(a_{11}x_1 + a_{12}x_2 + \cdots + a_{1s}x_s)\boldsymbol{\beta}_1 + (a_{21}x_1 + a_{22}x_2 + \cdots + a_{2s}x_s)\boldsymbol{\beta}_2 + \cdots +$$
$$(a_{n1}x_1 + a_{n2}x_2 + \cdots + a_{ns}x_s)\boldsymbol{\beta}_n = 0,$$

令向量 $\boldsymbol{\beta}_1$，$\boldsymbol{\beta}_2$，$\cdots$，$\boldsymbol{\beta}_n$ 前的系数都取 0，即得方程组(1)，因为 $s>n$，由引理知，x_1，x_2，$\cdots$，x_s 存在非零解，所以向量组 A：$\boldsymbol{\alpha}_1$，$\boldsymbol{\alpha}_2$，$\cdots$，$\boldsymbol{\alpha}_s$ 线性相关.

定义 8 设有向量组 A，若在向量组 A 中能选出 r 个向量 $\boldsymbol{\alpha}_1$，$\boldsymbol{\alpha}_2$，$\cdots$，$\boldsymbol{\alpha}_r$ 满足：

（1）向量组 A_0：$\boldsymbol{\alpha}_1$，$\boldsymbol{\alpha}_2$，$\cdots$，$\boldsymbol{\alpha}_r$ 线性无关；

（2）向量组 A 中的任意 $r+1$ 个向量（若有的话）都线性相关，

则称向量组 A_0 是向量组 A 的一个极大线性无关向量组（简称为极大无关组），极大线性无关向量组所含向量的个数 r 称为向量组 A 的秩，记作 $R(A)$.

由定理 5，易证极大线性无关向量组的等价定义：

定义 8′ 设有向量组 A，若在向量组 A 中能选出 r 个向量 $\boldsymbol{\alpha}_1$，$\boldsymbol{\alpha}_2$，$\cdots$，$\boldsymbol{\alpha}_r$ 满足：

（1）向量组 A_0：$\boldsymbol{\alpha}_1$，$\boldsymbol{\alpha}_2$，$\cdots$，$\boldsymbol{\alpha}_r$ 线性无关；

（2）向量组 A 中的任一向量都能由向量组 A_0 线性表示，

则称向量组 A_0 是向量组 A 的一个极大线性无关向量组.

只含零向量的向量组没有极大线性无关向量组，规定它的秩为 0.

例 7 求 n 维实向量空间 $\mathbf{R}^n$ 的一个极大线性无关向量组及 $\mathbf{R}^n$ 的秩.

解 显然，n 维单位向量组

$$E: \boldsymbol{\varepsilon}_1 = \begin{pmatrix} 1 \\ 0 \\ \vdots \\ 0 \end{pmatrix}, \ \boldsymbol{\varepsilon}_2 = \begin{pmatrix} 0 \\ 1 \\ \vdots \\ 0 \end{pmatrix}, \ \cdots, \ \boldsymbol{\varepsilon}_n = \begin{pmatrix} 0 \\ 0 \\ \vdots \\ 1 \end{pmatrix}$$

线性无关，由定理 4 中的(3)，任意 $n+1$ 个 n 维向量构成的向量组都线性相关，所以 n 维单位向量组 E 就是 $\mathbf{R}^n$ 的一个极大线性无关向量组，$\mathbf{R}^n$ 的秩为 n.

一个向量组的极大线性无关向量组可以不唯一. 如对 $\mathbf{R}^n$，n 维单位向量组 E 为它的一个极大线性无关向量组；向量组

$$\boldsymbol{\alpha}_1 = \begin{pmatrix} 1 \\ 0 \\ \vdots \\ 0 \end{pmatrix}, \ \boldsymbol{\alpha}_2 = \begin{pmatrix} 1 \\ 1 \\ \vdots \\ 0 \end{pmatrix}, \ \cdots, \ \boldsymbol{\alpha}_n = \begin{pmatrix} 1 \\ 1 \\ \vdots \\ 1 \end{pmatrix}$$

线性无关，同样也是 $\mathbf{R}^n$ 的一个极大线性无关向量组. 但向量组的秩是唯一的.

若向量组 A 的秩为 r，我们只要在向量组 A 中找到 r 个线性无关的向量 $\boldsymbol{\alpha}_1, \boldsymbol{\alpha}_2, \cdots, \boldsymbol{\alpha}_r$，则向量组 $\boldsymbol{\alpha}_1, \boldsymbol{\alpha}_2, \cdots, \boldsymbol{\alpha}_r$ 就是向量组 A 的极大线性无关向量组，因为我们有：

定理 6 向量组 A 与它的极大线性无关向量组 $A_0: \boldsymbol{\alpha}_1, \boldsymbol{\alpha}_2, \cdots, \boldsymbol{\alpha}_r$ 等价.

证 因为向量组 A_0 是向量组 A 的部分组，所以向量组 A_0 能由向量组 A 线性表示.

另一方面，对向量组 A 中的任一向量 $\boldsymbol{\alpha}$，根据定义 8 的条件(2)知，$\boldsymbol{\alpha}$，$\boldsymbol{\alpha}_1, \boldsymbol{\alpha}_2, \cdots, \boldsymbol{\alpha}_r$ 线性相关，而 $\boldsymbol{\alpha}_1, \boldsymbol{\alpha}_2, \cdots, \boldsymbol{\alpha}_r$ 线性无关，由定理 3 得：$\boldsymbol{\alpha}$ 可由 $\boldsymbol{\alpha}_1, \boldsymbol{\alpha}_2, \cdots, \boldsymbol{\alpha}_r$ 线性表示，即向量组 A 能由向量组 A_0 线性表示. 所以向量组 A 与它的极大线性无关向量组 A_0 等价.

推论 向量组的任意两个极大线性无关组等价.

定理 7[※] 设有两同型向量组 $A: \boldsymbol{\alpha}_1, \boldsymbol{\alpha}_2, \cdots, \boldsymbol{\alpha}_s$，$B: \boldsymbol{\beta}_1, \boldsymbol{\beta}_2, \cdots, \boldsymbol{\beta}_t$，

(1) 若向量组 A 可由向量组 B 线性表示，则 $R(A) \leqslant R(B)$；

(2) 向量组 A 可由向量组 B 线性表示的充要条件是 $R(B) = R(A, B)$；

(3) 若向量组 A 与向量组 B 等价，则 $R(A) = R(B)$；

(4) 向量组 A 与向量组 B 等价的充要条件是 $R(A) = R(B) = R(A, B)$.

证 设向量组 A 的极大线性无关向量组 A_0，向量组 B 的极大线性无关向量组 B_0.

（1）由定理 6 知，向量组 A 与它的极大线性无关向量组 A_0 等价，向量组 B 与它的极大线性无关向量组 B_0 等价，而向量组 A 可由向量组 B 线性表示，故向量组 A_0 可由向量组 B_0 线性表示. 又因为极大线性无关向量组 A_0 线性无关，由定理 5 知，向量组 A_0 中的向量个数小于等于向量组 B_0 中的向量个数，即 $R(A) \leqslant R(B)$.

（2）必要性：因为向量组 A 可由向量组 B 线性表示，所以向量组 A 也可由向量组 B_0 线性表示，则向量组 (A, B)（并成一组）可由向量组 B_0 线性表示，即向量组 B_0 为向量组 (A, B) 的极大线性无关向量组，故 $R(B) = R(A, B)$.

充分性：因为 $R(B) = R(A, B)$，所以向量组 B_0 也是向量组 (A, B) 的极大线性无关向量组，则向量组 A 也可由向量组 B_0 线性表示，即向量组 A 可由向量组 B 线性表示.

（3）因为向量组 A 与向量组 B 可相互线性表示，由（1）知 $R(A) \leqslant R(B)$ 且 $R(B) \leqslant R(A)$，故 $R(A) = R(B)$.

（4）由（2）知：向量组 A 可由向量组 B 线性表示的充要条件是 $R(B) = R(A, B)$，向量组 B 可由向量组 A 线性表示的充要条件是 $R(A) = R(A, B)$，故向量组 A 与向量组 B 等价的充要条件是 $R(A) = R(B) = R(A, B)$.

定理 7 中的（2）的一个特例是：向量 $\boldsymbol{\beta}$ 可由向量组 $\boldsymbol{\alpha}_1, \boldsymbol{\alpha}_2, \cdots, \boldsymbol{\alpha}_s$ 线性表示的充要条件是：

$$R(\boldsymbol{\alpha}_1, \boldsymbol{\alpha}_2, \cdots, \boldsymbol{\alpha}_s) = R(\boldsymbol{\alpha}_1, \boldsymbol{\alpha}_2, \cdots, \boldsymbol{\alpha}_s, \boldsymbol{\beta}).$$

§3 向量的内积

我们已经定义了向量的加法与数量乘法，统称为**线性运算**. 如果以几何空间中的向量作为具体模型，那么就会发现向量的度量性质，如长度、夹角等，我们没有考虑. 但是向量的度量性质在许多问题中（其中包括几何问题）有着特殊的地位，因此有必要引入度量的概念.

一、内积及其性质

定义 9 设有同型向量

$$\boldsymbol{\alpha}=\begin{bmatrix} a_1 \\ a_2 \\ \vdots \\ a_n \end{bmatrix}, \quad \boldsymbol{\beta}=\begin{bmatrix} b_1 \\ b_2 \\ \vdots \\ b_n \end{bmatrix},$$

令 $\qquad (\boldsymbol{\alpha}, \boldsymbol{\beta})=a_1b_1+a_2b_2+\cdots+a_nb_n,$

称数 $(\boldsymbol{\alpha}, \boldsymbol{\beta})$（或表示为 $[\boldsymbol{\alpha}, \boldsymbol{\beta}]$）为向量 $\boldsymbol{\alpha}$ 与 $\boldsymbol{\beta}$ 的内积.

内积是两个向量之间的一种运算，其结果是一个实数.

内积具有下列性质（其中 $\boldsymbol{\alpha}, \boldsymbol{\beta}, \boldsymbol{\gamma}$ 为同型向量，k 为实数）：

(1) $(\boldsymbol{\alpha}, \boldsymbol{\beta})=(\boldsymbol{\beta}, \boldsymbol{\alpha})$.

(2) $(k\boldsymbol{\alpha}, \boldsymbol{\beta})=k(\boldsymbol{\alpha}, \boldsymbol{\beta})$.

(3) $(\boldsymbol{\alpha}+\boldsymbol{\beta}, \boldsymbol{\gamma})=(\boldsymbol{\alpha}, \boldsymbol{\gamma})+(\boldsymbol{\beta}, \boldsymbol{\gamma})$.

(4) 当 $\boldsymbol{\alpha}=\boldsymbol{0}$ 时，$(\boldsymbol{\alpha}, \boldsymbol{\alpha})=0$；当 $\boldsymbol{\alpha}\neq\boldsymbol{0}$ 时，$(\boldsymbol{\alpha}, \boldsymbol{\alpha})>0$.

这些性质可根据定义直接证明，请读者自己证明.

例 8 证明柯西(Cauchy)不等式 $(\boldsymbol{\alpha}, \boldsymbol{\beta})^2\leqslant(\boldsymbol{\alpha}, \boldsymbol{\alpha})(\boldsymbol{\beta}, \boldsymbol{\beta})$，即：

$$(a_1b_1+a_2b_2+\cdots+a_nb_n)^2 \leqslant (a_1^2+a_2^2+\cdots+a_n^2)(b_1^2+b_2^2+\cdots+b_n^2).$$

证 当 $\boldsymbol{\beta}=\boldsymbol{0}$ 时，结论显然成立，以下设 $\boldsymbol{\beta}\neq\boldsymbol{0}$. 令 t 是一个实变数，作向量 $\qquad\qquad\qquad \boldsymbol{\gamma}=\boldsymbol{\alpha}+t\boldsymbol{\beta},$

由内积的性质(4)可知，不论 t 取何值，一定有

$$(\boldsymbol{\gamma}, \boldsymbol{\gamma}) = (\boldsymbol{\alpha}+t\boldsymbol{\beta}, \boldsymbol{\alpha}+t\boldsymbol{\beta}) \geqslant 0,$$

即 $\qquad (\boldsymbol{\alpha}, \boldsymbol{\alpha})+2(\boldsymbol{\alpha}, \boldsymbol{\beta})t+(\boldsymbol{\beta}, \boldsymbol{\beta})t^2 \geqslant 0,$

取 $t=-\dfrac{(\boldsymbol{\alpha}, \boldsymbol{\beta})}{(\boldsymbol{\beta}, \boldsymbol{\beta})}$ 代入上式，得

$$(\boldsymbol{\alpha}, \boldsymbol{\alpha})-\frac{(\boldsymbol{\alpha}, \boldsymbol{\beta})^2}{(\boldsymbol{\beta}, \boldsymbol{\beta})}\geqslant 0,$$

即 $\qquad (\boldsymbol{\alpha}, \boldsymbol{\beta})^2\leqslant(\boldsymbol{\alpha}, \boldsymbol{\alpha})(\boldsymbol{\beta}, \boldsymbol{\beta}).$

在解析几何中，我们曾引进向量的数量积的概念：$\boldsymbol{\alpha}\cdot\boldsymbol{\beta}=|\boldsymbol{\alpha}||\boldsymbol{\beta}|\cos\varphi$，且在直角坐标系中，有 $\boldsymbol{\alpha}\cdot\boldsymbol{\beta}=a_1b_1+a_2b_2+a_3b_3$，可见 n 维向量的内积是数量积的一种推广.

二、长度、距离和夹角

n 维向量没有 3 维向量那样直观的长度和夹角的几何模型，但我们能够从几何中相关概念的实质出发，将有关概念推广到 $\mathbf{R}^n$ 中. 下面我们首先利用内积定义 n 维向量的长度.

定义 10 对任意的 n 维向量

$$\boldsymbol{\alpha} = \begin{pmatrix} a_1 \\ a_2 \\ \vdots \\ a_n \end{pmatrix},$$

称非负实数

$$\sqrt{(\boldsymbol{\alpha}, \boldsymbol{\alpha})} = \sqrt{a_1^2 + a_2^2 + \cdots + a_n^2}$$

为 n 维向量 $\boldsymbol{\alpha}$ 的长度，记作 $|\boldsymbol{\alpha}|$（或 $\|\boldsymbol{\alpha}\|$）. 当 $|\boldsymbol{\alpha}| = 1$ 时，称 $\boldsymbol{\alpha}$ 为单位向量.

向量的长度具有下述性质：

(1) **非负性**：当 $\boldsymbol{\alpha} \neq \boldsymbol{0}$ 时，$|\boldsymbol{\alpha}| > 0$；当 $\boldsymbol{\alpha} = \boldsymbol{0}$ 时，$|\boldsymbol{\alpha}| = 0$.

(2) **齐次性**：$|k\boldsymbol{\alpha}| = |k| \, |\boldsymbol{\alpha}|$.

(3) **三角不等式**：$|\boldsymbol{\alpha} + \boldsymbol{\beta}| \leqslant |\boldsymbol{\alpha}| + |\boldsymbol{\beta}|$.

性质(1)、(2)是显然的，下面证明性质(3).

证 由柯西(Cauchy)不等式 $(\boldsymbol{\alpha}, \boldsymbol{\beta})^2 \leqslant (\boldsymbol{\alpha}, \boldsymbol{\alpha})(\boldsymbol{\beta}, \boldsymbol{\beta})$ 两边开方得

$$|(\boldsymbol{\alpha}, \boldsymbol{\beta})| \leqslant |\boldsymbol{\alpha}| \, |\boldsymbol{\beta}|,$$

从而 $\quad |\boldsymbol{\alpha} + \boldsymbol{\beta}|^2 = (\boldsymbol{\alpha} + \boldsymbol{\beta}, \boldsymbol{\alpha} + \boldsymbol{\beta}) = (\boldsymbol{\alpha}, \boldsymbol{\alpha}) + 2(\boldsymbol{\alpha}, \boldsymbol{\beta}) + (\boldsymbol{\beta}, \boldsymbol{\beta})$

$$\leqslant |\boldsymbol{\alpha}|^2 + 2|\boldsymbol{\alpha}| \, |\boldsymbol{\beta}| + |\boldsymbol{\beta}|^2 = (|\boldsymbol{\alpha}| + |\boldsymbol{\beta}|)^2,$$

所以 $\quad |\boldsymbol{\alpha} + \boldsymbol{\beta}| \leqslant |\boldsymbol{\alpha}| + |\boldsymbol{\beta}|$.

对任意的非零向量 $\boldsymbol{\alpha}$，$\dfrac{1}{|\boldsymbol{\alpha}|} \boldsymbol{\alpha}$ 为单位向量，因为

$$\left| \frac{1}{|\boldsymbol{\alpha}|} \boldsymbol{\alpha} \right| = \frac{1}{|\boldsymbol{\alpha}|} |\boldsymbol{\alpha}| = 1.$$

把由非零向量 $\boldsymbol{\alpha}$ 求单位向量的这一过程称作对向量 $\boldsymbol{\alpha}$ 的**单位化**.

在解析几何中，我们定义两个向量 $\boldsymbol{\alpha}$ 与 $\boldsymbol{\beta}$ 的距离为 $\boldsymbol{\alpha} - \boldsymbol{\beta}$ 的长度. 类似地，我们有：

定义 11 设 $\boldsymbol{\alpha}$，$\boldsymbol{\beta}$ 为两个 n 维的向量，称 $|\boldsymbol{\alpha} - \boldsymbol{\beta}|$ 为向量 $\boldsymbol{\alpha}$ 与 $\boldsymbol{\beta}$ 的距离，记作 $d(\boldsymbol{\alpha}, \boldsymbol{\beta})$，即 $d(\boldsymbol{\alpha}, \boldsymbol{\beta}) = |\boldsymbol{\alpha} - \boldsymbol{\beta}|$.

容易看出，距离具有下列性质：

(1) 当 $\boldsymbol{\alpha} \neq \boldsymbol{\beta}$ 时，$d(\boldsymbol{\alpha}, \boldsymbol{\beta}) > 0$.

(2) $d(\boldsymbol{\alpha}, \boldsymbol{\beta}) = d(\boldsymbol{\beta}, \boldsymbol{\alpha})$.

(3) $d(\boldsymbol{\alpha}, \boldsymbol{\gamma}) \leqslant d(\boldsymbol{\alpha}, \boldsymbol{\beta}) + d(\boldsymbol{\beta}, \boldsymbol{\gamma})$.

性质(3)称为**三角不等式**，在解析几何里，这个不等式的意义就是：一个三角形两边之和大于第三边.

由柯西(Cauchy)不等式，我们可以得到：

$$-1 \leqslant \frac{(\boldsymbol{\alpha}, \boldsymbol{\beta})}{|\boldsymbol{\alpha}| \, |\boldsymbol{\beta}|} \leqslant 1,$$

所以我们可以作出下面的定义：

定义 12　设 $\boldsymbol{\alpha}$ 与 $\boldsymbol{\beta}$ 是两个非零向量，定义 $\boldsymbol{\alpha}$ 与 $\boldsymbol{\beta}$ 的夹角 $<\boldsymbol{\alpha}, \boldsymbol{\beta}>$ 为

$$<\boldsymbol{\alpha}, \boldsymbol{\beta}> = \arccos \frac{(\boldsymbol{\alpha}, \boldsymbol{\beta})}{|\boldsymbol{\alpha}| \, |\boldsymbol{\beta}|}.$$

显然，$0 \leqslant <\boldsymbol{\alpha}, \boldsymbol{\beta}> \leqslant \pi$.

例 9　设向量 $\boldsymbol{\alpha} = \begin{pmatrix} 1 \\ 2 \\ 2 \\ 3 \end{pmatrix}$，$\boldsymbol{\beta} = \begin{pmatrix} 3 \\ 1 \\ 5 \\ 1 \end{pmatrix}$，求 $|\boldsymbol{\alpha}|$ 以及 $\boldsymbol{\alpha}$ 与 $\boldsymbol{\beta}$ 的夹角 $<\boldsymbol{\alpha}, \boldsymbol{\beta}>$.

解　$|\boldsymbol{\alpha}| = \sqrt{1^2 + 2^2 + 2^2 + 3^2} = \sqrt{18} = 3\sqrt{2}$.

又因为　　　　$|\boldsymbol{\beta}| = \sqrt{3^2 + 1^2 + 5^2 + 1^2} = \sqrt{36} = 6$,

　　　　　　$(\boldsymbol{\alpha}, \boldsymbol{\beta}) = 1 \times 3 + 2 \times 1 + 2 \times 5 + 3 \times 1 = 18$,

所以　　$<\boldsymbol{\alpha}, \boldsymbol{\beta}> = \arccos \frac{(\boldsymbol{\alpha}, \boldsymbol{\beta})}{|\boldsymbol{\alpha}| \, |\boldsymbol{\beta}|} = \arccos \frac{18}{3\sqrt{2} \times 6} = \arccos \frac{\sqrt{2}}{2} = \frac{\pi}{4}$.

三、正交向量组

定义 13　若两向量 $\boldsymbol{\alpha}$ 与 $\boldsymbol{\beta}$ 的内积等于零，即 $(\boldsymbol{\alpha}, \boldsymbol{\beta}) = 0$，则称向量 $\boldsymbol{\alpha}$ 与 $\boldsymbol{\beta}$ 相互正交，记作 $\boldsymbol{\alpha} \perp \boldsymbol{\beta}$.

显然，若 $\boldsymbol{\alpha} = \boldsymbol{0}$，则 $\boldsymbol{\alpha}$ 与任何向量正交.

定义 14　若同型向量组 A：$\boldsymbol{\alpha}_1$，$\boldsymbol{\alpha}_2$，$\cdots$，$\boldsymbol{\alpha}_s$ 中无零向量，且 $\boldsymbol{\alpha}_1$，$\boldsymbol{\alpha}_2$，$\cdots$，$\boldsymbol{\alpha}_s$ 中的向量两两正交，则称该向量组为正交向量组. 若该正交向量组中的每个向量都是单位向量，则称为标准正交向量组.

显然，$\boldsymbol{\alpha}_1$，$\boldsymbol{\alpha}_2$，$\cdots$，$\boldsymbol{\alpha}_s$ 是标准正交向量组当且仅当

$$(\boldsymbol{\alpha}_i, \boldsymbol{\alpha}_j) = \begin{cases} 1, & i = j, \\ 0, & i \neq j. \end{cases}$$

例如，对 $\mathbf{R}^n$ 中单位向量组

$$E: \boldsymbol{\varepsilon}_1 = \begin{pmatrix} 1 \\ 0 \\ \vdots \\ 0 \end{pmatrix}, \boldsymbol{\varepsilon}_2 = \begin{pmatrix} 0 \\ 1 \\ \vdots \\ 0 \end{pmatrix}, \cdots, \boldsymbol{\varepsilon}_n = \begin{pmatrix} 0 \\ 0 \\ \vdots \\ 1 \end{pmatrix},$$

因为 $(\pmb{\varepsilon}_i, \pmb{\varepsilon}_j) = \begin{cases} 1, & i=j, \\ 0, & i \neq j, \end{cases}$ 所以单位向量组 E 是一标准正交向量组.

定理 8 若 n 维向量 $\pmb{\alpha}_1$, $\pmb{\alpha}_2$, $\cdots$, $\pmb{\alpha}_s$ 是一组正交向量组, 则 $\pmb{\alpha}_1$, $\pmb{\alpha}_2$, $\cdots$, $\pmb{\alpha}_s$ 线性无关.

证 设 $$k_1\pmb{\alpha}_1 + k_2\pmb{\alpha}_2 + \cdots + k_s\pmb{\alpha}_s = \pmb{0},$$
用 $\pmb{\alpha}_i$ 与等式两边作内积, 即得 $k_i(\pmb{\alpha}_i, \pmb{\alpha}_i) = 0$, 由 $\pmb{\alpha}_i \neq \pmb{0}$, 得 $(\pmb{\alpha}_i, \pmb{\alpha}_i) > 0$, 从而 $k_i = 0(i=1, 2, \cdots, s)$, 所以 $\pmb{\alpha}_1$, $\pmb{\alpha}_2$, $\cdots$, $\pmb{\alpha}_s$ 线性无关.

例 10 已知两个 3 维向量 $\pmb{\alpha}_1 = \begin{bmatrix} 1 \\ 1 \\ -1 \end{bmatrix}$, $\pmb{\alpha}_2 = \begin{bmatrix} -1 \\ 2 \\ 1 \end{bmatrix}$ 正交, 求单位向量 $\pmb{\alpha}_3$,

使 $\pmb{\alpha}_1$, $\pmb{\alpha}_2$, $\pmb{\alpha}_3$ 为正交向量组.

解 设 $\pmb{\alpha} = \begin{bmatrix} x \\ y \\ z \end{bmatrix}$ 使得

$$\begin{cases} (\pmb{\alpha}_1, \pmb{\alpha}) = 0, \\ (\pmb{\alpha}_2, \pmb{\alpha}) = 0, \end{cases} \quad \text{即} \quad \begin{cases} x + y - z = 0, \\ -x + 2y + z = 0, \end{cases}$$

解得 $\begin{cases} x = z, \\ y = 0. \end{cases}$ 取 $z = \pm 1$, 得

$$\pmb{\alpha} = \pm \begin{bmatrix} 1 \\ 0 \\ 1 \end{bmatrix},$$

而 $|\pmb{\alpha}| = \sqrt{2}$, 故

$$\pmb{\alpha}_3 = \frac{1}{|\pmb{\alpha}|}\pmb{\alpha} = \pm \begin{bmatrix} \frac{\sqrt{2}}{2} \\ 0 \\ \frac{\sqrt{2}}{2} \end{bmatrix}$$

满足要求.

下面我们将要给出的是由一个线性无关的向量组求一个与其等价的正交向量组的方法, 即著名的施密特(Schmidt)正交化方法.

定理 9 设 $\pmb{\alpha}_1$, $\pmb{\alpha}_2$, $\cdots$, $\pmb{\alpha}_s$ 是一个线性无关的向量组, 则 $\pmb{\beta}_1$, $\pmb{\beta}_2$, $\cdots$, $\pmb{\beta}_s$ 是一个与 $\pmb{\alpha}_1$, $\pmb{\alpha}_2$, $\cdots$, $\pmb{\alpha}_s$ 等价的正交向量组, 其中,

$$\boldsymbol{\beta}_1 = \boldsymbol{\alpha}_1 ;$$

$$\boldsymbol{\beta}_2 = \boldsymbol{\alpha}_2 - \frac{(\boldsymbol{\beta}_1, \ \boldsymbol{\alpha}_2)}{(\boldsymbol{\beta}_1, \ \boldsymbol{\beta}_1)} \boldsymbol{\beta}_1 ;$$

$$\boldsymbol{\beta}_3 = \boldsymbol{\alpha}_3 - \frac{(\boldsymbol{\beta}_1, \ \boldsymbol{\alpha}_3)}{(\boldsymbol{\beta}_1, \ \boldsymbol{\beta}_1)} \boldsymbol{\beta}_1 - \frac{(\boldsymbol{\beta}_2, \ \boldsymbol{\alpha}_3)}{(\boldsymbol{\beta}_2, \ \boldsymbol{\beta}_2)} \boldsymbol{\beta}_2 ;$$

$$\cdots\cdots\cdots\cdots\cdots\cdots\cdots\cdots\cdots\cdots$$

$$\boldsymbol{\beta}_s = \boldsymbol{\alpha}_s - \frac{(\boldsymbol{\beta}_1, \ \boldsymbol{\alpha}_s)}{(\boldsymbol{\beta}_1, \ \boldsymbol{\beta}_1)} \boldsymbol{\beta}_1 - \frac{(\boldsymbol{\beta}_2, \ \boldsymbol{\alpha}_s)}{(\boldsymbol{\beta}_2, \ \boldsymbol{\beta}_2)} \boldsymbol{\beta}_2 - \cdots - \frac{(\boldsymbol{\beta}_{s-1}, \ \boldsymbol{\alpha}_s)}{(\boldsymbol{\beta}_{s-1}, \ \boldsymbol{\beta}_{s-1})} \boldsymbol{\beta}_{s-1} .$$

上述过程称为施密特(Schmidt)正交化过程.

定理 9 的证明从略.

例 11　用施密特正交化过程求与向量组

$$\boldsymbol{\alpha}_1 = \begin{pmatrix} 1 \\ 1 \\ 0 \\ 0 \end{pmatrix}, \ \boldsymbol{\alpha}_2 = \begin{pmatrix} 1 \\ 0 \\ 1 \\ 0 \end{pmatrix}, \ \boldsymbol{\alpha}_3 = \begin{pmatrix} -1 \\ 0 \\ 0 \\ 1 \end{pmatrix}$$

等价的标准正交向量组.

解　先将 $\boldsymbol{\alpha}_1, \boldsymbol{\alpha}_2, \boldsymbol{\alpha}_3$ 正交化:

$$\boldsymbol{\beta}_1 = \boldsymbol{\alpha}_1 = \begin{pmatrix} 1 \\ 1 \\ 0 \\ 0 \end{pmatrix}.$$

因为 $(\boldsymbol{\beta}_1, \ \boldsymbol{\alpha}_2) = 1$, $(\boldsymbol{\beta}_1, \ \boldsymbol{\beta}_1) = 2$, 所以

$$\boldsymbol{\beta}_2 = \boldsymbol{\alpha}_2 - \frac{(\boldsymbol{\beta}_1, \ \boldsymbol{\alpha}_2)}{(\boldsymbol{\beta}_1, \ \boldsymbol{\beta}_1)} \boldsymbol{\beta}_1 = \begin{pmatrix} 1 \\ 0 \\ 1 \\ 0 \end{pmatrix} - \frac{1}{2} \begin{pmatrix} 1 \\ 1 \\ 0 \\ 0 \end{pmatrix} = \begin{pmatrix} \frac{1}{2} \\ -\frac{1}{2} \\ 1 \\ 0 \end{pmatrix}.$$

再由 $(\boldsymbol{\beta}_1, \ \boldsymbol{\alpha}_3) = -1$, $(\boldsymbol{\beta}_2, \ \boldsymbol{\alpha}_3) = -\frac{1}{2}$, $(\boldsymbol{\beta}_2, \ \boldsymbol{\beta}_2) = \frac{3}{2}$, 可得

$$\boldsymbol{\beta}_3 = \boldsymbol{\alpha}_3 - \frac{(\boldsymbol{\beta}_1, \ \boldsymbol{\alpha}_3)}{(\boldsymbol{\beta}_1, \ \boldsymbol{\beta}_1)} \boldsymbol{\beta}_1 - \frac{(\boldsymbol{\beta}_2, \ \boldsymbol{\alpha}_3)}{(\boldsymbol{\beta}_2, \ \boldsymbol{\beta}_2)} \boldsymbol{\beta}_2$$

$$= \begin{pmatrix} -1 \\ 0 \\ 0 \\ 1 \end{pmatrix} - \frac{(-1)}{2}\begin{pmatrix} 1 \\ 1 \\ 0 \\ 0 \end{pmatrix} - \frac{\left(-\dfrac{1}{2}\right)}{\dfrac{3}{2}}\begin{pmatrix} \dfrac{1}{2} \\ -\dfrac{1}{2} \\ 1 \\ 0 \end{pmatrix} = \begin{pmatrix} -\dfrac{1}{3} \\ \dfrac{1}{3} \\ \dfrac{1}{3} \\ 1 \end{pmatrix}.$$

再将 $\boldsymbol{\beta}_1$，$\boldsymbol{\beta}_2$，$\boldsymbol{\beta}_3$ 单位化：

$$\boldsymbol{\gamma}_1 = \frac{\boldsymbol{\beta}_1}{|\boldsymbol{\beta}_1|} = \frac{1}{\sqrt{2}}\begin{pmatrix} 1 \\ 1 \\ 0 \\ 0 \end{pmatrix}, \quad \boldsymbol{\gamma}_2 = \frac{\boldsymbol{\beta}_2}{|\boldsymbol{\beta}_2|} = \frac{1}{\sqrt{6}}\begin{pmatrix} 1 \\ -1 \\ 2 \\ 0 \end{pmatrix},$$

$$\boldsymbol{\gamma}_3 = \frac{\boldsymbol{\beta}_3}{|\boldsymbol{\beta}_3|} = \frac{1}{2\sqrt{3}}\begin{pmatrix} -1 \\ 1 \\ 1 \\ 3 \end{pmatrix},$$

则 $\boldsymbol{\gamma}_1$，$\boldsymbol{\gamma}_2$，$\boldsymbol{\gamma}_3$ 即为所求．

习 题 二

1. 已知 $\boldsymbol{\alpha} = \begin{pmatrix} 1 \\ 2 \\ 1 \end{pmatrix}$，$\boldsymbol{\beta} = \begin{pmatrix} 1 \\ -1 \\ -3 \end{pmatrix}$，$\boldsymbol{\gamma} = \begin{pmatrix} 0 \\ 1 \\ -1 \end{pmatrix}$，

(1) 求 $5\boldsymbol{\alpha} - 3\boldsymbol{\beta} + 3\boldsymbol{\gamma}$；　　(2) 若有 $\boldsymbol{\xi}$ 满足 $\boldsymbol{\alpha} - \boldsymbol{\beta} + 2\boldsymbol{\gamma} - 3\boldsymbol{\xi} = 2(\boldsymbol{\alpha} - \boldsymbol{\gamma})$，求 $\boldsymbol{\xi}$．

2. 已知 $x_1\begin{pmatrix} 1 \\ 1 \\ 1 \end{pmatrix} + x_2\begin{pmatrix} -1 \\ 2 \\ 4 \end{pmatrix} + x_3\begin{pmatrix} 2 \\ 3 \\ -1 \end{pmatrix} = \begin{pmatrix} 5 \\ 14 \\ 6 \end{pmatrix}$，求 x_1，x_2，x_3．

3. 已知 $\boldsymbol{\alpha}_1 = (1,\ 2,\ 3,\ 4)^{\mathrm{T}}$，$\boldsymbol{\alpha}_2 = (0,\ 1,\ 0,\ 1)^{\mathrm{T}}$，$\boldsymbol{\alpha}_3 = (-2,\ 1,\ 1,\ 0)^{\mathrm{T}}$，$\boldsymbol{\beta} = (3,\ 3,\ 2,\ 6)^{\mathrm{T}}$，

(1) 证明 $\boldsymbol{\alpha}_1$，$\boldsymbol{\alpha}_2$，$\boldsymbol{\alpha}_3$ 线性无关；

(2) 证明 $\boldsymbol{\alpha}_1$，$\boldsymbol{\alpha}_2$，$\boldsymbol{\alpha}_3$，$\boldsymbol{\beta}$ 线性相关，并用 $\boldsymbol{\alpha}_1$，$\boldsymbol{\alpha}_2$，$\boldsymbol{\alpha}_3$ 线性表示 $\boldsymbol{\beta}$．

4. 已知向量组 $\boldsymbol{\alpha}_1$，$\boldsymbol{\alpha}_2$，$\boldsymbol{\alpha}_3$，$\boldsymbol{\alpha}_4$，证明：向量组 $\boldsymbol{\beta}_1 = \boldsymbol{\alpha}_1 + \boldsymbol{\alpha}_2$，$\boldsymbol{\beta}_2 = \boldsymbol{\alpha}_2 + \boldsymbol{\alpha}_3$，$\boldsymbol{\beta}_3 = \boldsymbol{\alpha}_3 + \boldsymbol{\alpha}_4$，$\boldsymbol{\beta}_4 = \boldsymbol{\alpha}_4 + \boldsymbol{\alpha}_1$ 线性相关．

5. 证明：向量组 $\boldsymbol{\alpha}_1 + \boldsymbol{\alpha}_2$，$\boldsymbol{\alpha}_2 - \boldsymbol{\alpha}_3$，$\boldsymbol{\alpha}_1 - \boldsymbol{\alpha}_3$ 与向量组 $\boldsymbol{\alpha}_1$，$\boldsymbol{\alpha}_2$，$\boldsymbol{\alpha}_3$ 等价．

6. 举例说明下列命题是错误的：

（1）若向量组 $\boldsymbol{\alpha}_1$，$\boldsymbol{\alpha}_2$，$\boldsymbol{\alpha}_3$，$\boldsymbol{\alpha}_4$ 线性相关，则其中每个向量均可由其余向量线性表示．

（2）若 $\boldsymbol{\alpha}_1$，$\boldsymbol{\alpha}_2$，$\boldsymbol{\alpha}_3$ 中任意两个向量线性无关，则 $\boldsymbol{\alpha}_1$，$\boldsymbol{\alpha}_2$，$\boldsymbol{\alpha}_3$ 线性无关．

（3）在向量组 $\boldsymbol{\alpha}_1$，$\boldsymbol{\alpha}_2$，$\boldsymbol{\alpha}_3$ 中，若存在一个向量不能由其余向量线性表示，则 $\boldsymbol{\alpha}_1$，$\boldsymbol{\alpha}_2$，$\boldsymbol{\alpha}_3$ 线性无关．

（4）若 $\boldsymbol{\alpha}$ 能由 $\boldsymbol{\alpha}_1$，$\boldsymbol{\alpha}_2$，$\boldsymbol{\alpha}_3$，$\boldsymbol{\alpha}_4$ 线性表示，则表示式是唯一的．

（5）若向量组 $\boldsymbol{\alpha}_1$，$\boldsymbol{\alpha}_2$，$\cdots$，$\boldsymbol{\alpha}_r$ 与 $\boldsymbol{\beta}_1$，$\boldsymbol{\beta}_2$，$\cdots$，$\boldsymbol{\beta}_s$ 等价，则 $r=s$.

7. 已知 $\boldsymbol{\alpha}_1=(1, 0, 1, 0)^{\mathrm{T}}$，$\boldsymbol{\alpha}_2=(0, -1, 1, -1)^{\mathrm{T}}$，$\boldsymbol{\alpha}_3=(1, 1, 1, 1)^{\mathrm{T}}$，$\boldsymbol{\alpha}_4=(0, 1, 0, -1)^{\mathrm{T}}$.

（1）求 $\boldsymbol{\alpha}_1$ 与 $\boldsymbol{\alpha}_2$ 的夹角；

（2）求 $|2\boldsymbol{\alpha}_1-\boldsymbol{\alpha}_2+\boldsymbol{\alpha}_3-3\boldsymbol{\alpha}_4|$；

（3）求一个与 $\boldsymbol{\alpha}_1$，$\boldsymbol{\alpha}_2$，$\boldsymbol{\alpha}_3$，$\boldsymbol{\alpha}_4$ 等价的标准正交向量组．

8. 设 $\boldsymbol{\alpha}_1$，$\boldsymbol{\alpha}_2$，$\cdots$，$\boldsymbol{\alpha}_r$ 线性无关，而且 $\boldsymbol{\beta}$，$\boldsymbol{\alpha}_1$，$\boldsymbol{\alpha}_2$，$\cdots$，$\boldsymbol{\alpha}_r$ 线性相关，证明：$\boldsymbol{\beta}$ 可由 $\boldsymbol{\alpha}_1$，$\boldsymbol{\alpha}_2$，$\cdots$，$\boldsymbol{\alpha}_r$ 线性表示．

9. 求证：向量组 $\boldsymbol{\alpha}_1$，$\boldsymbol{\alpha}_2$，$\cdots$，$\boldsymbol{\alpha}_r$，$\boldsymbol{\beta}_1$，$\boldsymbol{\beta}_2$，$\cdots$，$\boldsymbol{\beta}_s$ 的秩不大于 $\boldsymbol{\alpha}_1$，$\boldsymbol{\alpha}_2$，$\cdots$，$\boldsymbol{\alpha}_r$ 的秩与 $\boldsymbol{\beta}_1$，$\boldsymbol{\beta}_2$，$\cdots$，$\boldsymbol{\beta}_s$ 秩之和．

10. 设向量组 $\boldsymbol{\alpha}_1$，$\boldsymbol{\alpha}_2$，$\cdots$，$\boldsymbol{\alpha}_n$ 的秩为 r，试证：$\boldsymbol{\alpha}_1$，$\boldsymbol{\alpha}_2$，$\cdots$，$\boldsymbol{\alpha}_n$ 中任何 r 个线性无关的向量组都可以组成 $\boldsymbol{\alpha}_1$，$\boldsymbol{\alpha}_2$，$\cdots$，$\boldsymbol{\alpha}_n$ 的极大线性无关组．

阅读材料 2：

数 域 和 数 环

不少数学问题往往要考虑数的范围，如，方程 $3x=2$ 在整数范围内无解，而在有理数范围内就有解，同一个数学问题在不同的范围内答案不一样，原因就在于在整数范围内除法不是普遍可以做的，或者说整数集合对除法运算不封闭，而在有理数的范围内，只要除数不为零，除法总是可以做的．就是说，在解决数学问题时，不但要考虑数集，还要考虑数集所满足的运算条件．线性代数所研究的问题主要涉及数的四则运算性质，数域正是考虑到这一要求而提出的一个基本概念．

定义 1　设 P 是一个至少包含一个非零数的复数集合的子集，如果对于 P 中任意数 a，b（a，b 可以相等），a 与 b 的和、差、积、商（除数不为零）：$a+b$、$a-b$、ab 和 $\dfrac{a}{b}$（$b\neq0$）仍然是 P 中的数，那么 P 称为一个**数域**．

如有理数集 $\mathbf{Q}$、实数集 $\mathbf{R}$ 和复数集 $\mathbf{C}$ 都是数域（我们分别把它们称作有理数域、实数域和复数域，仍然记作 $\mathbf{Q}$、$\mathbf{R}$ 和 $\mathbf{C}$），但整数集 $\mathbf{Z}$ 和自然数集 $\mathbf{N}$ 都

不是数域.

由数域的定义可以证明：**有理数域 Q 是最小的数域**. 就是说，若 P 是数域，则有 $\mathbf{Q} \subseteq P$.

只需证明 P 包含所有有理数即可. 事实上，因为 P 是数域，所以必有 $0 \neq a \in P$，而 P 对除法封闭，所以 $1 = \dfrac{a}{a} \in P$；又因为 P 对加法封闭，所以任意正整数 $n \in P$；再由于 P 对减法封闭，所以 $0 = a - a \in P$；仍由 P 对减法封闭可知，任意负整数 $-n = 0 - n \in P$. 进而再由 P 对除法封闭立得任意有理数属于 P，即 $\mathbf{Q} \subseteq P$.

下面再给出一个数域的例子：

例 证明 $\mathbf{Q}(\sqrt{2}) = \{ a + b\sqrt{2} \mid a, b \in \mathbf{Q} \}$ 是一个数域.

首先，当取 $a = 1$，$b = 0$ 时，$1 \in \mathbf{Q}(\sqrt{2})$，即 $\mathbf{Q}(\sqrt{2})$ 含非零数 1.

其次，对任意 $a + b\sqrt{2}$，$c + d\sqrt{2} \in \mathbf{Q}(\sqrt{2})$（$a, b, c, d \in \mathbf{Q}$），因为

$$(a + b\sqrt{2}) \pm (c + d\sqrt{2}) = (a \pm c) + (b \pm d)\sqrt{2} \in \mathbf{Q}(\sqrt{2});$$

$$(a + b\sqrt{2})(c + d\sqrt{2}) = (ac + 2bd) + (ad + bc)\sqrt{2} \in \mathbf{Q}(\sqrt{2}),$$

即 $\mathbf{Q}(\sqrt{2})$ 对加、减和乘法运算封闭.

当 $a + b\sqrt{2} \neq 0$ 时，必有 $a - b\sqrt{2} \neq 0$，所以

$$\frac{c + d\sqrt{2}}{a + b\sqrt{2}} = \frac{(c + d\sqrt{2})(a - b\sqrt{2})}{(a + b\sqrt{2})(a - b\sqrt{2})} = \frac{ac - 2bd}{a^2 - 2b^2} + \frac{ad - bc}{a^2 - 2b^2}\sqrt{2} \in \mathbf{Q}(\sqrt{2}),$$

即 $\mathbf{Q}(\sqrt{2})$ 对除法运算封闭.

于是证明了 $\mathbf{Q}(\sqrt{2}) = \{ a + b\sqrt{2} \mid a, b \in \mathbf{Q} \}$ 是一个数域.

我们再给出另一个基本概念——数环.

定义 2 设 S 是一个非空数集，如果 S 对数的加、减和乘法运算封闭，那么，S 就称作一个**数环**.

如整数集 $\mathbf{Z}$ 是一个数环，叫作整数环；但自然数集 $\mathbf{N}$ 不是数环，因为它对减法不封闭.

由定义可见，数域一定是数环，但反之不然.

第三章 矩 阵

矩阵是数学中最基础最重要的概念之一，其应用范围很广．本章主要讲述矩阵的基本运算，包括加减运算、数乘运算和矩阵乘法，以及矩阵的初等变换；除此以外，还讲述逆矩阵，介绍矩阵分块运算的规则．其中，矩阵乘法、逆矩阵以及矩阵的初等变换是本章的重点．

§1 矩阵的基本概念

定义 1 由 $m \times n$ 个数 $a_{ij}(i=1, 2, \cdots, m; j=1, 2, \cdots, n)$ 排成的 m 行 n 列的数表

$$\begin{pmatrix} a_{11} & a_{12} & \cdots & a_{1n} \\ a_{21} & u_{22} & \cdots & a_{2n} \\ \vdots & \vdots & & \vdots \\ a_{m1} & a_{m2} & \cdots & a_{mn} \end{pmatrix}$$

称为 m 行 n 列矩阵（也可用方括弧），简称 $m \times n$ 矩阵或矩阵，通常用大写英文字母表示：

$$\boldsymbol{A} = \begin{pmatrix} a_{11} & a_{12} & \cdots & a_{1n} \\ a_{21} & a_{22} & \cdots & a_{2n} \\ \vdots & \vdots & & \vdots \\ a_{m1} & a_{m2} & \cdots & a_{mn} \end{pmatrix},$$

简记为 $\boldsymbol{A} = (a_{ij})_{m \times n}$，或 $\boldsymbol{A} = (a_{ij})$，或 $\boldsymbol{A}_{m \times n} = (a_{ij})(i=1, 2, \cdots, m; j=1, 2, \cdots, n)$．

这 $m \times n$ 个数称为矩阵 $\boldsymbol{A}$ 的**元素**，a_{ij} 称为矩阵 $\boldsymbol{A}$ 的第 i 行第 j 列元素．元素都是实数的矩阵称为**实矩阵**，元素是复数的矩阵称为**复矩阵**，本书中的矩阵除特别说明外，都指实矩阵．

行数相等，列数也相等的矩阵称为**同型矩阵**．

如果 $\boldsymbol{A} = (a_{ij})$ 与 $\boldsymbol{B} = (b_{ij})$ 是同型矩阵，并且它们的对应元素相等，即

$$a_{ij} = b_{ij}, \quad i=1, 2, \cdots, m; j=1, 2, \cdots, n,$$

那么，就称矩阵 $\boldsymbol{A}$ 与 $\boldsymbol{B}$ **相等**，记作 $\boldsymbol{A} = \boldsymbol{B}$．

下面介绍几种特殊矩阵.

零矩阵 所有元素都是零的矩阵称为零矩阵，记作 $\boldsymbol{O}_{m\times n}$ 或 $\boldsymbol{O}$.

负矩阵 设 $\boldsymbol{A}=(a_{ij})_{m\times n}$，称矩阵 $(-a_{ij})_{m\times n}$ 为 $\boldsymbol{A}$ 的负矩阵，记作 $-\boldsymbol{A}$，即

$$-\boldsymbol{A}=(-a_{ij})_{m\times n}=\begin{bmatrix} -a_{11} & -a_{12} & \cdots & -a_{1n} \\ -a_{21} & -a_{22} & \cdots & -a_{2n} \\ \vdots & \vdots & & \vdots \\ -a_{m1} & -a_{m2} & \cdots & -a_{mn} \end{bmatrix}.$$

行矩阵 只有一行的矩阵 $\boldsymbol{A}=(a_1,a_2,\cdots,a_n)$，称为行矩阵，也称为行向量，为了避免元素间的混淆，行矩阵的元素之间用逗号分开.

列矩阵 只有一列的矩阵 $\boldsymbol{A}=\begin{bmatrix} a_1 \\ a_2 \\ \vdots \\ a_m \end{bmatrix}$ 称为列矩阵，也称为列向量.

n 阶方阵 如果 $m=n$，则称 $\boldsymbol{A}$ 为 n 阶方阵，简记 $\boldsymbol{A}_{n\times n}$ 为 $\boldsymbol{A}_n$. n 阶方阵 $\boldsymbol{A}$ 的从左上角到右下角那条线（主对角线）上的元素 $a_{11},a_{22},\cdots,a_{nn}$ 称为 $\boldsymbol{A}$ 的主对角线元素. 一阶方阵就是一个数，习惯上省略括号.

上三角矩阵 主对角线下方元素全为零的方阵称为上三角矩阵，即

$$\boldsymbol{A}=\begin{bmatrix} a_{11} & a_{12} & \cdots & a_{1n} \\ 0 & a_{22} & \cdots & a_{2n} \\ \vdots & \vdots & & \vdots \\ 0 & 0 & \cdots & a_{nn} \end{bmatrix}$$

为上三角矩阵.

下三角矩阵 主对角线上方元素全为零的方阵称为下三角矩阵，即

$$\boldsymbol{A}=\begin{bmatrix} a_{11} & 0 & \cdots & 0 \\ a_{21} & a_{22} & \cdots & 0 \\ \vdots & \vdots & & \vdots \\ a_{n1} & a_{n2} & \cdots & a_{nn} \end{bmatrix}$$

为下三角矩阵.

对角矩阵 非主对角线元素都为零的方阵称为对角矩阵，简称对角阵，对角阵也记作

$$\boldsymbol{A}=\mathrm{diag}(a_{11},a_{22},\cdots,a_{nn})=\begin{bmatrix} a_{11} & 0 & \cdots & 0 \\ 0 & a_{22} & \cdots & 0 \\ \vdots & \vdots & & \vdots \\ 0 & 0 & \cdots & a_{nn} \end{bmatrix}.$$

n **阶单位矩阵** 称 $\begin{bmatrix} 1 & 0 & \cdots & 0 \\ 0 & 1 & \cdots & 0 \\ \vdots & \vdots & & \vdots \\ 0 & 0 & \cdots & 1 \end{bmatrix}$ 为 n 阶单位矩阵，简称 n 阶单位阵或

单位阵，通常用 E（或 I）表示．

§2 矩阵的基本运算

一、矩阵的加法

定义 2 设有两个 $m \times n$ 矩阵 $A = (a_{ij})$，$B = (b_{ij})$，那么矩阵 A 与 B 的和记作 $A + B$，规定

$$A + B = \begin{bmatrix} a_{11} + b_{11} & a_{12} + b_{12} & \cdots & a_{1n} + b_{1n} \\ a_{21} + b_{21} & a_{22} + b_{22} & \cdots & a_{2n} + b_{2n} \\ \vdots & \vdots & & \vdots \\ a_{m1} + b_{m1} & a_{m2} + b_{m2} & \cdots & a_{mn} + b_{mn} \end{bmatrix}.$$

根据负矩阵的概念，定义两个 $m \times n$ 矩阵 A 与 B 的差 $A - B = A + (-B)$．应该注意，只有当两个矩阵是同型矩阵时，这两个矩阵才能求和或求差．

矩阵的加法满足下列运算规律（设矩阵 A、B、C 是同型矩阵）：

(1) **加法交换律**：$A + B = B + A$．

(2) **加法结合律**：$(A + B) + C = A + (B + C)$．

(3) $A + O = A$（其中 O 为与 A 同型的零矩阵）．

(4) $A + (-A) = O$（其中 O 为与 A 同型的零矩阵）．

二、数与矩阵相乘

定义 3 设 $A = (a_{ij})_{m \times n}$，$\lambda$ 是一个数，规定 λ 与 A 的乘积为矩阵 $(\lambda a_{ij})_{m \times n}$，记作 λA 或 $A\lambda$，即

$$\lambda A = (\lambda a_{ij})_{m \times n} = \begin{bmatrix} \lambda a_{11} & \lambda a_{12} & \cdots & \lambda a_{1n} \\ \lambda a_{21} & \lambda a_{22} & \cdots & \lambda a_{2n} \\ \vdots & \vdots & & \vdots \\ \lambda a_{m1} & \lambda a_{m2} & \cdots & \lambda a_{mn} \end{bmatrix},$$

数与矩阵相乘简称为数乘．

矩阵的数乘运算满足下列运算规律（设矩阵 A、B 是同型矩阵，λ、μ 是常数）：

（1）数乘结合律：$(\lambda\mu)A=\lambda(\mu A)$.

（2）数乘对数的加法分配律：$(\lambda+\mu)A=\lambda A+\mu A$.

（3）$1 \cdot A=A$.

（4）数乘对矩阵加法的分配律：$\lambda(A+B)=\lambda A+\lambda B$.

矩阵相加与数乘矩阵合起来，统称为矩阵的**线性运算**.

三、矩阵与矩阵相乘

定义 4 设 $A=(a_{ik})_{m\times s}$ 是一个 $m\times s$ 矩阵，$B=(b_{kj})_{s\times n}$ 是一个 $s\times n$ 矩阵，规定矩阵 A 与矩阵 B 的乘积是一个 $m\times n$ 矩阵 $C=(c_{ij})$，其中

$$c_{ij}=a_{i1}b_{1j}+a_{i2}b_{2j}+\cdots+a_{is}b_{sj}=\sum_{k=1}^{s}a_{ik}b_{kj},\ i=1,\ 2,\ \cdots,\ m;\ j=1,\ 2,\ \cdots,\ n,$$

记作 $C=AB$. 且称 A 与 B 为可乘矩阵，A 为左乘矩阵，B 为右乘矩阵. 求矩阵 A 与 B 乘积的运算叫作矩阵乘法.

必须注意，只有当左乘矩阵 A 的列数与右乘矩阵 B 的行数相同时，两矩阵才能相乘；乘积 AB 的行数等于 A 的行数，乘积 AB 的列数等于 B 的列数.

例 1 设 $A=\begin{bmatrix}1&3\\3&1\\4&2\end{bmatrix}$，$B=\begin{bmatrix}2&1\\1&3\end{bmatrix}$，求 AB.

解 因为矩阵 A 是 3×2 矩阵，矩阵 B 是 2×2 矩阵，A 的列数等于 B 的行数，所以矩阵 A 与 B 可以相乘，其乘积 AB 是一个 3×2 矩阵，由乘法定义，可得

$$AB=\begin{bmatrix}1&3\\3&1\\4&2\end{bmatrix}\begin{bmatrix}2&1\\1&3\end{bmatrix}=\begin{bmatrix}1\times2+3\times1&1\times1+3\times3\\3\times2+1\times1&3\times1+1\times3\\4\times2+2\times1&4\times1+2\times3\end{bmatrix}=\begin{bmatrix}5&10\\7&6\\10&10\end{bmatrix}.$$

例 2 设 $A=(-1,\ 2,\ 4)$，$B=\begin{bmatrix}3\\1\\-2\end{bmatrix}$，求 AB 及 BA.

解 $AB=(-1,\ 2,\ 4)\begin{bmatrix}3\\1\\-2\end{bmatrix}=(-1)\times3+2\times1+4\times(-2)=-9,$

$$BA=\begin{bmatrix}3\\1\\-2\end{bmatrix}(-1,\ 2,\ 4)$$

$$= \begin{pmatrix} 3\times(-1) & 3\times 2 & 3\times 4 \\ 1\times(-1) & 1\times 2 & 1\times 4 \\ (-2)\times(-1) & (-2)\times 2 & (-2)\times 4 \end{pmatrix} = \begin{pmatrix} -3 & 6 & 12 \\ -1 & 2 & 4 \\ 2 & -4 & -8 \end{pmatrix}.$$

在例 1 中，AB 是一个 3×2 矩阵，而 BA 却没有意义；在例 2 中，AB 是一个 1×1 矩阵，而 BA 是一个 3×3 矩阵，由此可知，**矩阵的乘法不满足交换律**．还应该明确指出，即使 A、B 为两个同阶方阵，AB 与 BA 也不一定相等．

例 3 设 $A = \begin{pmatrix} -2 & 4 \\ 1 & -2 \end{pmatrix}$，$B = \begin{pmatrix} 1 & 2 \\ -1 & -2 \end{pmatrix}$，$C = \begin{pmatrix} -4 & 8 \\ 2 & -4 \end{pmatrix}$，求 AB、BA 与 BC．

解 $AB = \begin{pmatrix} -2 & 4 \\ 1 & -2 \end{pmatrix} \begin{pmatrix} 1 & 2 \\ -1 & -2 \end{pmatrix} = \begin{pmatrix} -6 & -12 \\ 3 & 6 \end{pmatrix}$；

$BA = \begin{pmatrix} 1 & 2 \\ -1 & -2 \end{pmatrix} \begin{pmatrix} -2 & 4 \\ 1 & -2 \end{pmatrix} = \begin{pmatrix} 0 & 0 \\ 0 & 0 \end{pmatrix}$；

$BC = \begin{pmatrix} 1 & 2 \\ -1 & -2 \end{pmatrix} \begin{pmatrix} -4 & 8 \\ 2 & -4 \end{pmatrix} = \begin{pmatrix} 0 & 0 \\ 0 & 0 \end{pmatrix}$．

由此可见：

(1) $AB \neq BA$，即矩阵的乘法不满足交换律．

(2) 矩阵 $A \neq O$，$B \neq O$，但却有 $BA = O$，在矩阵运算中，**不能由 $AB = O$ 推得 $A = O$ 或 $B = O$ 的结论**．

(3) 虽然 $BA = BC$，且 $B \neq O$，但 $A \neq C$，即在一般情况下，**矩阵运算不满足消去律**．

上述三点表明，与数的乘法相比，矩阵乘法具有自身的特殊性．

在运算有意义的前提下，矩阵乘法满足下列运算规律：

(1) **结合律**：$(AB)C = A(BC)$．

(2) **分配律**：$A(B+C) = AB + AC$，$(B+C)A = BA + CA$．

(3) $\lambda(AB) = (\lambda A)B = A(\lambda B)$（其中 λ 为数）．

(4) 设 A 是 $m\times n$ 矩阵，E_m、E_n 分别是 m、n 阶单位矩阵，$E_m A = AE_n = A$，可见单位矩阵 E 在矩阵乘法中的作用类似于数 1 在数的乘法中的作用．

矩阵乘法有着广泛的应用，例如，令

$$A = \begin{pmatrix} a_{11} & a_{12} & \cdots & a_{1n} \\ a_{21} & a_{22} & \cdots & a_{2n} \\ \vdots & \vdots & & \vdots \\ a_{m1} & a_{m2} & \cdots & a_{mn} \end{pmatrix}, \quad X = \begin{pmatrix} x_1 \\ x_2 \\ \vdots \\ x_n \end{pmatrix}, \quad B = \begin{pmatrix} b_1 \\ b_2 \\ \vdots \\ b_m \end{pmatrix},$$

则线性方程组

$$\begin{cases} a_{11}x_1 + a_{12}x_2 + \cdots + a_{1n}x_n = b_1, \\ a_{21}x_1 + a_{22}x_2 + \cdots + a_{2n}x_n = b_2, \\ \cdots\cdots\cdots\cdots\cdots\cdots\cdots\cdots \\ a_{m1}x_1 + a_{m2}x_2 + \cdots + a_{mn}x_n = b_m \end{cases}$$

可非常简洁地表示成 $\boldsymbol{AX} = \boldsymbol{B}$.

四、矩阵的转置

定义 5 把矩阵 $\boldsymbol{A}$ 的行换成同序数的列得到一个矩阵，叫作 $\boldsymbol{A}$ 的转置矩阵，记作 $\boldsymbol{A}^{\mathrm{T}}$.

例如，矩阵

$$\boldsymbol{A} = \begin{bmatrix} 1 & -1 & 2 \\ 0 & 3 & 4 \end{bmatrix}$$

的转置矩阵

$$\boldsymbol{A}^{\mathrm{T}} = \begin{bmatrix} 1 & 0 \\ -1 & 3 \\ 2 & 4 \end{bmatrix}.$$

矩阵的转置也是一种运算，满足下述运算规律（假设运算都可行）：

(1) $(\boldsymbol{A}^{\mathrm{T}})^{\mathrm{T}} = \boldsymbol{A}$.

(2) $(\boldsymbol{A} + \boldsymbol{B})^{\mathrm{T}} = \boldsymbol{A}^{\mathrm{T}} + \boldsymbol{B}^{\mathrm{T}}$.

(3) $(\lambda\boldsymbol{A})^{\mathrm{T}} = \lambda\boldsymbol{A}^{\mathrm{T}}$（$\lambda$ 为数）.

(4) $(\boldsymbol{AB})^{\mathrm{T}} = \boldsymbol{B}^{\mathrm{T}}\boldsymbol{A}^{\mathrm{T}}$.

这里仅证明 (4). 设 $\boldsymbol{A} = (a_{jk})_{m \times s}$，$\boldsymbol{B} = (b_{ki})_{s \times n}$，则 $(\boldsymbol{AB})^{\mathrm{T}}$ 和 $\boldsymbol{B}^{\mathrm{T}}\boldsymbol{A}^{\mathrm{T}}$ 都是 $n \times m$ 矩阵. 另外，$(\boldsymbol{AB})^{\mathrm{T}}$ 的第 i 行第 j 列的元素就是 $\boldsymbol{AB}$ 的第 j 行第 i 列的元素，故等于

$$\sum_{k=1}^{s} a_{jk}b_{ki},$$

而 $\boldsymbol{B}^{\mathrm{T}}\boldsymbol{A}^{\mathrm{T}}$ 的第 i 行第 j 列的元素等于 $\boldsymbol{B}^{\mathrm{T}}$ 的第 i 行的元素与 $\boldsymbol{A}^{\mathrm{T}}$ 的第 j 列的对应元素的乘积之和，也就是 $\boldsymbol{B}$ 的第 i 列的元素与 $\boldsymbol{A}$ 的第 j 行的对应元素的乘积之和

$$\sum_{k=1}^{s} b_{ki}a_{jk},$$

上述两式显然相等，故 $(\boldsymbol{AB})^{\mathrm{T}} = \boldsymbol{B}^{\mathrm{T}}\boldsymbol{A}^{\mathrm{T}}$.

例 4 已知 $\boldsymbol{A} = \begin{bmatrix} -1 & 0 & 3 \\ 2 & 1 & 2 \end{bmatrix}$，$\boldsymbol{B} = \begin{bmatrix} -1 & 2 & -2 \\ 0 & 1 & 4 \\ 1 & 2 & 0 \end{bmatrix}$，求 $(\boldsymbol{AB})^{\mathrm{T}}$.

解法 1　因为 $AB=\begin{pmatrix}-1&0&3\\2&1&2\end{pmatrix}\begin{pmatrix}-1&2&-2\\0&1&4\\1&2&0\end{pmatrix}=\begin{pmatrix}4&4&2\\0&9&0\end{pmatrix}$，所以

$$(AB)^{\mathrm{T}}=\begin{pmatrix}4&0\\4&9\\2&0\end{pmatrix}.$$

解法 2　$(AB)^{\mathrm{T}}=B^{\mathrm{T}}A^{\mathrm{T}}=\begin{pmatrix}-1&0&1\\2&1&2\\-2&4&0\end{pmatrix}\begin{pmatrix}-1&2\\0&1\\3&2\end{pmatrix}=\begin{pmatrix}4&0\\4&9\\2&0\end{pmatrix}.$

若 A 为 n 阶方阵，且 $A^{\mathrm{T}}=A$，则称 A 为对称矩阵，简称对称阵．对称阵的特点是：它的元素以主对角线为对称轴对应相等．

由对称阵的定义可以证明，它具有以下性质：

（1）设 A 为对称阵，λ 为数，则 λA 也为对称阵．

（2）设 A、B 均为 n 阶对称阵，则 $A+B$，$A-B$ 也为对称阵．

（3）设 A、B 均为 n 阶对称阵，且乘积是可交换的，即 $AB=BA$，则 AB 也为对称阵．

例 5　设列向量 $X=(x_1,\ x_2,\ \cdots,\ x_n)^{\mathrm{T}}$ 满足 $X^{\mathrm{T}}X=1$，E 为 n 阶单位矩阵，$H=E-2XX^{\mathrm{T}}$，证明：H 是对称阵，且 $HH^{\mathrm{T}}=E$.

证　$H^{\mathrm{T}}=(E-2XX^{\mathrm{T}})^{\mathrm{T}}=E^{\mathrm{T}}-2(XX^{\mathrm{T}})^{\mathrm{T}}=E-2XX^{\mathrm{T}}=H$，所以 H 是对称阵．

$HH^{\mathrm{T}}=HH=(E-2XX^{\mathrm{T}})(E-2XX^{\mathrm{T}})=E-4XX^{\mathrm{T}}+4(XX^{\mathrm{T}})(XX^{\mathrm{T}})$

$=E-4XX^{\mathrm{T}}+4X(X^{\mathrm{T}}X)X^{\mathrm{T}}=E-4XX^{\mathrm{T}}+4XX^{\mathrm{T}}=E.$

五、关于方阵的两个问题

1. n 阶方阵的幂

设 A 是 n 阶方阵，规定

$$A^0=E_n,\ A^1=A,\ A^2=AA,\ \cdots,\ A^{k+1}=A^kA^1,$$

其中 k 为正整数，即 A^k 就是 k 个 A 连乘．

显然，只有方阵，它的幂才有意义．方阵的幂满足以下运算规律（设 A 为方阵，k，l 为非负整数）：

（1）$A^kA^l=A^{k+l}$；

（2）$(A^k)^l=A^{kl}$.

因为矩阵乘法不满足交换律，所以对于两个 n 阶方阵 A 与 B，一般说来

（1）$(AB)^k\neq A^kB^k$；

(2) $(\boldsymbol{A}+\boldsymbol{B})^2 \neq \boldsymbol{A}^2 + 2\boldsymbol{A}\boldsymbol{B} + \boldsymbol{B}^2$;

(3) $(\boldsymbol{A}+\boldsymbol{B})(\boldsymbol{A}-\boldsymbol{B}) \neq \boldsymbol{A}^2 - \boldsymbol{B}^2$.

例 6 证明：$\begin{bmatrix} \cos\varphi & -\sin\varphi \\ \sin\varphi & \cos\varphi \end{bmatrix}^n = \begin{bmatrix} \cos n\varphi & -\sin n\varphi \\ \sin n\varphi & \cos n\varphi \end{bmatrix}$.

证 用数学归纳法. 当 $n=1$ 时, 等式显然成立, 设 $n=k$ 时成立, 即

$$\begin{bmatrix} \cos\varphi & -\sin\varphi \\ \sin\varphi & \cos\varphi \end{bmatrix}^k = \begin{bmatrix} \cos k\varphi & -\sin k\varphi \\ \sin k\varphi & \cos k\varphi \end{bmatrix},$$

则当 $n=k+1$ 时, 有

$$\begin{bmatrix} \cos\varphi & -\sin\varphi \\ \sin\varphi & \cos\varphi \end{bmatrix}^{k+1} = \begin{bmatrix} \cos\varphi & -\sin\varphi \\ \sin\varphi & \cos\varphi \end{bmatrix}^k \begin{bmatrix} \cos\varphi & -\sin\varphi \\ \sin\varphi & \cos\varphi \end{bmatrix}$$

$$= \begin{bmatrix} \cos k\varphi & -\sin k\varphi \\ \sin k\varphi & \cos k\varphi \end{bmatrix} \begin{bmatrix} \cos\varphi & -\sin\varphi \\ \sin\varphi & \cos\varphi \end{bmatrix}$$

$$= \begin{bmatrix} \cos k\varphi\cos\varphi - \sin k\varphi\sin\varphi & -\cos k\varphi\sin\varphi - \sin k\varphi\cos\varphi \\ \sin k\varphi\cos\varphi + \cos k\varphi\sin\varphi & -\sin k\varphi\sin\varphi + \cos k\varphi\cos\varphi \end{bmatrix}$$

$$= \begin{bmatrix} \cos(k+1)\varphi & -\sin(k+1)\varphi \\ \sin(k+1)\varphi & \cos(k+1)\varphi \end{bmatrix},$$

于是对任意自然数 n, 等式成立.

2. 方阵的行列式

定义 6 由 n 阶方阵 $\boldsymbol{A}$ 的元素所构成的行列式(各元素的位置不变), 称为方阵 $\boldsymbol{A}$ 的行列式, 记作 $|\boldsymbol{A}|$ 或 $\det\boldsymbol{A}$.

应该注意:

(1) 方阵与行列式是两个不同的概念, n 阶方阵是 n^2 个数按一定方式排成的数表, 而 n 阶行列式 $|\boldsymbol{A}|$ 则是数表 $\boldsymbol{A}$ 按一定的运算法则所确定的一个数.

(2) 由于行列式是 n 行 n 列的, 所以如果矩阵 $\boldsymbol{A}$ 不是方阵, 就不能对 $\boldsymbol{A}$ 取行列式.

由 $\boldsymbol{A}$ 确定 $|\boldsymbol{A}|$ 的这个运算, 具有下列运算规律(设 $\boldsymbol{A}$、$\boldsymbol{B}$ 均为 n 阶方阵, λ 为一个数):

(1) $|\boldsymbol{A}^T| = |\boldsymbol{A}|$;

(2) $|\lambda\boldsymbol{A}| = \lambda^n |\boldsymbol{A}|$;

(3) $|\boldsymbol{A}\boldsymbol{B}| = |\boldsymbol{A}| |\boldsymbol{B}|$.

性质(1)、(2)由行列式的性质直接得到, 因此仅证明(3).

证* 设 $\boldsymbol{A}=(a_{ij})$, $\boldsymbol{B}=(b_{ij})$, 记 $2n$ 阶行列式

$$D = \begin{vmatrix} a_{11} & \cdots & a_{1n} & & & \\ \vdots & & \vdots & & \boldsymbol{O} & \\ a_{n1} & \cdots & a_{nn} & & & \\ -1 & & & b_{11} & \cdots & b_{n1} \\ & \ddots & & \vdots & & \vdots \\ & & -1 & b_{n1} & \cdots & b_{nn} \end{vmatrix} = \begin{vmatrix} \boldsymbol{A} & \boldsymbol{O} \\ -\boldsymbol{E} & \boldsymbol{B} \end{vmatrix},$$

由第一章例 13 可知 $D = |\boldsymbol{A}||\boldsymbol{B}|$.

再在 D 中以 b_{1j} 乘第 1 列，b_{2j} 乘第 2 列，$\cdots$，b_{nj} 乘第 n 列，都加到第 $n+j$ 列上$(j=1，2，\cdots，n)$，有

$$D = \begin{vmatrix} \boldsymbol{A} & \boldsymbol{C} \\ -\boldsymbol{E} & \boldsymbol{O} \end{vmatrix},$$

其中 $\boldsymbol{C}=(c_{ij})$，$c_{ij} = \sum_{k=1}^{n} b_{kj}a_{ik}$，故 $\boldsymbol{C}=\boldsymbol{AB}$.

再对 D 的行作 $r_j \leftrightarrow r_{n+j}(j=1，2，\cdots，n)$，有

$$D = (-1)^n \begin{vmatrix} -\boldsymbol{E} & \boldsymbol{O} \\ \boldsymbol{A} & \boldsymbol{C} \end{vmatrix},$$

仍由第一章例 13 有

$$D = (-1)^n |-\boldsymbol{E}||\boldsymbol{C}| = (-1)^n(1)^n|\boldsymbol{E}||\boldsymbol{C}| = |\boldsymbol{C}| = |\boldsymbol{AB}|.$$

故 $|\boldsymbol{AB}| = |\boldsymbol{A}||\boldsymbol{B}|$. 称其为行列式乘法公式.

例 7　设 $\boldsymbol{A}=\lambda_1 \boldsymbol{E}_n$，$\boldsymbol{B}=\lambda_2 \boldsymbol{E}_n$，其中 λ_1，λ_2 是数，求 $|\boldsymbol{A}| + |\boldsymbol{B}|$ 及 $|\boldsymbol{A}+\boldsymbol{B}|$.

解　$|\boldsymbol{A}| + |\boldsymbol{B}| = |\lambda_1 \boldsymbol{E}_n| + |\lambda_2 \boldsymbol{E}_n| = \lambda_1^n + \lambda_2^n$；

$|\boldsymbol{A}+\boldsymbol{B}| = |\lambda_1 \boldsymbol{E}_n + \lambda_2 \boldsymbol{E}_n| = |(\lambda_1+\lambda_2)\boldsymbol{E}_n| = (\lambda_1+\lambda_2)^n.$

由例 7 可以看到，一般情况下，$|\boldsymbol{A}+\boldsymbol{B}| \neq |\boldsymbol{A}| + |\boldsymbol{B}|$.

对于 n 阶方阵 $\boldsymbol{A}$、$\boldsymbol{B}$，一般情况下，$\boldsymbol{AB} \neq \boldsymbol{BA}$，但由行列式乘法公式，总有 $|\boldsymbol{AB}| = |\boldsymbol{BA}|$.

§3　逆　矩　阵

一、逆矩阵的定义及性质

定义 7　设 $\boldsymbol{A}$ 为 n 阶方阵，若存在 n 阶方阵 $\boldsymbol{B}$，使

$$\boldsymbol{AB} = \boldsymbol{BA} = \boldsymbol{E},$$

则称矩阵 $\boldsymbol{A}$ 是可逆的，并把矩阵 $\boldsymbol{B}$ 称为 $\boldsymbol{A}$ 的逆矩阵，简称逆阵，记作 $\boldsymbol{B}=\boldsymbol{A}^{-1}$.

如果方阵 $\boldsymbol{A}$ 是可逆的，那么 $\boldsymbol{A}$ 的逆矩阵是唯一的.

事实上，若 B、C 都是 A 的逆矩阵，则有

$$B = BE = B(AC) = (BA)C = EC = C,$$

所以 A 的逆矩阵是唯一的.

可逆矩阵是一类重要的方阵，在使用记号 A^{-1} 之前，必须首先弄清楚 A 是否可逆. 在无法判定 A 是否可逆的情况下，记号 A^{-1} 没有意义.

可逆矩阵具有下列性质：

(1) **若 A 可逆，则 A^{-1} 也可逆，且 $(A^{-1})^{-1} = A$.**

(2) **若 A 可逆，则 A^{T} 也可逆，且 $(A^{\mathrm{T}})^{-1} = (A^{-1})^{\mathrm{T}}$.**

(3) **若 A 可逆，且数 $k \neq 0$，则 kA 可逆，且 $(kA)^{-1} = \dfrac{1}{k} A^{-1}$.**

(4) **若 A、B 是同阶方阵且均可逆，则 AB 也可逆，且**

$$(AB)^{-1} = B^{-1} A^{-1}.$$

上述性质证明很容易，可由定义直接验证，因此不再阐述. 应当注意：性质 (4) 可以推广到有限个同阶可逆矩阵的情况，即

若 A_1，A_2，$\cdots$，A_s 为同阶可逆矩阵，则 $A_1 A_2 \cdots A_s$ 可逆，且

$$(A_1 A_2 \cdots A_s)^{-1} = A_s^{-1} \cdots A_2^{-1} A_1^{-1}.$$

二、方阵 A 可逆的充要条件

首先介绍伴随矩阵的概念：

定义 8 设 $A = \begin{pmatrix} a_{11} & a_{12} & \cdots & a_{1n} \\ a_{21} & a_{22} & \cdots & a_{2n} \\ \vdots & \vdots & & \vdots \\ a_{n1} & a_{n2} & \cdots & a_{nn} \end{pmatrix}$，则称 n 阶方阵

$$A^* = \begin{pmatrix} A_{11} & A_{21} & \cdots & A_{n1} \\ A_{12} & A_{22} & \cdots & A_{n2} \\ \vdots & \vdots & & \vdots \\ A_{1n} & A_{2n} & \cdots & A_{nn} \end{pmatrix}$$

为矩阵 A 的伴随矩阵，其中 A_{ij} 是 $|A|$ 的元素 a_{ij} 的代数余子式.

如 $A = \begin{bmatrix} 1 & 2 \\ 3 & 4 \end{bmatrix}$，则 $A^* = \begin{bmatrix} 4 & -2 \\ -3 & 1 \end{bmatrix}$.

由矩阵乘法易知，**对任意 n 阶方阵 A 有：$AA^* = A^* A = |A| E$.**

定理 1 n 阶方阵 A 可逆的充要条件是 $|A| \neq 0$，且当 $|A| \neq 0$ 时，$A^{-1} =$

$\dfrac{1}{|A|}A^*$，其中 A^* 为矩阵 A 的伴随矩阵．

证 必要性：A 可逆，即有 A^{-1}，使得 $AA^{-1}=E$，故 $|A||A^{-1}|=|E|=1$，所以 $|A|\neq 0$.

充分性：设 $|A|\neq 0$，则由 $AA^*=A^*A=|A|E$，得

$$A\left(\dfrac{1}{|A|}A^*\right)=\left(\dfrac{1}{|A|}A^*\right)A=E.$$

由逆阵的定义及唯一性可知 A 可逆，且 $A^{-1}=\dfrac{1}{|A|}A^*$.

设 A 为 n 阶方阵，当 $|A|=0$ 时，称 A 为**奇异方阵**(也称作退化的、**降秩**的)；当 $|A|\neq 0$ 时，则称 A 为**非奇异方阵**(也称作非退化的、满秩的).

由定理 1 可得以下推论：

推论 1 若 n 阶方阵满足 $AB=O$，且 $|A|\neq 0$，则 $B=O$.

证 因为 $|A|\neq 0$，所以 A 可逆，A^{-1} 左乘 $AB=O$ 两边得 $B=O$.

推论 2 若 n 阶方阵满足 $AB=AC$，且 $|A|\neq 0$，则 $B=C$.

证 因为 $|A|\neq 0$，所以 A 可逆，A^{-1} 左乘 $AB=AC$ 两边得 $B=C$.

推论 3 设 A 为 n 阶方阵，若存在 n 阶方阵 B，使得 $AB=E$(或 $BA=E$)，则 A 可逆，且 $A^{-1}=B$.

证 $|A||B|=|E|=1$，故 $|A|\neq 0$，因而 A^{-1} 存在，于是

$$B=EB=(A^{-1}A)B=A^{-1}(AB)=A^{-1}E=A^{-1}.$$

推论 3 使检验可逆矩阵的过程减少一半，即由 $AB=E$ 或 $BA=E$，就可确定 B 是 A 的逆阵．但前提是 A、B 必须是同阶方阵．

当 $|A|\neq 0$ 时，定义

$$A^{-k}=(A^{-1})^k,$$

其中 k 为正整数，因此，当 $|A|\neq 0$，k，l 为整数时，有

$$A^kA^l=A^{k+l},\quad (A^k)^l=A^{kl}.$$

例 8 求矩阵 $A=\begin{bmatrix} 3 & 2 \\ 1 & 4 \end{bmatrix}$ 的逆阵．

解 $A^{-1}=\dfrac{1}{|A|}A^*=\dfrac{1}{3\times 4-1\times 2}\begin{bmatrix} 4 & -2 \\ -1 & 3 \end{bmatrix}=\begin{bmatrix} \dfrac{2}{5} & -\dfrac{1}{5} \\[2mm] -\dfrac{1}{10} & \dfrac{3}{10} \end{bmatrix}.$

例 9 求矩阵 $A=\begin{bmatrix} 1 & 2 & 3 \\ 2 & 2 & 1 \\ 3 & 4 & 3 \end{bmatrix}$ 的逆阵．

解 因 $|\boldsymbol{A}|=2\neq0$，故 $\boldsymbol{A}^{-1}$ 存在，且因为

$$A_{11}=2,\ A_{12}=-3,\ A_{13}=2,$$
$$A_{21}=6,\ A_{22}=-6,\ A_{23}=2,$$
$$A_{31}=-4,\ A_{32}=5,\ A_{33}=-2,$$

所以

$$\boldsymbol{A}^{*}=\begin{pmatrix} 2 & 6 & -4 \\ -3 & -6 & 5 \\ 2 & 2 & -2 \end{pmatrix},$$

所以

$$\boldsymbol{A}^{-1}=\frac{1}{|\boldsymbol{A}|}\boldsymbol{A}^{*}=\begin{pmatrix} 1 & 3 & -2 \\ -\dfrac{3}{2} & -3 & \dfrac{5}{2} \\ 1 & 1 & -1 \end{pmatrix}.$$

例 10 设 $\boldsymbol{A}=\begin{pmatrix} 1 & 2 & 3 \\ 2 & 2 & 1 \\ 3 & 4 & 3 \end{pmatrix}$，$\boldsymbol{B}=\begin{pmatrix} 3 & 2 \\ 1 & 4 \end{pmatrix}$，$\boldsymbol{C}=\begin{pmatrix} 1 & 3 \\ 2 & 0 \\ 3 & 1 \end{pmatrix}$，求矩阵 $\boldsymbol{X}$，使

$\boldsymbol{AXB}=\boldsymbol{C}.$

解 由例 8，例 9 知

$$\boldsymbol{A}^{-1}=\begin{pmatrix} 1 & 3 & -2 \\ -\dfrac{3}{2} & -3 & \dfrac{5}{2} \\ 1 & 1 & -1 \end{pmatrix},\quad \boldsymbol{B}^{-1}=\begin{pmatrix} \dfrac{2}{5} & -\dfrac{1}{5} \\ -\dfrac{1}{10} & \dfrac{3}{10} \end{pmatrix},$$

用 $\boldsymbol{A}^{-1}$ 左乘，同时用 $\boldsymbol{B}^{-1}$ 右乘 $\boldsymbol{AXB}=\boldsymbol{C}$，便有 $\boldsymbol{A}^{-1}\boldsymbol{AXBB}^{-1}=\boldsymbol{A}^{-1}\boldsymbol{CB}^{-1}$，即

$$\boldsymbol{X}=\boldsymbol{A}^{-1}\boldsymbol{CB}^{-1}$$

$$=\begin{pmatrix} 1 & 3 & -2 \\ -\dfrac{3}{2} & -3 & \dfrac{5}{2} \\ 1 & 1 & -1 \end{pmatrix}\begin{pmatrix} 1 & 3 \\ 2 & 0 \\ 3 & 1 \end{pmatrix}\begin{pmatrix} \dfrac{2}{5} & -\dfrac{1}{5} \\ -\dfrac{1}{10} & \dfrac{3}{10} \end{pmatrix}$$

$$=\begin{pmatrix} 1 & 1 \\ 0 & -2 \\ 0 & 2 \end{pmatrix}\begin{pmatrix} \dfrac{2}{5} & -\dfrac{1}{5} \\ -\dfrac{1}{10} & \dfrac{3}{10} \end{pmatrix}=\begin{pmatrix} \dfrac{3}{10} & \dfrac{1}{10} \\ \dfrac{1}{5} & -\dfrac{3}{5} \\ -\dfrac{1}{5} & \dfrac{3}{5} \end{pmatrix}.$$

例 11 设 $f(x)=x^3-2x^2+3x-2$，n 阶方阵 $\boldsymbol{A}$ 满足 $f(\boldsymbol{A})=\boldsymbol{O}$，证明 $\boldsymbol{A}$ 可逆并求 $\boldsymbol{A}^{-1}$.

解 因为 $f(\boldsymbol{A})=\boldsymbol{O}$，所以有 $\boldsymbol{A}^3-2\boldsymbol{A}^2+3\boldsymbol{A}-2\boldsymbol{E}=\boldsymbol{O}$，从而有

$$A\left[\frac{1}{2}(A^2-2A+3E)\right]=E,$$

所以 A 可逆且

$$A^{-1}=\frac{1}{2}(A^2-2A+3E).$$

§4 矩阵的初等变换与初等矩阵

一、矩阵的初等变换

矩阵的初等变换是处理有关问题的一种重要方法，它在解线性方程组、求逆阵以及矩阵理论的研究中都起着重要作用．

引例 求解线性方程组

$$(※)\quad\begin{cases}2x_1+x_2-x_3=2, & (1)\\ x_1+x_2+x_3=4, & (2)\\ 4x_1-2x_2-6x_3=4. & (3)\end{cases}$$

解 $(※)\xrightarrow[\frac{1}{2}\times(3)]{(1)\leftrightarrow(2)}\begin{cases}x_1+x_2+x_3=4, & (1')\\ 2x_1+x_2-x_3=2, & (2')\\ 2x_1-x_2-3x_3=2, & (3')\end{cases}$

$\xrightarrow[(3')-2\times(1')]{(2')-2\times(1')}\begin{cases}x_1+x_2+x_3=4, & (1'')\\ -x_2-3x_3=-6, & (2'')\\ -3x_2-5x_3=-6, & (3'')\end{cases}$

$\xrightarrow[-1\times(2'')]{(3'')-3\times(2'')}\begin{cases}x_1+x_2+x_3=4, & (1''')\\ x_2+3x_3=6, & (2''')\\ 4x_3=12, & (3''')\end{cases}$

进而可得方程组的解 $x_1=4$，$x_2=-3$，$x_3=3$．

在解线性方程组（※）的过程中，用到了三种变换：

(1) 交换两个方程的位置；

(2) 用不等于零的数乘某一个方程；

(3) 一个方程加上另一个方程的倍数．

由于对线性方程组的这三种变换都是可逆的，因此变换后的方程组与变换前的方程组是同解的，这三种变换都是方程组的**同解变换**．进一步分析，在实施上述变换的过程中，未知量并未参与运算，仅仅是对方程组的系数及常数进

行了运算，因此，若记

$$\overline{A} = (A, \ b) = \begin{pmatrix} 2 & 1 & -1 & 2 \\ 1 & 1 & 1 & 4 \\ 4 & -2 & -6 & 4 \end{pmatrix},$$

则对方程组（※）实施上述三种变换，用矩阵来表示就是：

$$\overline{A} = (A, \ b) = \begin{pmatrix} 2 & 1 & -1 & 2 \\ 1 & 1 & 1 & 4 \\ 4 & -2 & -6 & 4 \end{pmatrix} \xrightarrow[\frac{1}{2} \times r_3]{r_1 \leftrightarrow r_2} \begin{pmatrix} 1 & 1 & 1 & 4 \\ 2 & 1 & -1 & 2 \\ 2 & -1 & -3 & 2 \end{pmatrix}$$

$$\xrightarrow[r_3 - 2r_1]{r_2 - 2r_1} \begin{pmatrix} 1 & 1 & 1 & 4 \\ 0 & -1 & -3 & -6 \\ 0 & -3 & -5 & -6 \end{pmatrix} \xrightarrow[-1 \times r_2]{\substack{r_1 + r_2 \\ r_3 - 3r_2}} \begin{pmatrix} 1 & 0 & -2 & -2 \\ 0 & 1 & 3 & 6 \\ 0 & 0 & 4 & 12 \end{pmatrix}$$

$$\xrightarrow[\frac{1}{4}r_3]{\substack{r_1 + \frac{1}{2}r_3 \\ r_2 - \frac{3}{4}r_3}} \begin{pmatrix} 1 & 0 & 0 & 4 \\ 0 & 1 & 0 & -3 \\ 0 & 0 & 1 & 3 \end{pmatrix}.$$

这就是说，上述对方程组的变换可化为对矩阵 $\overline{A}$ 的变换，对应于方程组的三种同解变换，可得矩阵的三种初等变换．

定义 9 下面三种变换称为矩阵的初等行变换：

（1）对调两行（对调 i，j 两行，记作 $r_i \leftrightarrow r_j$）；

（2）以数 $k \neq 0$ 乘某一行中的所有元素（第 i 行乘 k，记作 kr_i）；

（3）把某一行所有元素的 k 倍加到另一行对应的元素上去（第 j 行的 k 倍加到第 i 行上去，记作 $r_i + kr_j$）．

把定义中的"行"换成"列"，即得矩阵的初等列变换的定义（所用记号是把"r"换成"c"）．

矩阵的初等行变换和初等列变换统称初等变换．

显然三种初等变换都是可逆的，且其逆变换是同一类的初等变换：变换 $r_i \leftrightarrow r_j$ 的逆变换就是其本身；变换 kr_i 的逆变换为 $\frac{1}{k}r_i$；变换 $r_i + kr_j$ 的逆变换为 $r_i + (-k)r_j$（或记作 $r_i - kr_j$）．

如果矩阵 A 经有限次初等变换变成矩阵 B，则称矩阵 A 与 B 等价，记作 $A \leftrightarrow B$.

矩阵之间的等价关系具有下列性质：

反身性 $A \leftrightarrow A$.

对称性 若 $A \leftrightarrow B$，则 $B \leftrightarrow A$.

传递性 若 $A \leftrightarrow B$，$B \leftrightarrow C$，则 $A \leftrightarrow C$.

数学中把具有上述三条性质的关系称为**等价关系**. 例如，两个线性方程组同解，就称这两个线性方程组等价.

下面讨论利用矩阵的初等变换化简矩阵的问题.

行阶梯形矩阵 如果矩阵 A 的零行（如果存在的话）全部位于非零行的下方，且各个非零行的左起第一个非零元素的列序数由上而下严格递增，则称矩阵 A 为行阶梯形矩阵.

例如，

$$A = \begin{pmatrix} 1 & 5 & 4 & 0 & 1 \\ 0 & 0 & 3 & 1 & 4 \\ 0 & 0 & 0 & 0 & 2 \end{pmatrix}, B = \begin{pmatrix} 5 & 1 & 3 & 1 & 2 & 3 \\ 0 & 1 & 0 & 2 & 5 & 4 \\ 0 & 0 & 0 & 0 & 2 & 7 \\ 0 & 0 & 0 & 0 & 0 & 0 \end{pmatrix}$$

都是行阶梯形矩阵，**零矩阵可视为特殊的行阶梯形矩阵**.

行阶梯形矩阵的特点是：可画出一条阶梯线，线的下方全为零，每个台阶只有一行，台阶数即是非零行的行数，阶梯线的竖线的长度仅为一行，每段竖线的后面的第一个元素为非零元素，也就是非零行的第一个非零元.

例 12 利用矩阵的初等行变换，将

$$A = \begin{pmatrix} 2 & -1 & -1 & 1 & 2 \\ 1 & 1 & -2 & 1 & 4 \\ 4 & -6 & 2 & -2 & 4 \\ 3 & 6 & -9 & 7 & 9 \end{pmatrix}$$

化成行阶梯形矩阵.

解 $A = \begin{pmatrix} 2 & -1 & -1 & 1 & 2 \\ 1 & 1 & -2 & 1 & 4 \\ 4 & -6 & 2 & -2 & 4 \\ 3 & 6 & -9 & 7 & 9 \end{pmatrix} \xrightarrow[\frac{1}{2}r_3]{r_1 \leftrightarrow r_2} \begin{pmatrix} 1 & 1 & -2 & 1 & 4 \\ 2 & -1 & -1 & 1 & 2 \\ 2 & -3 & 1 & -1 & 2 \\ 3 & 6 & -9 & 7 & 9 \end{pmatrix}$

$\xrightarrow[r_4-3r_1]{\begin{subarray}{l} r_3-r_2 \\ r_2-2r_1 \end{subarray}} \begin{pmatrix} 1 & 1 & -2 & 1 & 4 \\ 0 & -3 & 3 & -1 & -6 \\ 0 & -2 & 2 & -2 & 0 \\ 0 & 3 & -3 & 4 & -3 \end{pmatrix} \xrightarrow[-\frac{1}{2}r_3]{\begin{subarray}{l} r_4+r_2 \\ r_2-r_3 \end{subarray}} \begin{pmatrix} 1 & 1 & -2 & 1 & 4 \\ 0 & -1 & 1 & 1 & -6 \\ 0 & 1 & -1 & 1 & 0 \\ 0 & 0 & 0 & 3 & -9 \end{pmatrix}$

$\xrightarrow[\frac{1}{3}r_3]{\begin{subarray}{l} r_3+r_2 \\ -1\times r_2 \end{subarray}} \begin{pmatrix} 1 & 1 & -2 & 1 & 4 \\ 0 & 1 & -1 & -1 & 6 \\ 0 & 0 & 0 & 2 & -6 \\ 0 & 0 & 0 & 1 & -3 \end{pmatrix} \xrightarrow{r_4-\frac{1}{2}r_3} \begin{pmatrix} 1 & 1 & -2 & 1 & 4 \\ 0 & 1 & -1 & -1 & 6 \\ 0 & 0 & 0 & 2 & -6 \\ 0 & 0 & 0 & 0 & 0 \end{pmatrix}.$

行阶梯形矩阵 A 中，非零行的左起第一个非零元素都是 1，并且这些非零

元素 1 所在的列的其他元素都为零，则称 A 为行最简阶梯形矩阵，简称行最简形矩阵.

用归纳法不难证明，对于任何矩阵 $A_{m \times n}$，总可经过有限次初等行变换把它变为行阶梯形矩阵和行最简形矩阵.

如对例 12 中的 A，继续实施初等行变换：

$$A \to \begin{pmatrix} 1 & 1 & -2 & 1 & 4 \\ 0 & 1 & -1 & -1 & 6 \\ 0 & 0 & 0 & 2 & -6 \\ 0 & 0 & 0 & 0 & 0 \end{pmatrix} \xrightarrow[\frac{1}{2} r_3]{r_1 - r_2} \begin{pmatrix} 1 & 0 & -1 & 2 & -2 \\ 0 & 1 & -1 & -1 & 6 \\ 0 & 0 & 0 & 1 & -3 \\ 0 & 0 & 0 & 0 & 0 \end{pmatrix}$$

$$\xrightarrow[r_2 + r_3]{r_1 - 2r_3} \begin{pmatrix} 1 & 0 & -1 & 0 & 4 \\ 0 & 1 & -1 & 0 & 3 \\ 0 & 0 & 0 & 1 & -3 \\ 0 & 0 & 0 & 0 & 0 \end{pmatrix} = B.$$

对行最简形矩阵再施以初等列变换，可变成一种形状更简单的矩阵，称为**标准形**. 例如，对于上述

$$B = \begin{pmatrix} 1 & 0 & -1 & 0 & 4 \\ 0 & 1 & -1 & 0 & 3 \\ 0 & 0 & 0 & 1 & -3 \\ 0 & 0 & 0 & 0 & 0 \end{pmatrix} \xrightarrow{c_3 \leftrightarrow c_4} \begin{pmatrix} 1 & 0 & 0 & -1 & 4 \\ 0 & 1 & 0 & -1 & 3 \\ 0 & 0 & 1 & 0 & -3 \\ 0 & 0 & 0 & 0 & 0 \end{pmatrix}$$

$$\xrightarrow[c_5 - 4c_1 - 3c_2 + 3c_3]{c_3 + c_1 + c_2} \begin{pmatrix} 1 & 0 & 0 & 0 & 0 \\ 0 & 1 & 0 & 0 & 0 \\ 0 & 0 & 1 & 0 & 0 \\ 0 & 0 & 0 & 0 & 0 \end{pmatrix} = D_r.$$

矩阵 D_r 称为矩阵 A 的**等价标准形**，其特点是：D_r 的左上角是一个单位阵，其余元素全为零.

对于矩阵 $A_{m \times n}$，总可经过有限次初等变换（行变换和列变换）把它化为标准形

$$D_r = \begin{pmatrix} 1 & & & & & & \\ & \ddots & & & & & \\ & & 1 & & & & \\ & & & 0 & & & \\ & & & & \ddots & & \\ & & & & & 0 \end{pmatrix}.$$

设 D_r 的左上角单位阵为 E_r，则此标准形由 m，n，r 三个数完全确

定，其中 r 也就是行阶梯形矩阵中非零行的行数，所有与 A 等价的矩阵组成一个集合，称为一个**等价类**，标准形 D_r 是这个等价类中形状最简单的矩阵．

例 13 设 $A=\begin{pmatrix} 1 & 1 & -1 \\ 3 & 2 & -2 \\ 5 & -2 & 1 \end{pmatrix}$，应用初等行变换把 $(A \vdots E)$ 化成行最简形．

解 $(A \vdots E)=\begin{pmatrix} 1 & 1 & -1 & 1 & 0 & 0 \\ 3 & 2 & -2 & 0 & 1 & 0 \\ 5 & -2 & 1 & 0 & 0 & 1 \end{pmatrix} \xrightarrow[r_3-5r_1]{r_2-3r_1} \begin{pmatrix} 1 & 1 & -1 & 1 & 0 & 0 \\ 0 & -1 & 1 & -3 & 1 & 0 \\ 0 & -7 & 6 & -5 & 0 & 1 \end{pmatrix}$

$\xrightarrow[(-1)r_2]{\substack{r_1+r_2 \\ r_3-7r_2}} \begin{pmatrix} 1 & 0 & 0 & -2 & 1 & 0 \\ 0 & 1 & -1 & 3 & -1 & 0 \\ 0 & 0 & -1 & 16 & -7 & 1 \end{pmatrix} \xrightarrow[(-1)r_3]{r_2-r_3} \begin{pmatrix} 1 & 0 & 0 & -2 & 1 & 0 \\ 0 & 1 & 0 & -13 & 6 & -1 \\ 0 & 0 & 1 & -16 & 7 & -1 \end{pmatrix}.$

上式最后一个矩阵即为矩阵 $(A \vdots E)$ 的行最简形．

二、初等矩阵

前面介绍了矩阵的初等变换，以下将建立初等变换与矩阵乘法的联系，并给出用初等变换求出可逆矩阵的逆矩阵的方法．

1. 初等矩阵的概念

定义 10 由单位矩阵 E 经过一次初等变换得到的矩阵称为初等矩阵．

初等矩阵共有下列三类：

（1）把单位阵中第 i，j 两行（列）对调，得到初等矩阵：

$$E(i, j)=\begin{pmatrix} 1 & & & & & & & & & \\ & \ddots & & & & & & & & \\ & & 1 & & & & & & & \\ & & & 0 & \cdots & & 1 & & & \\ & & & & 1 & & & & & \\ & & & \vdots & & \ddots & & \vdots & & \\ & & & & & & 1 & & & \\ & & & 1 & \cdots & & 0 & & & \\ & & & & & & & 1 & & \\ & & & & & & & & \ddots & \\ & & & & & & & & & 1 \end{pmatrix} \begin{matrix} \\ \\ \\ \leftarrow 第 i 行 \\ \\ \\ \\ \leftarrow 第 j 行 \\ \\ \\ \\ \end{matrix}.$$

(2) 以数 $k \neq 0$ 乘单位阵的某行(列)，得到初等矩阵：

$$\boldsymbol{E}(i(k)) = \begin{pmatrix} 1 & & & & & & \\ & \ddots & & & & & \\ & & 1 & & & & \\ & & & k & & & \\ & & & & 1 & & \\ & & & & & \ddots & \\ & & & & & & 1 \end{pmatrix} \leftarrow \text{第 } i \text{ 行}.$$

(3) 以数 k 乘单位阵的某一行(列)加到另一行(列)，得到初等矩阵：

$$\boldsymbol{E}(i,\ j(k)) = \begin{pmatrix} 1 & & & & & & \\ & \ddots & & & & & \\ & & 1 & \cdots & k & & \\ & & & \ddots & \vdots & & \\ & & & & 1 & & \\ & & & & & \ddots & \\ & & & & & & 1 \end{pmatrix} \begin{matrix} \\ \\ \leftarrow \text{第 } i \text{ 行} \\ \\ \leftarrow \text{第 } j \text{ 行} \\ \\ \\ \end{matrix} \quad .$$

初等矩阵和初等变换之间有如下重要关系：

(1) 用 m 阶初等矩阵 $\boldsymbol{E}(i,\ j)$ 左乘矩阵 $\boldsymbol{A} = (a_{ij})_{m \times n}$ 得

$$\boldsymbol{E}_m(i,\ j)\boldsymbol{A} = \begin{pmatrix} a_{11} & a_{12} & \cdots & a_{1n} \\ \vdots & \vdots & & \vdots \\ a_{j1} & a_{j2} & \cdots & a_{jn} \\ \vdots & \vdots & & \vdots \\ a_{i1} & a_{i2} & \cdots & a_{in} \\ \vdots & \vdots & & \vdots \\ a_{m1} & a_{m2} & \cdots & a_{mn} \end{pmatrix} \begin{matrix} \\ \\ \leftarrow \text{第 } i \text{ 行} \\ \\ \leftarrow \text{第 } j \text{ 行} \\ \\ \\ \end{matrix} \quad ,$$

其结果相当于对矩阵 $\boldsymbol{A}$ 施行第一种初等行变换：把 $\boldsymbol{A}$ 的第 i 行与第 j 行对调 $(r_i \leftrightarrow r_j)$. 类似地，以 n 阶初等矩阵 $\boldsymbol{E}_n(i,\ j)$ 右乘矩阵 $\boldsymbol{A}$，其结果相当于对矩阵 $\boldsymbol{A}$ 施行第一种初等列变换：把 $\boldsymbol{A}$ 的第 i 列与第 j 列对调 $(c_i \leftrightarrow c_j)$，即

$$\boldsymbol{E}_m(i,\ j)\boldsymbol{A} = \boldsymbol{B} \Leftrightarrow \boldsymbol{A} \xrightarrow{r_i \leftrightarrow r_j} \boldsymbol{B},$$

$$\boldsymbol{A}\boldsymbol{E}_n(i,\ j) = \boldsymbol{B} \Leftrightarrow \boldsymbol{A} \xrightarrow{c_i \leftrightarrow c_j} \boldsymbol{B}.$$

(2) 以 $\boldsymbol{E}_m(i(k))$ 左乘矩阵 $\boldsymbol{A} = (a_{ij})_{m \times n}$，其结果相当于以数 k 乘 $\boldsymbol{A}$ 的第 i 行 (kr_i)，以 $\boldsymbol{E}_n(i(k))$ 右乘矩阵 $\boldsymbol{A}$，其结果相当于以数 k 乘 $\boldsymbol{A}$ 的第 i 列

(kc_i)，即

$$E_m(i(k))A = B \Leftrightarrow A \xrightarrow{kr_i} B,$$

$$AE_n(i(k)) = B \Leftrightarrow A \xrightarrow{kc_i} B.$$

（3）以 $E_m(i, j(k))$ 左乘矩阵 $A=(a_{ij})_{m \times n}$，其结果相当于把 A 的第 j 行乘 k 加到第 i 行上 (r_i+kr_j)，以 $E_n(i, j(k))$ 右乘矩阵 A，其结果相当于把 A 的第 i 列乘 k 加到第 j 列上 (c_j+kc_i)，即

$$E_m(i, j(k))A = B \Leftrightarrow A \xrightarrow{r_i+kr_j} B,$$

$$AE_n(i, j(k)) = B \Leftrightarrow A \xrightarrow{c_j+kc_i} B.$$

综上所述，有如下初等变换与初等矩阵的关系定理：

定理 2 设 A 是一个 $m \times n$ 矩阵，对 A 施行一次初等行变换，相当于在 A 的左边乘以相应的 m 阶初等矩阵；对 A 施行一次初等列变换，相当于在 A 的右边乘以相应的 n 阶初等矩阵.

2. 初等矩阵的性质

（1）初等矩阵都是可逆矩阵，且初等矩阵的逆阵仍是初等矩阵，因为

$$|E(i, j)| = -1 \neq 0; \quad |E(i(k))| = k \neq 0; \quad |E(i, j(k))| = 1 \neq 0,$$

故初等矩阵都可逆，又因为

$E(i, j)E(i, j)=E$，所以 $E^{-1}(i, j)=E(i, j)$；

$E(i(k))E\left(i\left(\dfrac{1}{k}\right)\right)=E$，所以 $E^{-1}(i(k))=E\left(i\left(\dfrac{1}{k}\right)\right)$，$k \neq 0$；

$E(i, j(k))E(i, j(-k))=E$，所以 $E^{-1}(i, j(k))=E(i, j(-k))$.

（2）初等矩阵的转置矩阵仍是初等矩阵，事实上，

$$E^T(i, j) = E(i, j); \quad E^T(i(k)) = E(i(k)); \quad E^T(i, j(k)) = E(j, i(k)).$$

三、用初等变换求逆阵

矩阵的初等变换有多种用途，先在这里介绍用初等变换求逆阵.

定理 3 方阵 A 可逆的充要条件是：存在有限个初等矩阵 P_1，P_2，…，P_s，使

$$A = P_1 P_2 \cdots P_s.$$

证 充分性：设有初等矩阵 P_1，P_2，…，P_s，使 $A=P_1 P_2 \cdots P_s$，因为初等矩阵是可逆阵，且可逆阵之积还是可逆阵，所以 A 可逆.

必要性：设 A 是 n 阶可逆阵，且 A 的标准形矩阵为 D_r，由于 $A \leftrightarrow D_r$，知 D_r 经有限次初等变换可化为 A，从而有初等矩阵 P_1，P_2，…，P_s，使

$$D_r = P_1 \cdots P_t A P_{t+1} \cdots P_s,$$

因 A 可逆，P_1，P_2，$\cdots$，P_s 都可逆，故标准形矩阵 D_r 可逆，即 $D_r = E$，从而

$$A = P_t^{-1} P_{t-1}^{-1} \cdots P_1^{-1} P_s^{-1} P_{s-1}^{-1} \cdots P_{t+1}^{-1}.$$

定理 4 设 A 为方阵，且 $(A \vdots E)$ 只经过初等行变换化成 $(E \vdots X)$，则 A 必可逆，且 $X = A^{-1}$.

证 因为 $(A \vdots E)$ 只经过初等行变换化成 $(E \vdots X)$ 必有初等矩阵 P_1，P_2，$\cdots$，P_s 使

$$(E \vdots X) = P_1 P_2 \cdots P_s (A \vdots E),$$

即有 $\qquad\qquad E = P_1 P_2 \cdots P_s A, \quad X = P_1 P_2 \cdots P_s E.$

显然，$E = P_1 P_2 \cdots P_s A$ 可推 A 可逆，且 $A^{-1} = P_1 P_2 \cdots P_s$，从而有

$$X = P_1 P_2 \cdots P_s E = A^{-1} E = A^{-1}.$$

定理 4 给出了一种利用初等变换求 A^{-1} 的方法.

例 14 设 $A = \begin{pmatrix} 1 & 1 & -1 \\ 3 & 2 & -2 \\ 5 & -2 & 1 \end{pmatrix}$，求 A^{-1}.

解 因为

$$(A \vdots E) = \begin{pmatrix} 1 & 1 & -1 & 1 & 0 & 0 \\ 3 & 2 & -2 & 0 & 1 & 0 \\ 5 & -2 & 1 & 0 & 0 & 1 \end{pmatrix} \xrightarrow[r_3 - 5r_1]{r_2 - 3r_1} \begin{pmatrix} 1 & 1 & -1 & 1 & 0 & 0 \\ 0 & -1 & 1 & -3 & 1 & 0 \\ 0 & -7 & 6 & -5 & 0 & 1 \end{pmatrix}$$

$$\xrightarrow[-1 \times r_2]{\substack{r_1 + r_2 \\ r_3 - 7r_2}} \begin{pmatrix} 1 & 0 & 0 & -2 & 1 & 0 \\ 0 & 1 & -1 & 3 & -1 & 0 \\ 0 & 0 & -1 & 16 & -7 & 1 \end{pmatrix} \xrightarrow[-1 \times r_3]{r_2 - r_3} \begin{pmatrix} 1 & 0 & 0 & -2 & 1 & 0 \\ 0 & 1 & 0 & -13 & 6 & -1 \\ 0 & 0 & 1 & -16 & 7 & -1 \end{pmatrix},$$

所以 $\qquad\qquad\qquad A^{-1} = \begin{pmatrix} -2 & 1 & 0 \\ -13 & 6 & -1 \\ -16 & 7 & -1 \end{pmatrix}.$

§5 矩阵的秩

定义 11 在 $m \times n$ 矩阵 A 中，任取 k 行 k 列 $(k \leqslant m, k \leqslant n)$，位于这些行列交叉处的 k^2 个元素，不改变它们在 A 中所处的位置次序而得的 k 阶行列式，称为矩阵 A 的 k 阶子式.

显然，$m \times n$ 矩阵 A 的 k 阶子式共有 $C_m^k C_n^k$ 个.

定义 12 设矩阵 A 中有一个不等于零的 r 阶子式 D，且所有 $r+1$ 阶子式

（如果存在的话）全等于零，那么 D 称为矩阵 A 的最高阶非零子式，数 r 称为矩阵 A 的秩，记作 $R(A)$，并规定零矩阵的秩等于零.

由行列式的性质知，在 A 中当所有 $r+1$ 阶子式全等于零时，所有高于 $r+1$ 阶的子式也全等于零，因此矩阵 A 的秩 $R(A)$ 就是 A 中不等于零的子式的最高阶数.显然，A 的转置矩阵 A^{T} 的秩 $R(A^{\mathrm{T}})=R(A)$.

例 15　求矩阵 A 和 B 的秩，其中

$$A=\begin{pmatrix} -1 & 2 & -2 \\ 2 & 4 & 3 \\ 0 & 8 & -1 \end{pmatrix}, \quad B=\begin{pmatrix} 1 & -2 & 3 & 0 & 1 \\ 0 & 3 & -1 & 4 & 2 \\ 0 & 0 & 0 & 5 & -1 \\ 0 & 0 & 0 & 0 & 0 \end{pmatrix}.$$

解　在 A 中，容易看出一个二阶子式 $\begin{vmatrix} -1 & 2 \\ 2 & 4 \end{vmatrix} \neq 0$，$A$ 的三阶子式只有一个 $|A|$，且 $|A|=0$，因此 $R(A)=2$.

B 是一个行阶梯形矩阵，其非零行仅有 3 个，从而推知，B 的所有四阶子式全为零，而且 3 个非零行的第 1 个非零元为对角元的三阶行列式

$$\begin{vmatrix} 1 & -2 & 0 \\ 0 & 3 & 4 \\ 0 & 0 & 5 \end{vmatrix}$$

是一个上三角形行列式，它显然不等于零，因此 $R(B)=3$.

由此可见，对于一般矩阵，当行列数较高时，按定义求秩是相当麻烦的，然而对于行阶梯形矩阵，它的秩就等于非零行的行数.因此，我们自然联想到用初等变换把矩阵化为行阶梯形矩阵，但两个等价矩阵的秩是否相等？下面定理对此给出肯定回答.

定理 5　若矩阵 A 与 B 等价，则 $R(A)=R(B)$.

证　先证明若 A 经过一次初等变换化为 B，则 $R(A) \leqslant R(B)$.

设 $R(A)=r$，且 A 的某个 r 阶子式 $D_r \neq 0$.当 $A \xrightarrow{r_i \leftrightarrow r_j} B$ 或 $A \xrightarrow{kr_i} B$ 时，在 B 中总能找到与 D_r 相对应的子式 $\overline{D_r}$，由于 $\overline{D_r}=D_r$ 或 $\overline{D_r}=-D_r$ 或 $\overline{D_r}=kD_r$，因此 $\overline{D_r} \neq 0$，从而 $R(B) \geqslant r$.

当 $A \xrightarrow{r_i+kr_j} B$ 时，分三种情况讨论：

(1) D_r 中不含第 i 行；

(2) D_r 中同时含有第 i 行和第 j 行；

(3) D_r 中含第 i 行但不含第 j 行.

对于(1)、(2)两种情况，显然 B 中与 D_r 对应的子式 $\overline{D_r}=D_r \neq 0$，故

$R(\boldsymbol{B}) \geqslant r$；对于情况(3)，由

$$\overline{D_r} = \begin{vmatrix} \vdots \\ r_i + kr_j \\ \vdots \end{vmatrix} = \begin{vmatrix} \vdots \\ r_i \\ \vdots \end{vmatrix} + \begin{vmatrix} \vdots \\ kr_j \\ \vdots \end{vmatrix} = D_r + k\hat{D}_r.$$

若 $\hat{D}_r \neq 0$，则因 $\hat{D}_r$ 中不含第 i 行知 $\boldsymbol{A}$ 中有不含第 i 行的 r 阶非零子式，从而根据情况(1)知 $R(\boldsymbol{B}) \geqslant r$.

若 $\hat{D}_r = 0$，则 $\overline{D_r} = D_r \neq 0$，也有 $R(\boldsymbol{B}) \geqslant r$.

以上证明，若 $\boldsymbol{A}$ 经一次初等行变换化为 $\boldsymbol{B}$，则 $R(\boldsymbol{A}) \leqslant R(\boldsymbol{B})$，由于 $\boldsymbol{B}$ 也可经一次初等行变换化为 $\boldsymbol{A}$，故也有 $R(\boldsymbol{B}) \leqslant R(\boldsymbol{A})$，因此 $R(\boldsymbol{A}) = R(\boldsymbol{B})$.

经一次初等行变换，矩阵的秩不变，从而推知，经有限次初等行变换矩阵的秩也不变.

设 $\boldsymbol{A}$ 经初等列变换化为 $\boldsymbol{B}$，则 $\boldsymbol{A}^{\mathrm{T}}$ 可经初等行变换化为 $\boldsymbol{B}^{\mathrm{T}}$，由上述证明可知 $R(\boldsymbol{A}^{\mathrm{T}}) = R(\boldsymbol{B}^{\mathrm{T}})$，又 $R(\boldsymbol{A}) = R(\boldsymbol{A}^{\mathrm{T}})$，$R(\boldsymbol{B}) = R(\boldsymbol{B}^{\mathrm{T}})$，因此 $R(\boldsymbol{A}) = R(\boldsymbol{B})$.

根据上述定理，为求矩阵的秩，只要把矩阵用初等行变换变成行阶梯形矩阵，行阶梯形矩阵中，非零行的行数即为该矩阵的秩.

例 16 设 $\boldsymbol{A} = \begin{pmatrix} 3 & -2 & 3 & 6 & -1 \\ 2 & 0 & 1 & 5 & -3 \\ 3 & 2 & 0 & 5 & 0 \\ 1 & 6 & -4 & -1 & 4 \end{pmatrix}$，求矩阵 $\boldsymbol{A}$ 的秩.

解 要求 $\boldsymbol{A}$ 的秩，为此对 $\boldsymbol{A}$ 作初等行变换，变成行阶梯形矩阵：

$$\boldsymbol{A} = \begin{pmatrix} 3 & -2 & 3 & 6 & -1 \\ 2 & 0 & 1 & 5 & -3 \\ 3 & 2 & 0 & 5 & 0 \\ 1 & 6 & -4 & -1 & 4 \end{pmatrix} \xrightarrow{r_4 \leftrightarrow r_1} \begin{pmatrix} 1 & 6 & -4 & -1 & 4 \\ 2 & 0 & 1 & 5 & -3 \\ 3 & 2 & 0 & 5 & 0 \\ 3 & -2 & 3 & 6 & -1 \end{pmatrix}$$

$$\xrightarrow[\substack{r_2 - 2r_1 \\ r_3 - 3r_1 \\ r_4 - 3r_1}]{} \begin{pmatrix} 1 & 6 & -4 & -1 & 4 \\ 0 & -12 & 9 & 7 & -11 \\ 0 & -16 & 12 & 8 & -12 \\ 0 & -20 & 15 & 9 & -13 \end{pmatrix} \xrightarrow[\substack{-\frac{1}{4}r_3 \\ r_3 \leftrightarrow r_2}]{} \begin{pmatrix} 1 & 6 & -4 & -1 & 4 \\ 0 & 4 & -3 & -2 & 3 \\ 0 & -12 & 9 & 7 & -11 \\ 0 & -20 & 15 & 9 & -13 \end{pmatrix}$$

$$\xrightarrow[\substack{r_3 + 3r_2 \\ r_4 + 5r_2}]{} \begin{pmatrix} 1 & 6 & -4 & -1 & 4 \\ 0 & 4 & -3 & -2 & 3 \\ 0 & 0 & 0 & 1 & -2 \\ 0 & 0 & 0 & -1 & 2 \end{pmatrix} \xrightarrow{r_4 + r_3} \begin{pmatrix} 1 & 6 & -4 & -1 & 4 \\ 0 & 4 & -3 & -2 & 3 \\ 0 & 0 & 0 & 1 & -2 \\ 0 & 0 & 0 & 0 & 0 \end{pmatrix},$$

因为行阶梯形矩阵有 3 个非零行，所以 $R(A)=3$.

例 17 设 $A=\begin{pmatrix} 1 & -2 & 2 & -1 \\ 2 & -4 & 8 & 0 \\ -2 & 4 & -2 & 3 \\ 3 & -6 & 0 & -6 \end{pmatrix}$，$b=\begin{pmatrix} 1 \\ 2 \\ 3 \\ 4 \end{pmatrix}$，

求矩阵 A 及矩阵 $\overline{A}=(A,b)$ 的秩.

解 对 $\overline{A}$ 作初等行变换化为行阶梯形矩阵，设 $\overline{A}$ 的行阶梯形矩阵为 $\overline{A_1}=(A_1,b_1)$，则 $\overline{A_1}$ 就是 $\overline{A}$ 的行阶梯形矩阵，因此从 $\overline{A_1}=(A_1,b_1)$ 中可同时看出 $R(A)$ 及 $R(\overline{A})$.

$$\overline{A}=\begin{pmatrix} 1 & -2 & 2 & -1 & 1 \\ 2 & -4 & 8 & 0 & 2 \\ -2 & 4 & -2 & 3 & 3 \\ 3 & -6 & 0 & -6 & 4 \end{pmatrix} \xrightarrow[\substack{r_2-2r_1 \\ r_4-3r_1}]{r_3+r_2} \begin{pmatrix} 1 & -2 & 2 & -1 & 1 \\ 0 & 0 & 4 & 2 & 0 \\ 0 & 0 & 6 & 3 & 5 \\ 0 & 0 & -6 & -3 & 1 \end{pmatrix}$$

$$\xrightarrow[\substack{r_3-\frac{3}{2}r_2}]{r_4+r_3} \begin{pmatrix} 1 & -2 & 2 & -1 & 1 \\ 0 & 0 & 4 & 2 & 0 \\ 0 & 0 & 0 & 0 & 5 \\ 0 & 0 & 0 & 0 & 6 \end{pmatrix} \xrightarrow{r_4-\frac{6}{5}r_3} \begin{pmatrix} 1 & -2 & 2 & -1 & 1 \\ 0 & 0 & 4 & 2 & 0 \\ 0 & 0 & 0 & 0 & 5 \\ 0 & 0 & 0 & 0 & 0 \end{pmatrix},$$

因此 $R(A)=2$，$R(\overline{A})=3$.

对于 n 阶可逆矩阵 A，因 $|A|\neq0$，从而 A 的最高阶非零子式的阶数为 n，所以 $R(A)=n$，故 A 的标准形为单位阵 E_n，即 $A \leftrightarrow E_n$. 由于可逆矩阵的秩等于阶数，因此可逆矩阵又称为满秩矩阵，而奇异矩阵又称为降秩矩阵.

定理 6 向量组 α_1，α_2，$\cdots$，α_m 线性相关的充要条件是它们构成的矩阵 $A=(\alpha_1,\alpha_2,\cdots,\alpha_m)$ 的秩小于向量个数 m；向量组线性无关的充要条件是 $R(A)=m$.

利用向量组的秩与矩阵的秩的定义可以证之，在这里不再证明.

例 18 已知 $\alpha_1=\begin{pmatrix} 1 \\ 1 \\ 1 \end{pmatrix}$，$\alpha_2=\begin{pmatrix} 0 \\ 2 \\ 5 \end{pmatrix}$，$\alpha_3=\begin{pmatrix} 2 \\ 4 \\ 7 \end{pmatrix}$，试讨论向量组 α_1，α_2，α_3 及向量组 α_1，α_2 的线性相关性.

解 对矩阵 $A=(\alpha_1,\alpha_2,\alpha_3)$ 施行初等行变换变成行阶梯形矩阵，便可同时看出矩阵 $(\alpha_1,\alpha_2,\alpha_3)$ 和 (α_1,α_2) 的秩，再用上述定理即可得出结论.

$$A=(\alpha_1,\alpha_2,\alpha_3)=\begin{pmatrix} 1 & 0 & 2 \\ 1 & 2 & 4 \\ 1 & 5 & 7 \end{pmatrix} \xrightarrow[\substack{r_3-r_1}]{r_2-r_1} \begin{pmatrix} 1 & 0 & 2 \\ 0 & 2 & 2 \\ 0 & 5 & 5 \end{pmatrix} \xrightarrow{r_3-\frac{5}{2}r_2} \begin{pmatrix} 1 & 0 & 2 \\ 0 & 2 & 2 \\ 0 & 0 & 0 \end{pmatrix},$$

由此可见，$R(\pmb{\alpha}_1，\pmb{\alpha}_2，\pmb{\alpha}_3)=2$，向量组 $\pmb{\alpha}_1，\pmb{\alpha}_2，\pmb{\alpha}_3$ 线性相关；$R(\pmb{\alpha}_1，\pmb{\alpha}_2)=2$，向量组 $\pmb{\alpha}_1，\pmb{\alpha}_2$ 线性无关.

定理 7 矩阵的秩等于它的列向量组的秩，也等于它的行向量组的秩.

证 设 $A=(\pmb{\alpha}_1，\pmb{\alpha}_2，\cdots，\pmb{\alpha}_m)$，$R(A)=r$，并设 r 阶子式 $D_r\neq0$，可推知 D_r 所在的 r 列向量组线性无关，又由 A 中所有 $r+1$ 阶子式均为零，推知 A 中任意 $r+1$ 个列向量都线性相关，因此 D_r 所在的 r 列是 A 的列向量组的一个极大线性无关组，所以列向量组的秩等于 r. 同理可证，矩阵 A 的行向量组的秩也等于 $R(A)$.

由此可得以下结论：

矩阵的秩＝矩阵中最高阶不为零的子式的阶数

＝矩阵的行向量组的秩

＝矩阵的列向量组的秩

＝矩阵行(列)向量组中极大线性无关组所含向量的个数.

下面给出矩阵秩的一些性质：

性质 1 如果 A 是 $m\times n$ 矩阵，则 $0\leqslant R(A)\leqslant\min\{m，n\}$.

性质 2 设 A 是一个 n 阶方阵，则 A 为非奇异矩阵的充要条件是 $R(A)=n$.

性质 3 矩阵乘积的秩，不超过作乘积的各矩阵的秩，即

$$R(AB)\leqslant\min\{R(A)，R(B)\}.$$

性质 4 设 P 为 m 阶非奇异矩阵，Q 为 n 阶非奇异矩阵，A 为 $m\times n$ 矩阵，则 $R(PA)=R(A)=R(AQ)$，即任何矩阵用非奇异矩阵去乘，其秩不变.

只证性质 4 设 $PA=B$，则 $A=P^{-1}B$，由性质 3 可得

$$R(B)=R(PA)\leqslant R(A)，\quad R(A)=R(P^{-1}B)\leqslant R(B)，$$

由此推得

$$R(B)=R(PA)=R(A).$$

同理可证 $R(AQ)=R(A)$.

根据这一性质，显然也可得到矩阵的秩的重要性质：**矩阵经初等变换后，秩不变**.

例 19 设 A，B 为两个 n 阶方阵，证明：$R(A+B)\leqslant R(A)+R(B)$.

证 设 $A=(\pmb{\alpha}_1，\pmb{\alpha}_2，\cdots，\pmb{\alpha}_n)$，$R(A)=r$，$B=(\pmb{\beta}_1，\pmb{\beta}_2，\cdots，\pmb{\beta}_n)$，$R(B)=s$，又设

$$A+B=(\pmb{\gamma}_1，\pmb{\gamma}_2，\cdots，\pmb{\gamma}_n)，$$

不妨设 $\pmb{\alpha}_1，\pmb{\alpha}_2，\cdots，\pmb{\alpha}_r$ 与 $\pmb{\beta}_1，\pmb{\beta}_2，\cdots，\pmb{\beta}_s$ 分别是向量组 $\pmb{\alpha}_1，\pmb{\alpha}_2，\cdots，\pmb{\alpha}_n$ 与向量组 $\pmb{\beta}_1，\pmb{\beta}_2，\cdots，\pmb{\beta}_n$ 的极大线性无关组，因 $\pmb{\gamma}_1，\pmb{\gamma}_2，\cdots，\pmb{\gamma}_n$ 可由 $\pmb{\alpha}_1，\pmb{\alpha}_2，\cdots，\pmb{\alpha}_n，\pmb{\beta}_1，\pmb{\beta}_2，\cdots，\pmb{\beta}_n$ 线性表示，从而它可由 $\pmb{\alpha}_1，\pmb{\alpha}_2，\cdots，\pmb{\alpha}_r，\pmb{\beta}_1，\pmb{\beta}_2，\cdots，\pmb{\beta}_s$

线性表示，所以向量组 $\boldsymbol{\gamma}_1$，$\boldsymbol{\gamma}_2$，$\cdots$，$\boldsymbol{\gamma}_n$ 的秩不会超过向量组 $\boldsymbol{\alpha}_1$，$\boldsymbol{\alpha}_2$，$\cdots$，$\boldsymbol{\alpha}_r$ 与 $\boldsymbol{\beta}_1$，$\boldsymbol{\beta}_2$，$\cdots$，$\boldsymbol{\beta}_s$ 的所含向量之和，即有

$$R(\boldsymbol{A}+\boldsymbol{B}) \leqslant r+s = R(\boldsymbol{A})+R(\boldsymbol{B}).$$

§6 分块矩阵

一、分块矩阵的概念

对于行数和列数较多的矩阵 $\boldsymbol{A}$，运算时经常采用矩阵分块法，使大矩阵的运算化成小矩阵的运算，用若干条横线和竖线将矩阵 $\boldsymbol{A}$ 分成许多个小矩阵，每一个小矩阵称为 $\boldsymbol{A}$ 的**子块**，以子块为元素形式的矩阵称为**分块矩阵**.

例如，将 3×4 矩阵 $\begin{bmatrix} a_{11} & a_{12} & a_{13} & u_{14} \\ a_{21} & a_{22} & a_{23} & a_{24} \\ a_{31} & a_{32} & a_{33} & a_{34} \end{bmatrix}$ 分成子块的方法很多，如

(1) $\left[\begin{array}{cc:cc} a_{11} & a_{12} & a_{13} & a_{14} \\ a_{21} & a_{22} & a_{23} & a_{24} \\ \hdashline a_{31} & a_{32} & a_{33} & a_{34} \end{array}\right]$； (2) $\left[\begin{array}{c:ccc} a_{11} & a_{12} & a_{13} & a_{14} \\ a_{21} & a_{22} & a_{23} & a_{24} \\ \hdashline a_{31} & a_{32} & a_{33} & a_{34} \end{array}\right]$；

(3) $\left[\begin{array}{c:ccc} a_{11} & a_{12} & a_{13} & a_{14} \\ a_{31} & a_{22} & a_{23} & a_{24} \\ a_{31} & a_{32} & a_{33} & a_{34} \end{array}\right]$；等等.

分块(1)可以记为

$$\begin{bmatrix} \boldsymbol{A}_{11} & \boldsymbol{A}_{12} \\ \boldsymbol{A}_{21} & \boldsymbol{A}_{22} \end{bmatrix},$$

其中 $\boldsymbol{A}_{11}=\begin{bmatrix} a_{11} & a_{12} \\ a_{21} & a_{22} \end{bmatrix}$，$\boldsymbol{A}_{12}=\begin{bmatrix} a_{13} & a_{14} \\ a_{23} & a_{24} \end{bmatrix}$，$\boldsymbol{A}_{21}=(a_{31} \quad a_{32})$，$\boldsymbol{A}_{22}=(a_{33} \quad a_{34})$，即 $\boldsymbol{A}_{11}$，$\boldsymbol{A}_{12}$，$\boldsymbol{A}_{21}$，$\boldsymbol{A}_{22}$ 为 $\boldsymbol{A}$ 的子块，而 $\boldsymbol{A}$ 形式上成为以这些子块为元素的分块矩阵，分法(2)、(3)的分块矩阵不再写出，请读者完成.

二、分块矩阵的运算

分块矩阵与普通矩阵有类似的**运算法则**.

1. 矩阵的加法与数乘

设矩阵 $\boldsymbol{A}$ 与 $\boldsymbol{B}$ 的行数和列数相同，采用相同的分块法，有

$$A = \begin{pmatrix} A_{11} & \cdots & A_{1r} \\ \vdots & & \vdots \\ A_{s1} & \cdots & A_{sr} \end{pmatrix}, \quad B = \begin{pmatrix} B_{11} & \cdots & B_{1r} \\ \vdots & & \vdots \\ B_{s1} & \cdots & B_{sr} \end{pmatrix},$$

其中 A_{ij} 和 B_{ij} 的行数和列数相同，那么

$$A + B = \begin{pmatrix} A_{11}+B_{11} & \cdots & A_{1r}+B_{1r} \\ \vdots & & \vdots \\ A_{s1}+B_{s1} & \cdots & A_{sr}+B_{sr} \end{pmatrix}, \quad \lambda A = \begin{pmatrix} \lambda A_{11} & \cdots & \lambda A_{1r} \\ \vdots & & \vdots \\ \lambda A_{s1} & \cdots & \lambda A_{sr} \end{pmatrix}.$$

2. 分块矩阵的乘法

设 A 为 $m \times l$ 矩阵，B 为 $l \times n$ 矩阵，分块乘

$$A = \begin{pmatrix} A_{11} & \cdots & A_{1t} \\ \vdots & & \vdots \\ A_{s1} & \cdots & A_{st} \end{pmatrix}, \quad B = \begin{pmatrix} B_{11} & \cdots & B_{1r} \\ \vdots & & \vdots \\ B_{t1} & \cdots & B_{tr} \end{pmatrix},$$

其中 A_{i1}，A_{i2}，$\cdots$，A_{it} 的列数分别等于 B_{1j}，B_{2j}，$\cdots$，B_{tj} 的行数，那么

$$AB = \begin{pmatrix} C_{11} & \cdots & C_{1r} \\ \vdots & & \vdots \\ C_{s1} & \cdots & C_{sr} \end{pmatrix},$$

其中 $C_{ij} = \sum_{k=1}^{t} A_{ik}B_{kj} (i=1, 2, \cdots, s; j=1, 2, \cdots, r)$.

例 20 设 $A = \begin{pmatrix} 1 & 0 & 0 & 0 \\ 0 & 1 & 0 & 0 \\ -1 & 2 & 1 & 0 \\ 1 & 1 & 0 & 1 \end{pmatrix}$，$B = \begin{pmatrix} 1 & 0 & 1 & 0 \\ -1 & 2 & 0 & 1 \\ 1 & 0 & 4 & 1 \\ -1 & -1 & 2 & 0 \end{pmatrix}$，求 AB.

解 将 A，B 分块成

$$A = \left(\begin{array}{cc:cc} 1 & 0 & 0 & 0 \\ 0 & 1 & 0 & 0 \\ \hdashline -1 & 2 & 1 & 0 \\ 1 & 1 & 0 & 1 \end{array} \right) = \begin{pmatrix} E & O \\ A_1 & E \end{pmatrix},$$

$$B = \left(\begin{array}{cc:cc} 1 & 0 & 1 & 0 \\ -1 & 2 & 0 & 1 \\ \hdashline 1 & 0 & 4 & 1 \\ -1 & -1 & 2 & 0 \end{array} \right) = \begin{pmatrix} B_{11} & E \\ B_{21} & B_{22} \end{pmatrix},$$

则 $$AB = \begin{pmatrix} E & O \\ A_1 & E \end{pmatrix} \begin{pmatrix} B_{11} & E \\ B_{21} & B_{22} \end{pmatrix} = \begin{pmatrix} B_{11} & E \\ A_1 B_{11} + B_{21} & A_1 + B_{22} \end{pmatrix},$$

其中
$$A_1B_{11}+B_{21}=\begin{pmatrix}-1 & 2 \\ 1 & 1\end{pmatrix}\begin{pmatrix}1 & 0 \\ -1 & 2\end{pmatrix}+\begin{pmatrix}1 & 0 \\ -1 & -1\end{pmatrix}$$

$$=\begin{pmatrix}-3 & 4 \\ 0 & 2\end{pmatrix}+\begin{pmatrix}1 & 0 \\ -1 & -1\end{pmatrix}=\begin{pmatrix}-2 & 4 \\ -1 & 1\end{pmatrix},$$

$$A_1+B_{22}=\begin{pmatrix}-1 & 2 \\ 1 & 1\end{pmatrix}+\begin{pmatrix}4 & 1 \\ 2 & 0\end{pmatrix}=\begin{pmatrix}3 & 3 \\ 3 & 1\end{pmatrix},$$

于是
$$AB=\begin{pmatrix}1 & 0 & 1 & 0 \\ -1 & 2 & 0 & 1 \\ -2 & 4 & 3 & 3 \\ -1 & 1 & 3 & 1\end{pmatrix}.$$

3. 分块矩阵的转置矩阵

设 $A=\begin{pmatrix}A_{11} & \cdots & A_{1r} \\ \vdots & & \vdots \\ A_{s1} & \cdots & A_{sr}\end{pmatrix}$，则 $A^{\mathrm{T}}=\begin{pmatrix}A_{11}^{\mathrm{T}} & \cdots & A_{s1}^{\mathrm{T}} \\ \vdots & & \vdots \\ A_{1r}^{\mathrm{T}} & \cdots & A_{sr}^{\mathrm{T}}\end{pmatrix}.$

4. 分块对角阵

设 A 为 n 阶方阵，若 A 的分块矩阵仅在对角线上有非零子块，其余子块都是零矩阵，且对角线上的子块都是方阵，即

$$A=\begin{pmatrix}A_1 & & & \\ & A_2 & & \\ & & \ddots & \\ & & & A_s\end{pmatrix},$$

其中 $A_i(i=1,2,\cdots,s)$ 都是方阵，那么称 A 为**分块对角矩阵**（也叫**准对角阵**）.

分块对角矩阵的行列式具有以下性质：
$$|A|=|A_1||A_2|\cdots|A_s|.$$

由此性质可知，若 $|A_i|\neq0(i=1,2,\cdots,s)$，则 $|A|\neq0$，并有

$$A^{-1}=\begin{pmatrix}A_1^{-1} & & & \\ & A_2^{-1} & & \\ & & \ddots & \\ & & & A_s^{-1}\end{pmatrix}.$$

例 21　设 $A=\begin{pmatrix}3 & 1 & 0 \\ 2 & 1 & 0 \\ 0 & 0 & 5\end{pmatrix}$，求 A^{-1}.

解 $\boldsymbol{A} = \begin{pmatrix} 3 & 1 & \vdots & 0 \\ 2 & 1 & \vdots & 0 \\ \cdots & \cdots & \cdots & \cdots \\ 0 & 0 & \vdots & 5 \end{pmatrix} = \begin{pmatrix} \boldsymbol{A}_1 & \boldsymbol{O} \\ \boldsymbol{O} & \boldsymbol{A}_2 \end{pmatrix}$,

其中，$\boldsymbol{A}_1 = \begin{pmatrix} 3 & 1 \\ 2 & 1 \end{pmatrix} \Rightarrow \boldsymbol{A}_1^{-1} = \begin{pmatrix} 1 & -1 \\ -2 & 3 \end{pmatrix}$, $\boldsymbol{A}_2 = (5) \Rightarrow \boldsymbol{A}_2^{-1} = \left(\dfrac{1}{5}\right)$,

所以 $\boldsymbol{A}^{-1} = \begin{pmatrix} 1 & -1 & 0 \\ -2 & 3 & 0 \\ 0 & 0 & \dfrac{1}{5} \end{pmatrix}$.

例 22 设 $\boldsymbol{A} = \begin{pmatrix} 9 & 0 & 0 & 0 \\ 2 & 1 & 0 & 0 \\ 0 & 0 & 3 & 4 \\ 0 & 0 & 0 & 2 \end{pmatrix}$, 求 $|\boldsymbol{A}|$ 及 $\boldsymbol{A}^{-1}$.

解 $|\boldsymbol{A}| = \begin{vmatrix} 9 & 0 & \vdots & 0 & 0 \\ 2 & 1 & \vdots & 0 & 0 \\ \cdots & \cdots & \cdots & \cdots & \cdots \\ 0 & 0 & \vdots & 3 & 4 \\ 0 & 0 & \vdots & 0 & 2 \end{vmatrix} = \begin{vmatrix} 9 & 0 \\ 2 & 1 \end{vmatrix} \begin{vmatrix} 3 & 4 \\ 0 & 2 \end{vmatrix} = 54$;

$\boldsymbol{A}^{-1} = \begin{pmatrix} \begin{pmatrix} 9 & 0 \\ 2 & 1 \end{pmatrix}^{-1} & \\ & \begin{pmatrix} 3 & 4 \\ 0 & 2 \end{pmatrix}^{-1} \end{pmatrix} = \begin{pmatrix} \dfrac{1}{9} & 0 & 0 & 0 \\ -\dfrac{2}{9} & 1 & 0 & 0 \\ 0 & 0 & \dfrac{1}{3} & -\dfrac{2}{3} \\ 0 & 0 & 0 & \dfrac{1}{2} \end{pmatrix}$.

三、两种特殊分块及其应用

对矩阵分块时，有两种分块法应给予重视，这就是按行分块和按列分块.

$m \times n$ 矩阵 $\boldsymbol{A}$ 有 m 行，若第 i 行记作 $\boldsymbol{\alpha}_i^{\mathrm{T}} = (a_{i1}, a_{i2}, \cdots, a_{in})$，则矩阵 $\boldsymbol{A}$ 可记为

$$\boldsymbol{A} = \begin{pmatrix} \boldsymbol{\alpha}_1^{\mathrm{T}} \\ \boldsymbol{\alpha}_2^{\mathrm{T}} \\ \vdots \\ \boldsymbol{\alpha}_m^{\mathrm{T}} \end{pmatrix}.$$

类似地，$m \times n$ 矩阵 A 有 n 列，若第 j 列记作 $\boldsymbol{\beta}_j = \begin{pmatrix} a_{1j} \\ a_{2j} \\ \vdots \\ a_{mj} \end{pmatrix}$，则矩阵 A 可记为

$$A = (\boldsymbol{\beta}_1, \ \boldsymbol{\beta}_2, \ \cdots, \ \boldsymbol{\beta}_n).$$

对于线性方程组

$$\begin{cases} a_{11}x_1 + a_{12}x_2 + \cdots + a_{1n}x_n = b_1, \\ a_{21}x_1 + a_{22}x_2 + \cdots + a_{2n}x_n = b_2, \\ \cdots\cdots\cdots\cdots\cdots\cdots\cdots\cdots \\ a_{m1}x_1 + a_{m2}x_2 + \cdots + a_{mn}x_n = b_m, \end{cases}$$

记 $\quad A = (a_{ij}), \ X = \begin{pmatrix} x_1 \\ x_2 \\ \vdots \\ x_n \end{pmatrix}, \ b = \begin{pmatrix} b_1 \\ b_2 \\ \vdots \\ b_m \end{pmatrix}, \ \overline{A} = \begin{pmatrix} a_{11} & a_{12} & \cdots & a_{1n} & b_1 \\ a_{21} & a_{22} & \cdots & a_{2n} & b_2 \\ \vdots & \vdots & & \vdots & \vdots \\ a_{m1} & a_{m2} & \cdots & a_{mn} & b_m \end{pmatrix},$

其中 A 称为系数矩阵，X 称为未知数向量，b 称为常数项向量，$\overline{A}$ 称为增广矩阵，按分块矩阵的记法，可记为 $\overline{A} = (A, \ b) = (\boldsymbol{\beta}_1, \ \boldsymbol{\beta}_2, \ \cdots, \ \boldsymbol{\beta}_n, \ b)$.

利用矩阵乘法，此方程组可记作 $AX = b$，这正是线性方程组的矩阵形式.

若将系数矩阵 A 按行分成 m 块，则线性方程组 $AX = b$ 可记作

$$\begin{pmatrix} \boldsymbol{\alpha}_1^{\mathrm{T}} \\ \boldsymbol{\alpha}_2^{\mathrm{T}} \\ \vdots \\ \boldsymbol{\alpha}_m^{\mathrm{T}} \end{pmatrix} X = \begin{pmatrix} b_1 \\ b_2 \\ \vdots \\ b_m \end{pmatrix},$$

这就相当于把每个方程

$$a_{i1}x_1 + a_{i2}x_2 + \cdots + a_{in}x_n = b_i$$

记作 $\quad\quad \boldsymbol{\alpha}_i^{\mathrm{T}} X = b_i (i = 1, \ 2, \ \cdots, \ m).$

若把系数矩阵 A 按列分成 n 块，则与 A 相乘的 X 应对应地按行分成 n 块，从而记作

$$(\boldsymbol{\beta}_1, \ \boldsymbol{\beta}_2, \ \cdots, \ \boldsymbol{\beta}_n) \begin{pmatrix} x_1 \\ x_2 \\ \vdots \\ x_n \end{pmatrix} = b,$$

即 $x_1\boldsymbol{\beta}_1 + x_2\boldsymbol{\beta}_2 + \cdots + x_n\boldsymbol{\beta}_n = b$，这正是线性方程组的向量形式.

对于矩阵 $A = (a_{ij})_{m \times s}$ 与矩阵 $B = (b_{ij})_{s \times n}$ 的乘积矩阵 $AB = C = (c_{ij})_{m \times n}$，若把 A 按行分成 m 块，把 B 按列分成 n 块，便有

$$AB = \begin{pmatrix} \boldsymbol{\alpha}_1^T \\ \boldsymbol{\alpha}_2^T \\ \vdots \\ \boldsymbol{\alpha}_m^T \end{pmatrix} (\boldsymbol{\beta}_1, \boldsymbol{\beta}_2, \cdots, \boldsymbol{\beta}_n) = \begin{pmatrix} \boldsymbol{\alpha}_1^T\boldsymbol{\beta}_1 & \boldsymbol{\alpha}_1^T\boldsymbol{\beta}_2 & \cdots & \boldsymbol{\alpha}_1^T\boldsymbol{\beta}_n \\ \boldsymbol{\alpha}_2^T\boldsymbol{\beta}_1 & \boldsymbol{\alpha}_2^T\boldsymbol{\beta}_2 & \cdots & \boldsymbol{\alpha}_2^T\boldsymbol{\beta}_n \\ \vdots & \vdots & & \vdots \\ \boldsymbol{\alpha}_m^T\boldsymbol{\beta}_1 & \boldsymbol{\alpha}_m^T\boldsymbol{\beta}_2 & \cdots & \boldsymbol{\alpha}_m^T\boldsymbol{\beta}_n \end{pmatrix} = (c_{ij})_{m\times n},$$

其中
$$c_{ij} = \boldsymbol{\alpha}_i^T\boldsymbol{\beta}_j = (a_{i1}, a_{i2}, \cdots, a_{is}) \begin{pmatrix} b_{1j} \\ b_{2j} \\ \vdots \\ b_{sj} \end{pmatrix} = \sum_{k=1}^{s} a_{ik}b_{kj}.$$

由此可进一步领会矩阵相乘的定义.

例 23 解矩阵方程 $AX=B$，其中

$$A = \begin{pmatrix} 2 & 3 & 0 & 0 & 0 \\ 3 & 6 & 0 & 0 & 0 \\ 0 & 0 & 4 & 0 & 0 \\ 0 & 0 & 0 & 3 & 2 \\ 0 & 0 & 0 & 7 & 5 \end{pmatrix}, B = \begin{pmatrix} -1 & 2 & 3 & 1 & 0 \\ -3 & 6 & 15 & -6 & 3 \\ 8 & 0 & 4 & 12 & -4 \\ 1 & 2 & -3 & 1 & 1 \\ 3 & 1 & -2 & 4 & 1 \end{pmatrix}.$$

解 由 $AX=B$，解得 $X=A^{-1}B$，为求 A^{-1}，将 A 作如下分块：

$$A = \left(\begin{array}{cc:c:cc} 2 & 3 & 0 & 0 & 0 \\ 3 & 6 & 0 & 0 & 0 \\ \hdashline 0 & 0 & 4 & 0 & 0 \\ \hdashline 0 & 0 & 0 & 3 & 2 \\ 0 & 0 & 0 & 7 & 5 \end{array}\right) = \begin{pmatrix} A_1 & & \\ & A_2 & \\ & & A_3 \end{pmatrix},$$

求出
$$A_1^{-1} = \begin{pmatrix} 2 & 3 \\ 3 & 6 \end{pmatrix}^{-1} = \begin{pmatrix} 2 & -1 \\ -1 & \dfrac{2}{3} \end{pmatrix}, \quad A_2^{-1} = (4)^{-1} = \left(\dfrac{1}{4}\right),$$

$$A_3^{-1} = \begin{pmatrix} 3 & 2 \\ 7 & 5 \end{pmatrix}^{-1} = \begin{pmatrix} 5 & -2 \\ -7 & 3 \end{pmatrix},$$

所以
$$A^{-1} = \begin{pmatrix} A_1^{-1} & & \\ & A_2^{-1} & \\ & & A_3^{-1} \end{pmatrix} = \begin{pmatrix} 2 & -1 & 0 & 0 & 0 \\ -1 & \dfrac{2}{3} & 0 & 0 & 0 \\ 0 & 0 & \dfrac{1}{4} & 0 & 0 \\ 0 & 0 & 0 & 5 & -2 \\ 0 & 0 & 0 & -7 & 3 \end{pmatrix},$$

从而
$$X=A^{-1}B=\begin{pmatrix} 1 & -2 & -9 & 8 & -3 \\ -1 & 2 & 7 & -5 & 2 \\ 2 & 0 & 1 & 3 & -1 \\ -1 & 8 & -11 & -3 & 3 \\ 2 & -11 & 15 & 5 & -4 \end{pmatrix}.$$

习 题 三

1. 设 $A=\begin{pmatrix} 1 & 5 \\ -2 & 1 \end{pmatrix}$, $B=\begin{pmatrix} -2 & 4 \\ 1 & 3 \end{pmatrix}$, $C=\begin{pmatrix} 3 & -2 \\ 1 & 3 \end{pmatrix}$, 求:

(1) $A+B$; (2) $A-B$; (3) $2A+3B+C$.

2. 设 $\boldsymbol{\alpha}_1=\begin{pmatrix} 1 \\ 2 \\ 3 \end{pmatrix}$, $\boldsymbol{\alpha}_2=\begin{pmatrix} 1 \\ -1 \\ 3 \end{pmatrix}$, $\boldsymbol{\alpha}_3=\begin{pmatrix} 3 \\ 1 \\ 2 \end{pmatrix}$, 求 $\dfrac{1}{2}\boldsymbol{\alpha}_1+\dfrac{1}{3}\boldsymbol{\alpha}_2+\dfrac{1}{4}\boldsymbol{\alpha}_3$.

3. 计算:

(1) $\begin{pmatrix} 4 & 3 & 1 \\ 1 & -2 & 3 \\ 5 & 7 & 0 \end{pmatrix}\begin{pmatrix} 7 \\ 2 \\ 1 \end{pmatrix}$;

(2) $\begin{pmatrix} 2 \\ -1 \\ 3 \end{pmatrix}(1, \quad -2)$;

(3) $(-3, \quad 2, \quad 1)\begin{pmatrix} 2 \\ 3 \\ -1 \end{pmatrix}$;

(4) $\begin{pmatrix} 2 & 1 & 4 & 0 \\ 1 & -1 & 3 & 4 \end{pmatrix}\begin{pmatrix} 1 & 3 & 1 \\ 0 & -1 & 2 \\ 1 & -3 & 1 \\ 4 & 0 & -2 \end{pmatrix}$;

(5) $\begin{pmatrix} a_{11} & a_{12} & a_{13} \\ a_{21} & a_{22} & a_{23} \\ a_{31} & a_{32} & a_{33} \end{pmatrix}\begin{pmatrix} x_1 \\ x_2 \\ x_3 \end{pmatrix}$;

(6) $(x_1 \quad x_2 \quad x_3)\begin{pmatrix} a_{11} & a_{12} & a_{13} \\ a_{21} & a_{22} & a_{23} \\ a_{31} & a_{32} & a_{33} \end{pmatrix}\begin{pmatrix} x_1 \\ x_2 \\ x_3 \end{pmatrix}$;

(7) $\begin{pmatrix} \lambda_1 & & \\ & \lambda_2 & \\ & & \lambda_3 \end{pmatrix}\begin{pmatrix} a_{11} & a_{12} \\ a_{21} & a_{22} \\ a_{31} & a_{32} \end{pmatrix}$;

(8) $\begin{pmatrix} a_{11} & a_{12} & a_{13} \\ a_{21} & a_{22} & a_{23} \end{pmatrix}\begin{pmatrix} \lambda_1 & & \\ & \lambda_2 & \\ & & \lambda_3 \end{pmatrix}$.

4. 设 $A=\begin{pmatrix} 1 & 0 & 0 \\ 0 & 1 & 0 \end{pmatrix}$, $B=\begin{pmatrix} 1 & 0 \\ 0 & 1 \\ 1 & 0 \end{pmatrix}$, $C=\begin{pmatrix} 1 & 0 \\ 0 & 1 \\ 0 & 0 \end{pmatrix}$, 求 AB, BA, AC.

5. 设 $A=\begin{pmatrix} 1 & 1 & 1 \\ 1 & 1 & -1 \\ 1 & -1 & 1 \end{pmatrix}$, $B=\begin{pmatrix} 1 & 2 & 3 \\ -1 & -2 & 4 \\ 0 & 5 & 1 \end{pmatrix}$, 求:

(1) $2AB-3A^2$；(2) AB^T；(3) $|-2A|$.

6. 设 A，B 都是 n 阶方阵，证明：

(1) 当且仅当 $AB=BA$ 时，$(A\pm B)^2=A^2\pm 2AB+B^2$；

(2) 当且仅当 $AB=BA$ 时，$A^2-B^2=(A+B)(A-B)$.

7. 计算（n 为正整数）：

(1) $\begin{bmatrix} 1 & 1 \\ 0 & 1 \end{bmatrix}^n$；   (2) $\begin{bmatrix} 1 & 1 & 0 \\ 0 & 1 & 1 \\ 0 & 0 & 1 \end{bmatrix}^n$；   (3) $\begin{bmatrix} 1 & a & 0 \\ 0 & 1 & a \\ 0 & 0 & 1 \end{bmatrix}^n$；

(4) $\begin{bmatrix} 0 & a & b \\ 0 & 0 & c \\ 0 & 0 & 0 \end{bmatrix}^n$ $(n\geqslant 2)$；(5) $\begin{bmatrix} 1 & -1 & -1 & -1 \\ -1 & 1 & -1 & -1 \\ -1 & -1 & 1 & -1 \\ -1 & -1 & -1 & 1 \end{bmatrix}^n$.

8. 求下列矩阵的行列式（n 为正整数）：

(1) $\begin{bmatrix} 1 & 3 & 4 \\ 0 & 2 & 5 \\ 0 & 0 & 3 \end{bmatrix}\begin{bmatrix} 1 & 0 & 0 \\ 1 & 2 & 0 \\ 1 & 2 & 3 \end{bmatrix}$；   (2) $\begin{bmatrix} 1 & 0 & 2 & 3 \\ 1 & 1 & 6 & 8 \\ 0 & 0 & -1 & 0 \\ 1 & 0 & 2 & 4 \end{bmatrix}^4$；

(3) $-\begin{bmatrix} 1 & 0 & 0 & 0 \\ 0 & 1 & 0 & 0 \\ 0 & 0 & 1 & 0 \\ 0 & 0 & 0 & 1 \end{bmatrix}$；   (4) $\begin{bmatrix} -3 & 4 & 0 & 0 \\ 4 & 3 & 0 & 0 \\ 0 & 0 & -1 & 1 \\ 0 & 0 & 3 & 2 \end{bmatrix}^{2n}$.

9. 试证：当且仅当 $AB=BA$ 时，$(AB)^T=A^TB^T$.

10. 求下列矩阵的逆阵：

(1) $\begin{bmatrix} 1 & 2 & -1 \\ 3 & 4 & -2 \\ 5 & -4 & 1 \end{bmatrix}$；   (2) $\begin{bmatrix} 1 & 0 & 2 & 3 \\ 0 & 1 & 4 & 5 \\ 0 & 0 & 1 & 0 \\ 0 & 0 & 0 & 1 \end{bmatrix}$；

(3) $\begin{bmatrix} \cos\theta & -\sin\theta \\ \sin\theta & \cos\theta \end{bmatrix}$；   (4) $\begin{bmatrix} 2 & -1 & 0 \\ -1 & 2 & -1 \\ 0 & -1 & 2 \end{bmatrix}$；

(5) $\begin{bmatrix} 1 & 2 & 0 & 0 \\ 2 & 5 & 0 & 0 \\ 0 & 0 & 7 & 1 \\ 0 & 0 & 0 & 1 \end{bmatrix}$；   (6) $\begin{bmatrix} 0 & a_1 & 0 & \cdots & 0 \\ 0 & 0 & a_2 & \cdots & 0 \\ \vdots & \vdots & \vdots & & \vdots \\ 0 & 0 & 0 & \cdots & a_{n-1} \\ a_n & 0 & 0 & \cdots & 0 \end{bmatrix}$，

其中 $a_i\neq 0(i=1, 2, \cdots, n)$.

11. 设矩阵 A 可逆，证明其伴随矩阵 A^* 也可逆，且 $(A^*)^{-1}=(A^{-1})^*$.

12. 求下列矩阵的秩：

(1) $\begin{bmatrix} 3 & 1 & 0 & 2 \\ 1 & -1 & 2 & -1 \\ 1 & 3 & -4 & 4 \end{bmatrix}$;

(2) $\begin{bmatrix} 3 & 2 & -1 & -3 & -1 \\ 2 & -1 & 3 & 1 & -3 \\ 7 & 0 & 5 & -1 & -8 \end{bmatrix}$;

(3) $\begin{bmatrix} 2 & 1 & 8 & 3 & 7 \\ 2 & -3 & 0 & 7 & -5 \\ 3 & -2 & 5 & 8 & 0 \\ 1 & 0 & 3 & 2 & 0 \end{bmatrix}$.

13. 确定数 a，使向量组 $\boldsymbol{\alpha}_1=\begin{bmatrix} a \\ 1 \\ \vdots \\ 1 \end{bmatrix}$，$\boldsymbol{\alpha}_2=\begin{bmatrix} 1 \\ a \\ \vdots \\ 1 \end{bmatrix}$，$\cdots$，$\boldsymbol{\alpha}_n=\begin{bmatrix} 1 \\ \vdots \\ 1 \\ a \end{bmatrix}$ 的秩为 n.

14. 求下列等式中的矩阵 X:

(1) $\begin{bmatrix} 2 & 5 \\ 1 & 3 \end{bmatrix} X=\begin{bmatrix} 4 & -6 \\ 2 & 1 \end{bmatrix}$;

(2) $X\begin{bmatrix} 2 & 1 & -1 \\ 2 & 1 & 0 \\ 1 & -1 & 1 \end{bmatrix}=\begin{bmatrix} 1 & -1 & 3 \\ 4 & 3 & 2 \end{bmatrix}$;

(3) $\begin{bmatrix} 1 & 4 \\ -1 & 2 \end{bmatrix} X\begin{bmatrix} 2 & 0 \\ -1 & 1 \end{bmatrix}=\begin{bmatrix} 3 & 1 \\ 0 & 1 \end{bmatrix}$.

15. 设 $A=\begin{bmatrix} 2 & 0 & 0 \\ 1 & 2 & 0 \\ 1 & 1 & 2 \end{bmatrix}$，满足 $AB=A+B$，求 B.

16. 设 A，B 都是 n 阶对称阵，证明：AB 是对称阵的充分必要条件是：
$$AB=BA.$$

17. 设 $A^k=O(k$ 为正整数$)$，证明：$(E-A)^{-1}=E+A+A^2+\cdots+A^{k-1}$.

18. 设方阵 A 满足 $A^2-A-2E=O$，证明 A 及 $A+2E$ 都可逆，并求 A^{-1} 及 $(A+2E)^{-1}$.

19. 设 A 为三阶矩阵，$|A|=\frac{1}{2}$，求 $|(2A)^{-1}-5A^*|$.

20. 设 n 阶矩阵 A 的伴随矩阵为 A^*，证明：
(1) 若 $|A|=0$，则 $|A^*|=0$；(2) $|A^*|=|A|^{n-1}$.

21. 设 $A=\frac{1}{2}(B+E)$，证明：$A^2=A$ 当且仅当 $B^2=E$.

22. 设分块矩阵 $W=\begin{bmatrix} A & B \\ C & D \end{bmatrix}_{n\times n}$，其中 A 是 $k\times k$ 的可逆矩阵，证明：

(1) $\begin{vmatrix} A & B \\ C & D \end{vmatrix} = |A| \, |D - CA^{-1}B|$；

(2) 若 $AC = CA$，则 $\begin{vmatrix} A & B \\ C & D \end{vmatrix} = |AD - CB|$．

阅读材料 3：

分块矩阵的初等变换及其应用

我们已经看到，矩阵的初等变换对于解决不少有关矩阵的问题是很方便的．在处理高阶矩阵及有关问题时我们又引进了分块矩阵的思想方法，下面我们将会看到，分块矩阵的初等变换对于解决一些数学问题也是很方便的．

定义 1 以下三种变换叫作**分块矩阵 A 的初等变换**：

(1) **换法变换**：交换分块矩阵 A 的任意两行(列)(这里说的行(列)是由分块矩阵的块所构成的块行(块列)，下同)．

(2) **倍法变换**：用可逆方阵 k 左(右)乘分块矩阵 A 的某一行(列)．

(3) **消法变换**：用矩阵 N 左(右)乘分块矩阵的第 i 行(列)之后加到第 j 行(列)上去．

值得提及的是，参与运算的矩阵必须满足运算对矩阵行数和列数的要求．

如，设 A 是一个 m 阶可逆方阵，B 是一个 $m \times n$ 矩阵，C 是一个 $s \times m$ 矩阵，D 是一个 $s \times n$ 矩阵．将分块矩阵 $T = \begin{bmatrix} A & B \\ C & D \end{bmatrix}$ 的第一行左乘 $-CA^{-1}$ 之后加到第二行上去，则就化成了准上三角形矩阵(即分块的上三角形阵)

$$U = \begin{bmatrix} A & B \\ O & D - CA^{-1}B \end{bmatrix}.$$

我们像一般矩阵一样可把上述变换过程表示为

$$T = \begin{bmatrix} A & B \\ C & D \end{bmatrix} \xrightarrow{r_2 - CA^{-1}r_1} \begin{bmatrix} A & B \\ O & D - CA^{-1}B \end{bmatrix} = U.$$

定义 2 把对分块之后的单位矩阵施行一次分块矩阵的初等变换所得到的分块矩阵称作**初等分块矩阵**．以二阶分块为例，初等分块矩阵有以下形式：

$$\begin{bmatrix} O & E_n \\ E_m & O \end{bmatrix}, \ \begin{bmatrix} k & O \\ O & E_n \end{bmatrix}, \ \begin{bmatrix} E_m & O \\ O & R \end{bmatrix}, \ \begin{bmatrix} E_m & O \\ S & E_n \end{bmatrix}, \ \begin{bmatrix} E_m & T \\ O & E_n \end{bmatrix},$$

其中，k、R 分别为 m 阶和 n 阶可逆方阵，S、T 分别为 $n \times m$ 和 $m \times n$ 矩阵．

和一般矩阵一样，分块矩阵的初等变换与初等分块矩阵之间也有如下关系：对分块矩阵左(右)乘一个初等分块矩阵，相当于对该分块矩阵施行一次相应的分块矩阵的初等行(列)变换.

如上述变换过程等价于：

$$\begin{bmatrix} E_m & O \\ -CA^{-1} & E_n \end{bmatrix} T = \begin{bmatrix} E_m & O \\ -CA^{-1} & E_n \end{bmatrix}\begin{bmatrix} A & B \\ C & D \end{bmatrix} = \begin{bmatrix} A & B \\ O & D-CA^{-1}B \end{bmatrix} = U.$$

由定义易见，分块矩阵的初等变换和初等分块矩阵是可逆的、保秩的，并且消法还是保行列式的. 这为解决一些数学问题带来很大方便.

例1　设 A，B 都是 n 阶方阵，证明：$|AB| = |A||B|$.

证　设 $S = \begin{bmatrix} A & O \\ E & B \end{bmatrix}$，则由拉普拉斯展开定理 $|S| = |A||B|$.

再对 S 施行消法变换 $S = \begin{bmatrix} A & O \\ E & B \end{bmatrix} \xrightarrow{r_1 - Ar_2} \begin{bmatrix} O & -AB \\ E & B \end{bmatrix} = T$，再由拉普拉斯展开定理知 $|T| = |AB|$. 而 $|S| = |T|$，所以有 $|AB| = |A||B|$.

例2　设 A，B 分别是 $m \times n$ 和 $n \times s$ 矩阵，证明：
$$R(AB) \geqslant R(A) + R(B) - n.$$

证　因为
$$S = \begin{bmatrix} A & O \\ E & B \end{bmatrix} \xrightarrow{r_1 - Ar_2} \begin{bmatrix} O & -AB \\ E & B \end{bmatrix} \xrightarrow{c_2 - c_1 B} \begin{bmatrix} O & -AB \\ E & O \end{bmatrix} = G,$$
所以　　　　　　　　　　　$R(S) = R(G)$,

而　　　$R(S) \geqslant R(A) + R(B)$，$R(G) = R(AB) + R(E) = R(AB) + n$,

所以有　　　　　　　　$R(AB) \geqslant R(A) + R(B) - n$.

第四章　线性方程组

§1　基本概念

在第一章中，我们讨论了含 n 个未知量 n 个方程并且系数行列式不等于零的线性方程组，可用克莱姆(Cramer)法则求解．下面讨论一般的 n 元线性方程组．

一、线性方程组的三种表示形式

1. 一般形式

$$\begin{cases} a_{11}x_1 + a_{12}x_2 + \cdots + a_{1n}x_n = b_1, \\ a_{21}x_1 + a_{22}x_2 + \cdots + a_{2n}x_n = b_2, \\ \cdots\cdots\cdots\cdots\cdots\cdots\cdots\cdots\cdots \\ a_{m1}x_1 + a_{m2}x_2 + \cdots + a_{mn}x_n = b_m, \end{cases} \quad (1)$$

其中，$\quad \boldsymbol{A} = \begin{bmatrix} a_{11} & a_{12} & \cdots & a_{1n} \\ a_{21} & a_{22} & \cdots & a_{2n} \\ \vdots & \vdots & & \vdots \\ a_{m1} & a_{m2} & \cdots & a_{mn} \end{bmatrix}$ 和 $\bar{\boldsymbol{A}} = \begin{bmatrix} a_{11} & a_{12} & \cdots & a_{1n} & b_1 \\ a_{21} & a_{22} & \cdots & a_{2n} & b_2 \\ \vdots & \vdots & & \vdots & \vdots \\ a_{m1} & a_{m2} & \cdots & a_{mn} & b_m \end{bmatrix}$

分别叫作线性方程组(1)的**系数矩阵**和**增广矩阵**．

2. 矩阵形式

令 $\boldsymbol{X} = \begin{bmatrix} x_1 \\ x_2 \\ \vdots \\ x_n \end{bmatrix}$，$\boldsymbol{\beta} = \begin{bmatrix} b_1 \\ b_2 \\ \vdots \\ b_m \end{bmatrix}$，则线性方程组(1)又可表示成以下矩阵形式：

$$\boldsymbol{A}\boldsymbol{X} = \boldsymbol{\beta}. \quad (2)$$

3. 向量形式

令系数矩阵 $\boldsymbol{A} = \begin{bmatrix} a_{11} & a_{12} & \cdots & a_{1n} \\ a_{21} & a_{22} & \cdots & a_{2n} \\ \vdots & \vdots & & \vdots \\ a_{m1} & a_{m2} & \cdots & a_{mn} \end{bmatrix}$ 的列向量分别为 $\boldsymbol{\alpha}_1$，$\boldsymbol{\alpha}_2$，$\cdots$，$\boldsymbol{\alpha}_n$，

则线性方程组(1)还可表示成如下向量形式：

$$x_1\boldsymbol{\alpha}_1 + x_2\boldsymbol{\alpha}_2 + \cdots + x_n\boldsymbol{\alpha}_n = \boldsymbol{\beta}. \tag{3}$$

线性方程组的这三种表示形式在解决不同的问题时各有方便之处.

二、解与解集

满足线性方程组(1)的有序数组 $x_1 = c_1$，$x_2 = c_2$，$\cdots$，$x_n = c_n$ 叫作线性方程组(1)的一个**解**. 线性方程组的解一般都可写成向量形式，记

$$\boldsymbol{X}_0 = \begin{pmatrix} c_1 \\ c_2 \\ \vdots \\ c_n \end{pmatrix},$$

并称为方程组(1)的一个**解向量**. 线性方程组的全体解向量的集合，叫作方程组的**解集**. 求解集的过程叫**解线性方程组**.

如果两个线性方程组的解集相同，则称这两个方程组为**同解方程组**.

三、有解判别条件

在中学解线性方程组应用的加减消元法，分析其解题过程，其实质就是对增广矩阵 $\overline{A}$ 施行初等行变换，将 $\overline{A}$ 化为行最简形矩阵，即

$$\overline{A} \xrightarrow{\text{初等行变换}} \begin{pmatrix} 1 & 0 & \cdots & 0 & c_{1,r+1} & \cdots & c_{1n} & d_1 \\ 0 & 1 & \cdots & 0 & c_{2,r+1} & \cdots & c_{2n} & d_2 \\ \vdots & \vdots & & \vdots & \vdots & & \vdots & \vdots \\ 0 & 0 & \cdots & 1 & c_{r,r+1} & \cdots & c_{rn} & d_r \\ 0 & 0 & \cdots & 0 & 0 & \cdots & 0 & d_{r+1} \\ 0 & 0 & \cdots & 0 & 0 & \cdots & 0 & 0 \\ \vdots & \vdots & & \vdots & \vdots & & \vdots & \vdots \\ 0 & 0 & \cdots & 0 & 0 & 0 & \cdots & 0 \end{pmatrix} = \overline{D},$$

$\overline{D}$ 对应的线性方程组为

$$\begin{cases} x_1 + \cdots + c_{1,r+1}x_{r+1} + \cdots + c_{1n}x_n = d_1, \\ x_2 + \cdots + c_{2,r+1}x_{r+1} + \cdots + c_{2n}x_n = d_2, \\ \cdots\cdots\cdots\cdots\cdots\cdots\cdots\cdots\cdots\cdots\cdots\cdots\cdots \\ x_r + \cdots + c_{r,r+1}x_{r+1} + \cdots + c_{rn}x_n = d_r, \\ \qquad\qquad\qquad\qquad\qquad\qquad 0 = d_{r+1}, \end{cases} \tag{1'}$$

显然(1′)和(1)是同解方程组.

下面分两种情形讨论:

第一种情形:方程组(1)有解当且仅当 $d_{r+1}=0$,这时 $R(A)=R(\overline{A})=r$.

(1) 当 $r=n$ 时,方程组(1)有唯一解,其解为 $X=(d_1, d_2, \cdots, d_n)^T$;

(2) 当 $r<n$ 时,方程组(1)有无穷多组解. 由(1′)解得方程组的一般解为

$$\begin{cases} x_1 = d_1 - c_{1,r+1}x_{r+1} - \cdots - c_{1n}x_n, \\ x_2 = d_2 - c_{2,r+1}x_{r+1} - \cdots - c_{2n}x_n, \\ \cdots\cdots\cdots\cdots\cdots\cdots\cdots\cdots \\ x_r = d_r - c_{r,r+1}x_{r+1} - \cdots - c_{rn}x_n, \end{cases}$$

其中 $x_{r+1}, x_{r+2}, \cdots, x_n$ 为自由未知量.

第二种情形:$d_{r+1}\neq 0$,方程组(1)无解.

综合之,我们有如下结论:

定理 1 线性方程组(1)有解的充要条件是它的系数矩阵和增广矩阵的秩相等:$R(A)=R(\overline{A})=r$,且 $r=n$ 时有唯一解,$r<n$ 时有无穷多解.

例 1 判断下面方程组是否有解,有解时求出方程组的解:

$$\begin{cases} x_1 - 2x_2 + 3x_3 - x_4 = 1, \\ 3x_1 - x_2 + 5x_3 - 3x_4 = 2, \\ 2x_1 + x_2 + 2x_3 - 2x_4 = 3. \end{cases}$$

解 $\overline{A} = \begin{pmatrix} 1 & -2 & 3 & -1 & 1 \\ 3 & -1 & 5 & -3 & 2 \\ 2 & 1 & 2 & -2 & 3 \end{pmatrix} \xrightarrow[r_3-2r_1]{r_2-3r_1} \begin{pmatrix} 1 & -2 & 3 & -1 & 1 \\ 0 & 5 & -4 & 0 & -1 \\ 0 & 5 & -4 & 0 & 1 \end{pmatrix}$

$\xrightarrow{r_3-r_2} \begin{pmatrix} 1 & -2 & 3 & -1 & 1 \\ 0 & 5 & -4 & 0 & -1 \\ 0 & 0 & 0 & 0 & 2 \end{pmatrix},$

可见,$R(A)=2$,$R(\overline{A})=3$,故方程组无解.

通过以上讨论,我们得出解线性方程组(1)的步骤是:

(1) 对 $\overline{A}$ 施以初等行变换,化为行最简形矩阵.

(2) 若 $R(A)\neq R(\overline{A})$,则方程组(1)无解;若 $R(A)=R(\overline{A})$,则方程组(1)有解.

(3) 在方程组有解的情况下,写出方程组的解(一般解或唯一解).

§2 齐次线性方程组

一、齐次线性方程组解的讨论

齐次线性方程组的一般形式为

$$\begin{cases} a_{11}x_1 + a_{12}x_2 + \cdots + a_{1n}x_n = 0, \\ a_{21}x_1 + a_{22}x_2 + \cdots + a_{2n}x_n = 0, \\ \cdots\cdots\cdots\cdots\cdots\cdots\cdots\cdots\cdots\cdots\cdots \\ a_{m1}x_1 + a_{m2}x_2 + \cdots + a_{mn}x_n = 0, \end{cases} \tag{4}$$

它的矩阵形式为

$$\boldsymbol{AX} = \boldsymbol{0}, \tag{5}$$

这里 $\boldsymbol{A} = \begin{pmatrix} a_{11} & a_{12} & \cdots & a_{1n} \\ a_{21} & a_{22} & \cdots & a_{2n} \\ \vdots & \vdots & & \vdots \\ a_{m1} & a_{m2} & \cdots & a_{mn} \end{pmatrix}$, $\boldsymbol{X} = \begin{pmatrix} x_1 \\ x_2 \\ \vdots \\ x_n \end{pmatrix}$, $\boldsymbol{0} = \begin{pmatrix} 0 \\ 0 \\ \vdots \\ 0 \end{pmatrix}$.

显然，$\boldsymbol{0} = \begin{pmatrix} 0 \\ 0 \\ \vdots \\ 0 \end{pmatrix}$ 是线性方程组(4)的解，称为**零解**. 我们感兴趣的是线性

方程组(4)的**非零解**. 由定理1，容易得到以下判别齐次线性方程组有非零解的定理.

定理 2 齐次线性方程组(4)有非零解的充要条件是：它的系数矩阵 $\boldsymbol{A}$ 的秩小于它的未知量的个数.

推论 1 含有 n 个未知量 n 个方程的齐次线性方程组有非零解的充要条件是：$|\boldsymbol{A}| = 0$.

推论 2 齐次线性方程组(4)中，若方程的个数 m 小于未知量的个数 n，则它必有非零解.

下面我们来看解向量的性质：

性质 1 若 ξ_1，ξ_2 是线性方程组(5)的解，则 $k_1\xi_1 + k_2\xi_2$（k_1，k_2 是任意常数）也是它的解.

证 因为 $\boldsymbol{A}(k_1\xi_1 + k_2\xi_2) = k_1\boldsymbol{A}\xi_1 + k_2\boldsymbol{A}\xi_2 = \boldsymbol{0}$，所以 $k_1\xi_1 + k_2\xi_2$ 也是线性方程组(5)的解.

注：本结论可推广到有限多个解的情况.

齐次线性方程组在有非零解的情况下，它的所有解向量构成的解集可以看作是由无穷多解向量组成的向量组，那么，它是否存在"极大线性无关组"？因此我们有以下定义：

定义 设 ξ_1，ξ_2，$\cdots$，ξ_s 是 $\boldsymbol{AX} = \boldsymbol{0}$ 的解向量. 如果

(1) ξ_1，ξ_2，$\cdots$，ξ_s 线性无关；

(2) $\boldsymbol{AX} = \boldsymbol{0}$ 的任一个解向量可由 ξ_1，ξ_2，$\cdots$，ξ_s 线性表示，

则 ξ_1，ξ_2，$\cdots$，ξ_s 称为 $AX=0$ 的一个基础解系.

定理 3 如果齐次线性方程组(4)有非零解，则它一定有基础解系，并且基础解系所含解向量的个数等于 $n-r$，其中 r 为线性方程组(4)的系数矩阵 A 的秩($n-r$ 就是自由未知量的个数).

证 由定理 1，方程组(4)的一般解为

$$\begin{cases} x_1 = -c_{1,r+1}x_{r+1} - \cdots - c_{1n}x_n, \\ x_2 = -c_{2,r+1}x_{r+1} - \cdots - c_{2n}x_n, \\ \cdots\cdots\cdots\cdots\cdots\cdots\cdots\cdots\cdots \\ x_r = -c_{r,r+1}x_{r+1} - \cdots - c_{rn}x_n, \\ x_{r+1} = x_{r+1}, \\ \cdots\cdots \\ x_n = x_n, \end{cases} \tag{4'}$$

其中，x_{r+1}，x_{r+2}，$\cdots$，x_n 为自由未知量.

将式(4′)写成向量的形式，即

$$\begin{pmatrix} x_1 \\ x_2 \\ \vdots \\ x_r \\ x_{r+1} \\ \vdots \\ x_n \end{pmatrix} = x_{r+1}\begin{pmatrix} -c_{1,r+1} \\ -c_{2,r+1} \\ \vdots \\ -c_{r,r+1} \\ 1 \\ 0 \\ \vdots \\ 0 \end{pmatrix} + x_{r+2}\begin{pmatrix} -c_{1,r+1} \\ -c_{2,r+1} \\ \vdots \\ -c_{r,r+1} \\ 0 \\ 1 \\ \vdots \\ 0 \end{pmatrix} + \cdots + x_n\begin{pmatrix} -c_{1,r+1} \\ -c_{2,r+1} \\ \vdots \\ -c_{r,r+1} \\ 0 \\ 0 \\ \vdots \\ 1 \end{pmatrix}, \tag{4''}$$

令

$$\xi_1 = \begin{pmatrix} -c_{1,r+1} \\ -c_{2,r+1} \\ \vdots \\ -c_{r,r+1} \\ 1 \\ 0 \\ \vdots \\ 0 \end{pmatrix}, \quad \xi_2 = \begin{pmatrix} -c_{1,r+1} \\ -c_{2,r+1} \\ \vdots \\ -c_{r,r+1} \\ 0 \\ 1 \\ \vdots \\ 0 \end{pmatrix}, \quad \cdots, \quad \xi_{n-r} = \begin{pmatrix} -c_{1,r+1} \\ -c_{2,r+1} \\ \vdots \\ -c_{r,r+1} \\ 0 \\ 0 \\ \vdots \\ 1 \end{pmatrix},$$

则(4″)式又可写成

$$X = x_{r+1}\xi_1 + x_{r+2}\xi_2 + \cdots + x_n\xi_{n-r}. \tag{4'''}$$

因为 $(1, 0, \cdots, 0)^T$，$(0, 1, \cdots, 0)^T$，$\cdots$，$(0, \cdots, 0, 1)^T$ 是 $n-r$ 个线性无关的 $n-r$ 维向量，所以 ξ_1，ξ_2，$\cdots$，ξ_{n-r} 也线性无关. 由(4″)式知，线性方

程组(4)的任意一个解均可由 $\boldsymbol{\xi}_1$，$\boldsymbol{\xi}_2$，$\cdots$，$\boldsymbol{\xi}_{n-r}$ 线性表示．故 $\boldsymbol{\xi}_1$，$\boldsymbol{\xi}_2$，$\cdots$，$\boldsymbol{\xi}_{n-r}$ 确实是方程组(4)的一个基础解系．

由基础解系的定义可知，方程组(4)的基础解系不唯一．事实上，方程组(4)的任意 $n-r$ 个线性无关的解都可以构成一个基础解系．

定理的证明过程，实际上给出了一个具体求解基础解系的方法．由定义及定理3，欲求方程组(4)的通解，归结为求齐次线性方程组的一个基础解系．

例 2　求下面线性方程组的一个基础解系：

$$\begin{cases} x_1 + x_2 + x_3 + x_4 = 0, \\ 3x_1 + 2x_2 + x_3 = 0, \\ x_2 + 2x_3 + 3x_4 = 0, \\ 5x_1 + 4x_2 + 3x_3 + 2x_4 = 0. \end{cases}$$

解　$\boldsymbol{A} = \begin{pmatrix} 1 & 1 & 1 & 1 \\ 3 & 2 & 1 & 0 \\ 0 & 1 & 2 & 3 \\ 5 & 4 & 3 & 2 \end{pmatrix} \xrightarrow[r_4-5r_1]{r_2-3r_1} \begin{pmatrix} 1 & 1 & 1 & 1 \\ 0 & -1 & -2 & -3 \\ 0 & 1 & 2 & 3 \\ 0 & -1 & -2 & -3 \end{pmatrix}$

$\xrightarrow[-1\times r_2]{\substack{r_3+r_2 \\ r_4-r_2}} \begin{pmatrix} 1 & 1 & 1 & 1 \\ 0 & 1 & 2 & 3 \\ 0 & 0 & 0 & 0 \\ 0 & 0 & 0 & 0 \end{pmatrix} \xrightarrow{r_1-r_2} \begin{pmatrix} 1 & 0 & -1 & -2 \\ 0 & 1 & 2 & 3 \\ 0 & 0 & 0 & 0 \\ 0 & 0 & 0 & 0 \end{pmatrix},$

所以 $R(\boldsymbol{A})=2$，且有

$$\begin{cases} x_1 = x_3 + 2x_4, \\ x_2 = -2x_3 - 3x_4 \end{cases} \quad (x_3, \ x_4 \text{ 为自由未知量}).$$

取 $(x_3, \ x_4)^{\mathrm{T}}$ 分别为 $(1, 0)^{\mathrm{T}}$，$(0, 1)^{\mathrm{T}}$，从而得一个基础解系：

$$\boldsymbol{\xi}_1 = \begin{pmatrix} 1 \\ -2 \\ 1 \\ 0 \end{pmatrix}, \ \boldsymbol{\xi}_2 = \begin{pmatrix} 2 \\ -3 \\ 0 \\ 1 \end{pmatrix}.$$

例 3　求下面线性方程组的通解：

$$\begin{cases} x_1 + x_2 - 3x_3 - x_4 = 0, \\ 3x_1 - x_2 - 3x_3 + 4x_4 = 0, \\ x_1 + 5x_2 - 9x_3 - 8x_4 = 0. \end{cases}$$

$$\textbf{解} \quad A = \begin{pmatrix} 1 & 1 & -3 & -1 \\ 3 & -1 & -3 & 4 \\ 1 & 5 & -9 & -8 \end{pmatrix} \xrightarrow[r_3-r_1]{r_2-3r_1} \begin{pmatrix} 1 & 1 & -3 & -1 \\ 0 & -4 & 6 & 7 \\ 0 & 4 & -6 & -7 \end{pmatrix}$$

$$\xrightarrow[-\frac{1}{4}r_2]{r_3+r_2} \begin{pmatrix} 1 & 1 & -3 & -1 \\ 0 & 1 & -\dfrac{3}{2} & -\dfrac{7}{4} \\ 0 & 0 & 0 & 0 \end{pmatrix} \xrightarrow{r_1-r_2} \begin{pmatrix} 1 & 0 & -\dfrac{3}{2} & \dfrac{3}{4} \\ 0 & 1 & -\dfrac{3}{2} & -\dfrac{7}{4} \\ 0 & 0 & 0 & 0 \end{pmatrix},$$

所以有

$$\begin{cases} x_1 = \dfrac{3}{2}x_3 - \dfrac{3}{4}x_4, \\ x_2 = \dfrac{3}{2}x_3 + \dfrac{7}{4}x_4 \end{cases} \quad (x_3,\ x_4 \text{ 为自由未知量}).$$

分别取 $(x_3,\ x_4)^{\mathrm{T}}$ 为 $(2,\ 0)^{\mathrm{T}}$，$(0,\ 4)^{\mathrm{T}}$，从而得一个基础解系：

$$\boldsymbol{\xi}_1 = \begin{pmatrix} 3 \\ 3 \\ 2 \\ 0 \end{pmatrix},\ \boldsymbol{\xi}_2 = \begin{pmatrix} -3 \\ 7 \\ 0 \\ 4 \end{pmatrix},$$

所以线性方程组的通解为

$$\boldsymbol{\xi} = k_1\boldsymbol{\xi}_1 + k_2\boldsymbol{\xi}_2 (k_1,\ k_2 \text{ 是任意常数}).$$

二、向量组的极大线性无关组的求法

由定义求向量组的极大线性无关组是一件很繁杂的事情，有了齐次线性方程组解的理论和矩阵的初等变换这一工具，就使得这一工作变得简单多了．下面的定理给出了用初等变换求向量组的极大线性无关组的方法．

定理 4 设矩阵 $A = (\boldsymbol{\alpha}_1,\ \boldsymbol{\alpha}_2,\ \cdots,\ \boldsymbol{\alpha}_n)$ 经过初等行变换化为矩阵 $B = (\boldsymbol{\beta}_1,\ \boldsymbol{\beta}_2,\ \cdots,\ \boldsymbol{\beta}_n)$，则向量组 $\boldsymbol{\alpha}_1,\ \boldsymbol{\alpha}_2,\ \cdots,\ \boldsymbol{\alpha}_n$ 与向量组 $\boldsymbol{\beta}_1,\ \boldsymbol{\beta}_2,\ \cdots,\ \boldsymbol{\beta}_n$ 有相同的线性关系．

证 由题设，齐次线性方程组 $x_1\boldsymbol{\alpha}_1 + x_2\boldsymbol{\alpha}_2 + \cdots + x_n\boldsymbol{\alpha}_n = \boldsymbol{0}$ 与齐次线性方程组 $y_1\boldsymbol{\beta}_1 + y_2\boldsymbol{\beta}_2 + \cdots + y_n\boldsymbol{\beta}_n = \boldsymbol{0}$ 同解，所以向量组 $\boldsymbol{\alpha}_1,\ \boldsymbol{\alpha}_2,\ \cdots,\ \boldsymbol{\alpha}_n$ 与向量组 $\boldsymbol{\beta}_1,\ \boldsymbol{\beta}_2,\ \cdots,\ \boldsymbol{\beta}_n$ 有相同的线性关系．

例 4 设矩阵

$$A = \begin{pmatrix} 2 & -1 & -1 & 1 & 2 \\ 1 & 1 & -2 & 1 & 4 \\ 4 & -6 & 2 & -2 & 4 \\ 3 & 6 & -9 & 7 & 9 \end{pmatrix},$$

求矩阵 A 的列向量组的一个极大无关组，并把不属于极大无关组的列向量用极大无关组线性表示．

解　对 A 实施初等行变换化为行最简形矩阵，有

$$A \xrightarrow[\substack{r_4-3r_2 \\ r_1 \leftrightarrow r_2}]{\substack{r_1-2r_2 \\ r_3-4r_2}} \begin{pmatrix} 1 & 1 & -2 & 1 & 4 \\ 0 & -3 & 3 & -1 & -6 \\ 0 & -10 & 10 & -6 & -12 \\ 0 & 3 & -3 & 4 & -3 \end{pmatrix} \xrightarrow[\substack{r_2 \leftrightarrow r_3}]{r_3-3r_2} \begin{pmatrix} 1 & 1 & -2 & 1 & 4 \\ 0 & -1 & 1 & -3 & 6 \\ 0 & -3 & 3 & -1 & -6 \\ 0 & 3 & -3 & 4 & -3 \end{pmatrix}$$

$$\xrightarrow[\substack{r_4+3r_2 \\ -1 \times r_2}]{\substack{r_1+r_2 \\ r_3-3r_2}} \begin{pmatrix} 1 & 0 & -1 & -2 & 10 \\ 0 & 1 & -1 & 3 & -6 \\ 0 & 0 & 0 & 8 & -24 \\ 0 & 0 & 0 & -5 & 15 \end{pmatrix} \xrightarrow[\substack{r_4+\frac{5}{8}r_3 \\ \frac{1}{8}r_3}]{\substack{r_1+\frac{1}{4}r_3 \\ r_2-\frac{3}{8}r_3}} \begin{pmatrix} 1 & 0 & -1 & 0 & 4 \\ 0 & 1 & -1 & 0 & 3 \\ 0 & 0 & 0 & 1 & -3 \\ 0 & 0 & 0 & 0 & 0 \end{pmatrix} = B.$$

显然，矩阵 B 的第 1、2、4 列是 B 的列向量的一个极大无关组，故 A 的第 1、2、4 列 $\boldsymbol{\alpha}_1$，$\boldsymbol{\alpha}_2$，$\boldsymbol{\alpha}_4$ 是 A 的列向量的一个极大无关组，且由于

$$\boldsymbol{\beta}_3 = -\boldsymbol{\beta}_1 - \boldsymbol{\beta}_2, \quad \boldsymbol{\beta}_5 = 4\boldsymbol{\beta}_1 + 3\boldsymbol{\beta}_2 - 3\boldsymbol{\beta}_4,$$

所以有

$$\boldsymbol{\alpha}_3 = -\boldsymbol{\alpha}_1 - \boldsymbol{\alpha}_2, \quad \boldsymbol{\alpha}_5 = 4\boldsymbol{\alpha}_1 + 3\boldsymbol{\alpha}_2 - 3\boldsymbol{\alpha}_4.$$

例5　设 $\boldsymbol{\alpha}_1 = (2, 1, 4, 3)^T$，$\boldsymbol{\alpha}_2 = (-1, 1, -6, 6)^T$，$\boldsymbol{\alpha}_3 = (-1, -2, 2, -9)^T$，$\boldsymbol{\alpha}_4 = (1, 1, -2, 7)^T$，$\boldsymbol{\alpha}_5 = (2, 4, 4, 9)^T$，求该向量组的一个极大无关组，并把不属于极大无关组的向量用极大无关组线性表示．

解　令 $A = (\boldsymbol{\alpha}_1, \boldsymbol{\alpha}_2, \boldsymbol{\alpha}_3, \boldsymbol{\alpha}_4, \boldsymbol{\alpha}_5) = \begin{pmatrix} 2 & -1 & -1 & 1 & 2 \\ 1 & 1 & -2 & 1 & 4 \\ 4 & -6 & 2 & -2 & 4 \\ 3 & 6 & -9 & 7 & 9 \end{pmatrix},$

对 A 实施初等行变换化为行最简形矩阵，则由例 4 可知，$\boldsymbol{\alpha}_1$，$\boldsymbol{\alpha}_2$，$\boldsymbol{\alpha}_4$ 是该向量组的一个极大无关组，且有

$$\boldsymbol{\alpha}_3 = -\boldsymbol{\alpha}_1 - \boldsymbol{\alpha}_2, \quad \boldsymbol{\alpha}_5 = 4\boldsymbol{\alpha}_1 + 3\boldsymbol{\alpha}_2 - 3\boldsymbol{\alpha}_4.$$

§3　非齐次线性方程组

设有非齐次线性方程组

$$\begin{cases} a_{11}x_1 + a_{12}x_2 + \cdots + a_{1n}x_n = b_1, \\ a_{21}x_1 + a_{22}x_2 + \cdots + a_{2n}x_n = b_2, \\ \cdots\cdots\cdots\cdots\cdots\cdots\cdots\cdots\cdots\cdots \\ a_{m1}x_1 + a_{m2}x_2 + \cdots + a_{mn}x_n = b_m, \end{cases} \qquad (6)$$

这里 b_1, b_2, $\cdots$, b_m 不全为零.

方程组（6）的矩阵形式为

$$AX = \boldsymbol{\beta}, \qquad (7)$$

这里 $\quad A = \begin{pmatrix} a_{11} & a_{12} & \cdots & a_{1n} \\ a_{21} & a_{22} & \cdots & a_{2n} \\ \vdots & \vdots & & \vdots \\ a_{m1} & a_{m2} & \cdots & a_{mn} \end{pmatrix}$, $X = \begin{pmatrix} x_1 \\ x_2 \\ \vdots \\ x_n \end{pmatrix}$, $\boldsymbol{\beta} = \begin{pmatrix} b_1 \\ b_2 \\ \vdots \\ b_m \end{pmatrix}$.

下面讨论非齐次线性方程组的解的结构：

性质 2 设 $\boldsymbol{\xi}_1$，$\boldsymbol{\xi}_2$ 是方程组（7）的解，则 $\boldsymbol{\xi}_1 - \boldsymbol{\xi}_2$ 为对应的齐次线性方程组 $AX=0$ 的解.

证 $A(\boldsymbol{\xi}_1 - \boldsymbol{\xi}_2) = A\boldsymbol{\xi}_1 - A\boldsymbol{\xi}_2 = \boldsymbol{\beta} - \boldsymbol{\beta} = 0$，即 $\boldsymbol{\xi}_1 - \boldsymbol{\xi}_2$ 为 $AX=0$ 的解.

性质 3 设 $\boldsymbol{\eta}$ 是方程组（7）的解，$\boldsymbol{\xi}$ 为对应的齐次线性方程组 $AX=0$ 的解，则 $\boldsymbol{\xi} + \boldsymbol{\eta}$ 也是方程组（7）的解.

证 $A(\boldsymbol{\xi} + \boldsymbol{\eta}) = A\boldsymbol{\xi} + A\boldsymbol{\eta} = \boldsymbol{\beta} + 0 = \boldsymbol{\beta}$，即 $\boldsymbol{\xi} + \boldsymbol{\eta}$ 为 $AX=\boldsymbol{\beta}$ 的解.

由性质 3 可知，若求出方程组（7）的一个特解 $\boldsymbol{\eta}^*$，并求出它对应的齐次线性方程组的基础解系 $\boldsymbol{\xi}_1$，$\boldsymbol{\xi}_2$，$\cdots$，$\boldsymbol{\xi}_{n-r}$，则非齐次线性方程组的通解为

$$\boldsymbol{\eta} = \boldsymbol{\eta}^* + k_1\boldsymbol{\xi}_1 + k_2\boldsymbol{\xi}_2 + \cdots + k_{n-r}\boldsymbol{\xi}_{n-r}.$$

例 6 求解线性方程组：

$$\begin{cases} x_1 - x_2 - x_3 + x_4 = 0, \\ x_1 - x_2 + x_3 - 3x_4 = 1, \\ x_1 - x_2 - 2x_3 + 3x_4 = -\dfrac{1}{2}. \end{cases}$$

解 $\bar{A} = \begin{pmatrix} 1 & -1 & -1 & 1 & 0 \\ 1 & -1 & 1 & -3 & 1 \\ 1 & -1 & -2 & 3 & -\dfrac{1}{2} \end{pmatrix} \xrightarrow[r_3-r_1]{r_2-r_1} \begin{pmatrix} 1 & -1 & -1 & 1 & 0 \\ 0 & 0 & 2 & -4 & 1 \\ 0 & 0 & -1 & 2 & -\dfrac{1}{2} \end{pmatrix}$

$$\xrightarrow[\substack{\frac{1}{2}r_2 \\ r_3+r_2}]{r_1-r_3} \begin{pmatrix} 1 & -1 & 0 & -1 & \dfrac{1}{2} \\ 0 & 0 & 1 & -2 & \dfrac{1}{2} \\ 0 & 0 & 0 & 0 & 0 \end{pmatrix},$$

所以有：$R(\mathbf{A}) = R(\overline{\mathbf{A}}) = 2$，且

$$\begin{cases} x_1 = x_2 + x_4 + \dfrac{1}{2}, \\ x_3 = 2x_4 + \dfrac{1}{2} \end{cases} \quad (x_2, \ x_4 \ 为自由未知量).$$

取 $(x_3, \ x_4)^{\mathrm{T}}$ 为 $(0, \ 0)^{\mathrm{T}}$，得方程组的一个特解：

$$\boldsymbol{\eta}^* = \left(\frac{1}{2}, \ 0, \ \frac{1}{2}, \ 0 \right)^{\mathrm{T}},$$

并易求得所对应的齐次方程组的基础解系为

$$\boldsymbol{\xi}_1 = (1, \ 1, \ 0, \ 0)^{\mathrm{T}}, \ \boldsymbol{\xi}_2 = (1, \ 0, \ 2, \ 1)^{\mathrm{T}},$$

所以所求方程组的通解为

$$\boldsymbol{\eta} = \boldsymbol{\eta}^* + k_1 \boldsymbol{\xi}_1 + k_2 \boldsymbol{\xi}_2 (k_1, \ k_2 \in \mathbf{R}).$$

例 7 求解线性方程组

$$\begin{cases} x_1 + x_2 - 3x_3 - x_4 = 1, \\ 3x_1 - x_2 - 3x_3 + 4x_4 = 4, \\ x_1 + 5x_2 - 9x_3 - 8x_4 = 0. \end{cases}$$

解 $\overline{\mathbf{A}} = \begin{bmatrix} 1 & 1 & -3 & -1 & 1 \\ 3 & -1 & -3 & 4 & 4 \\ 1 & 5 & -9 & -8 & 0 \end{bmatrix} \xrightarrow[r_3 - r_1]{r_2 - 3r_1} \begin{bmatrix} 1 & 1 & -3 & -1 & 1 \\ 0 & -4 & 6 & 7 & 1 \\ 0 & 4 & -6 & -7 & -1 \end{bmatrix}$

$\xrightarrow[-\frac{1}{4}r_2]{r_3 + r_2} \begin{bmatrix} 1 & 1 & -3 & -1 & 1 \\ 0 & 1 & -\dfrac{3}{2} & -\dfrac{7}{4} & -\dfrac{1}{4} \\ 0 & 0 & 0 & 0 & 0 \end{bmatrix} \xrightarrow{r_1 - r_2} \begin{bmatrix} 1 & 0 & -\dfrac{3}{2} & \dfrac{3}{4} & \dfrac{5}{4} \\ 0 & 1 & -\dfrac{3}{2} & -\dfrac{7}{4} & -\dfrac{1}{4} \\ 0 & 0 & 0 & 0 & 0 \end{bmatrix},$

所以 $\begin{cases} x_1 = \dfrac{3}{2}x_3 - \dfrac{3}{4}x_4 + \dfrac{5}{4}, \\ x_2 = \dfrac{3}{2}x_3 + \dfrac{7}{4}x_4 - \dfrac{1}{4} \end{cases} \quad (x_3, \ x_4 \ 为自由未知量).$

取 $(x_3, \ x_4)$ 为 $(0, \ 0)$，得方程组的一个特解：

$$\boldsymbol{\eta}^* = \left(\frac{5}{4}, \ -\frac{1}{4}, \ 0, \ 0 \right)^{\mathrm{T}},$$

并求得所对应的齐次方程组的基础解系为

$$\boldsymbol{\xi}_1 = (3, \ 3, \ 2, \ 0)^{\mathrm{T}}, \ \boldsymbol{\xi}_2 = (-3, \ 7, \ 0, \ 4)^{\mathrm{T}},$$

所以所求方程组的通解为

$$\boldsymbol{\eta} = \boldsymbol{\eta}^* + k_1 \boldsymbol{\xi}_1 + k_2 \boldsymbol{\xi}_2 (k_1, k_2 \in \mathbf{R}).$$

例 8 λ 为何值时，齐次线性方程组

$$\begin{cases} (\lambda-3)x_1 - x_2 = 0, \\ 4x_1 + (\lambda+1)x_2 = 0, \\ -4x_1 + 8x_2 + (\lambda+2)x_3 = 0 \end{cases}$$

有非零解?

解 由题意知，该齐次线性方程组有非零解当且仅当系数行列式:

$$|\boldsymbol{A}| = \begin{vmatrix} \lambda-3 & -1 & 0 \\ 4 & \lambda+1 & 0 \\ -4 & 8 & \lambda+2 \end{vmatrix} = 0,$$

即 $(\lambda-1)^2(\lambda+2)=0$，所以当 $\lambda=1$ 或 $\lambda=-2$ 时，方程组有非零解.

例 9 设四元非齐次线性方程组的系数矩阵的秩为 3，$\boldsymbol{\alpha}_1$，$\boldsymbol{\alpha}_2$，$\boldsymbol{\alpha}_3$ 是它的

3 个解向量，且 $\boldsymbol{\alpha}_1 + 2\boldsymbol{\alpha}_2 = \begin{pmatrix} 1 \\ 0 \\ 3 \\ 1 \end{pmatrix}$，$\boldsymbol{\alpha}_3 = \begin{pmatrix} 2 \\ 1 \\ 3 \\ 0 \end{pmatrix}$，求该方程组的通解.

解 因为该四元非齐次线性方程组的系数矩阵的秩为 3，所以它所对应的齐次线性方程组的基础解系含有一个解向量. 又因为 $\boldsymbol{\alpha}_1$，$\boldsymbol{\alpha}_2$，$\boldsymbol{\alpha}_3$ 是方程组的 3 个解向量，所以 $\boldsymbol{\alpha}_3 - \boldsymbol{\alpha}_1$ 和 $\boldsymbol{\alpha}_3 - \boldsymbol{\alpha}_2$ 都是它所对应的齐次线性方程组的解向量，所以

$$(\boldsymbol{\alpha}_3 - \boldsymbol{\alpha}_1) + 2(\boldsymbol{\alpha}_3 - \boldsymbol{\alpha}_2) = 3\boldsymbol{\alpha}_3 - (\boldsymbol{\alpha}_1 + 2\boldsymbol{\alpha}_2) = 3\begin{pmatrix} 2 \\ 1 \\ 3 \\ 0 \end{pmatrix} - \begin{pmatrix} 1 \\ 0 \\ 3 \\ 1 \end{pmatrix} = \begin{pmatrix} 5 \\ 3 \\ 6 \\ -1 \end{pmatrix} = \boldsymbol{\eta}_0$$

是它所对应的齐次线性方程组的非零解向量，从而是一个基础解系，因此，该方程组的通解为

$$\boldsymbol{\eta} = \boldsymbol{\alpha}_3 + k\boldsymbol{\eta}_0 (k \text{ 为任意常数}).$$

习 题 四

1. 求下列齐次线性方程组的一个基础解系:

(1) $\begin{cases} x_1 + x_2 + 2x_3 - x_4 = 0, \\ 2x_1 + x_2 + x_3 - x_4 = 0, \\ 2x_1 + 2x_2 + x_3 + 2x_4 = 0; \end{cases}$ (2) $\begin{cases} x_1 + 2x_2 + x_3 - x_4 = 0, \\ 3x_1 + 6x_2 - x_3 - 3x_4 = 0, \\ 5x_1 + 10x_2 + x_3 - 5x_4 = 0; \end{cases}$

$$(3) \begin{cases} 2x_1+3x_2-x_3+5x_4=0, \\ 3x_1+x_2+2x_3-7x_4=0, \\ 4x_1+x_2-3x_3+6x_4=0, \\ x_1-2x_2+4x_3-7x_4=0; \end{cases} \qquad (4) \begin{cases} 3x_1+4x_2-5x_3+7x_4=0, \\ 2x_1-3x_2+3x_3-2x_4=0, \\ 4x_1+11x_2-13x_3+16x_4=0, \\ 7x_1-2x_2+x_3+3x_4=0. \end{cases}$$

2. 求解下列非齐次线性方程组：

$$(1) \begin{cases} 4x_1+2x_2-x_3=2, \\ 3x_1-x_2+2x_3=10, \\ 11x_1+3x_2=8; \end{cases} \qquad (2) \begin{cases} 2x+y-z+w=1, \\ 4x+2y-2z+w=2, \\ 2x+2y-z=1; \end{cases}$$

$$(3) \begin{cases} 2x+y-z+w=1, \\ 3x-2y+z-3w=4, \\ x+4y-3z+5w=-2; \end{cases} \qquad (4) \begin{cases} 2x+3y+z=4, \\ x-2y+4z=-5, \\ 3x+8y-2z=13, \\ 4x-y+9z=-6. \end{cases}$$

3. λ 取何值时，非齐次线性方程组

$$\begin{cases} \lambda x_1+x_2+x_3=1, \\ x_1+\lambda x_2+x_3=\lambda, \\ x_1+x_2+\lambda x_3=\lambda^2 \end{cases}$$

（1）有唯一解；（2）无解；（3）有无穷多解？并在有解时求解．

4. 设四元非齐次线性方程组的系数矩阵的秩为3，已知 $\boldsymbol{\eta}_1$，$\boldsymbol{\eta}_2$，$\boldsymbol{\eta}_3$ 是它的三个解向量，且

$$\boldsymbol{\eta}_1 = \begin{pmatrix} 2 \\ 3 \\ 4 \\ 5 \end{pmatrix}, \quad \boldsymbol{\eta}_2+\boldsymbol{\eta}_3 = \begin{pmatrix} 1 \\ 2 \\ 3 \\ 4 \end{pmatrix},$$

求该方程组的通解．

5. 非齐次线性方程组

$$\begin{cases} -2x_1+x_2+x_3=-2, \\ x_1-2x_2+x_3=\lambda, \\ x_1+x_2-2x_3=\lambda^2, \end{cases}$$

当 λ 取何值时有解？并求出它的全部解．

6. 利用初等行变换求下列矩阵的列向量组的一个极大无关组：

$$(1) \begin{pmatrix} 1 & 1 & 2 & 2 & 1 \\ 0 & 2 & 1 & 5 & -1 \\ 2 & 0 & 3 & -1 & 3 \\ 1 & 1 & 0 & 4 & -1 \end{pmatrix}; \qquad (2) \begin{pmatrix} 2 & 1 & 5 & 3 & 7 \\ 2 & -3 & -7 & 7 & -5 \\ 3 & -2 & -3 & 8 & 0 \\ 1 & 0 & 1 & 2 & 0 \end{pmatrix}.$$

7. 用初等变换求下列向量组的秩及一个极大线性无关组，并用极大线性

无关组线性表示组中其他向量：

(1) $\pmb{\alpha}_1^T = (3, 4, -1, 2)$, $\pmb{\alpha}_2^T = (5, 2, -3, 1)$, $\pmb{\alpha}_3^T = (4, 1, -2, 3)$, $\pmb{\alpha}_4^T = (1, 1, -1, -2)$;

(2) $\pmb{\alpha}_1^T = (3, -4, 1, 2)$, $\pmb{\alpha}_2^T = (1, 2, 3, -4)$, $\pmb{\alpha}_3^T = (2, 3, -4, 1)$, $\pmb{\alpha}_4^T = (2, -5, 8, -3)$, $\pmb{\alpha}_5^T = (5, 26, -9, -12)$.

8. 设 $\pmb{\eta}^*$ 是非齐次线性方程组 $\pmb{AX} = \pmb{\beta}$ 的一个解，$\pmb{\xi}_1, \cdots, \pmb{\xi}_{n-r}$ 是对应的齐次线性方程组的一个基础解系，证明：

(1) $\pmb{\eta}^*, \pmb{\xi}_1, \cdots, \pmb{\xi}_{n-r}$ 线性无关.

(2) $\pmb{\eta}^*, \pmb{\eta}^* + \pmb{\xi}_1, \cdots, \pmb{\eta}^* + \pmb{\xi}_{n-r}$ 线性无关.

9. 设 $\pmb{\eta}_1, \cdots, \pmb{\eta}_s$ 是非齐次线性方程组 $\pmb{AX} = \pmb{\beta}$ 的 s 个解，$k_1, \cdots, k_s$ 为实数且满足 $k_1 + \cdots + k_s = 1$，证明：$\pmb{\eta} = k_1 \pmb{\eta}_1 + \cdots + k_s \pmb{\eta}_s$ 也是它的解.

10. 设非齐次线性方程组 $\pmb{AX} = \pmb{\beta}$ 的系数矩阵的秩为 r，$\pmb{\eta}_1, \cdots, \pmb{\eta}_{n-r+1}$ 是它的 $n-r+1$ 个线性无关的解，试证它的任一解可表示为 $\pmb{\eta} = k_1 \pmb{\eta}_1 + \cdots + k_{n-r+1} \pmb{\eta}_{n-r+1}$（其中 $k_1 + \cdots + k_{n-r+1} = 1$）.

11. 问 a, b 取何值时，下面的线性方程组有唯一解、无穷多解或无解？

$$\begin{cases} ax_1 + x_2 + x_3 = 4, \\ x_1 + bx_2 + x_3 = 3, \\ x_1 + 2bx_2 + x_3 = 4. \end{cases}$$

12. 解下列线性方程组：

$$\begin{cases} 3ax_1 + (2a+1)x_2 + (a+1)x_3 = a, \\ (2a-1)x_1 + (2a-1)x_2 + (a-2)x_3 = a+1, \\ (4a-1)x_1 + 3ax_2 + 2ax_3 = 1. \end{cases}$$

13. 设 $\pmb{A}$ 为 n 阶实矩阵，$\pmb{A}^T$ 是 $\pmb{A}$ 的转置矩阵，则对于线性方程组：$\pmb{AX} = \pmb{0}$（Ⅰ）和 $\pmb{A}^T\pmb{AX} = \pmb{0}$（Ⅱ），必有（　　）.

A. （Ⅱ）的解是（Ⅰ）的解，（Ⅰ）的解也是（Ⅱ）的解；

B. （Ⅱ）的解是（Ⅰ）的解，（Ⅰ）的解不是（Ⅱ）的解；

C. （Ⅱ）的解不是（Ⅰ）的解，（Ⅰ）的解也不是（Ⅱ）的解；

D. （Ⅰ）的解是（Ⅱ）的解，（Ⅱ）的解不是（Ⅰ）的解.

14. 设 $\pmb{A}$ 为 n 阶矩阵，$\pmb{\alpha}$ 是 n 维列向量，若 $R\begin{pmatrix} \pmb{A} & \pmb{\alpha} \\ \pmb{\alpha}^T & \pmb{O} \end{pmatrix} = R(\pmb{A})$，则（　　）.

A. 线性方程组 $\pmb{AX} = \pmb{\alpha}$ 必有无穷多解；

B. 线性方程组 $\pmb{AX} = \pmb{\alpha}$ 必有唯一解；

C. 齐次线性方程组 $\begin{pmatrix} \pmb{A} & \pmb{\alpha} \\ \pmb{\alpha}^T & \pmb{O} \end{pmatrix} \begin{pmatrix} x \\ y \end{pmatrix} = \pmb{0}$ 仅有唯一零解；

D. 齐次线性方程组 $\begin{bmatrix} \boldsymbol{A} & \boldsymbol{\alpha} \\ \boldsymbol{\alpha}^{\mathrm{T}} & \boldsymbol{O} \end{bmatrix} \begin{bmatrix} x \\ y \end{bmatrix} = \boldsymbol{0}$ 必有非零解.

15. 设 $\boldsymbol{A}$ 为 $m \times n$ 矩阵，$\boldsymbol{B}$ 为 $n \times m$ 矩阵，则线性方程组 $(\boldsymbol{AB})\boldsymbol{X} = \boldsymbol{0}$（　　）.

A. 当 $n > m$ 时仅有零解；　　　　B. 当 $n > m$ 时必有非零解；

C. 当 $m > n$ 时仅有零解；　　　　D. 当 $m > n$ 时必有非零解.

阅读材料4：

无解线性方程组的最小二乘解

当线性方程组

$$\begin{cases} a_{11}x_1 + a_{12}x_2 + \cdots + a_{1n}x_n = b_1, \\ a_{21}x_1 + a_{22}x_2 + \cdots + a_{2n}x_n = b_2, \\ \cdots\cdots\cdots\cdots\cdots\cdots\cdots\cdots\cdots \\ a_{m1}x_1 + a_{m2}x_2 + \cdots + a_{mn}x_n = b_m \end{cases} \tag{1}$$

无解时，即对任意一组数 x_1，x_2，$\cdots$，x_n，

$$\begin{cases} a_{11}x_1 + a_{12}x_2 + \cdots + a_{1n}x_n - b_1 = 0, \\ a_{21}x_1 + a_{22}x_2 + \cdots + a_{2n}x_n - b_2 = 0, \\ \cdots\cdots\cdots\cdots\cdots\cdots\cdots\cdots\cdots \\ a_{m1}x_1 + a_{m2}x_2 + \cdots + a_{mn}x_n - b_m = 0 \end{cases} \tag{1'}$$

不同时成立.

求方程组(1)的近似解，就是求一组数 x_1，x_2，$\cdots$，x_n 使方程组(1')中左边每个式子尽量接近零. 所谓方程组(1)的最小二乘解，就是求一组数 x_1，x_2，$\cdots$，x_n 使得

$$\sum_{i=1}^{m}(a_{i1}x_1 + a_{i2}x_2 + \cdots + a_{in}x_n - b_i)^2 \tag{2}$$

最小. 下面我们给出最小二乘解的具体求法. 令

$$\boldsymbol{A} = \begin{bmatrix} a_{11} & a_{12} & \cdots & a_{1n} \\ a_{21} & a_{22} & \cdots & a_{2n} \\ \vdots & \vdots & & \vdots \\ a_{m1} & a_{m2} & \cdots & a_{mn} \end{bmatrix}, \ \boldsymbol{X} = \begin{bmatrix} x_1 \\ x_2 \\ \vdots \\ x_n \end{bmatrix}, \ \boldsymbol{B} = \begin{bmatrix} b_1 \\ b_2 \\ \vdots \\ b_m \end{bmatrix}, \ \boldsymbol{Y} = \begin{bmatrix} \sum\limits_{j=1}^{n} a_{1j}x_j \\ \sum\limits_{j=1}^{n} a_{2j}x_j \\ \vdots \\ \sum\limits_{j=1}^{n} a_{mj}x_j \end{bmatrix} = \boldsymbol{AX}.$$

设 A 的列向量分别为 $\boldsymbol{\alpha}_1$, $\boldsymbol{\alpha}_2$, $\cdots$, $\boldsymbol{\alpha}_n$, 即 $A=(\boldsymbol{\alpha}_1, \boldsymbol{\alpha}_2, \cdots, \boldsymbol{\alpha}_n)$, 则

$$Y = AX = (\boldsymbol{\alpha}_1, \boldsymbol{\alpha}_2, \cdots, \boldsymbol{\alpha}_n)\begin{pmatrix} x_1 \\ x_2 \\ \vdots \\ x_n \end{pmatrix} = x_1\boldsymbol{\alpha}_1 + x_2\boldsymbol{\alpha}_2 + \cdots + x_n\boldsymbol{\alpha}_n,$$

这表明, Y 是 $\boldsymbol{\alpha}_1$, $\boldsymbol{\alpha}_2$, $\cdots$, $\boldsymbol{\alpha}_n$ 生成的子空间 $L(\boldsymbol{\alpha}_1, \boldsymbol{\alpha}_2, \cdots, \boldsymbol{\alpha}_n)$ 中的向量, (2)式就是向量 $Y-B$ 长度的平方, 即

$$\sum_{i=1}^{m}(a_{i1}x_1 + a_{i2}x_2 + \cdots + a_{in}x_n - b_i)^2 = |Y-B|^2.$$

因此, 求方程组(1)的最小二乘解 X, 就是在 $L(\boldsymbol{\alpha}_1, \boldsymbol{\alpha}_2, \cdots, \boldsymbol{\alpha}_n)$ 中求一向量 $Y=AX$, 使得向量 B 到 Y 的距离比到 $L(\boldsymbol{\alpha}_1, \boldsymbol{\alpha}_2, \cdots, \boldsymbol{\alpha}_n)$ 中任意向量的距离都短, 即向量 $Y-B$ 垂直于子空间 $L(\boldsymbol{\alpha}_1, \boldsymbol{\alpha}_2, \cdots, \boldsymbol{\alpha}_n)$, 所以 $Y-B$ 必须与 $L(\boldsymbol{\alpha}_1, \boldsymbol{\alpha}_2, \cdots, \boldsymbol{\alpha}_n)$ 的每个生成元 $\boldsymbol{\alpha}_1$, $\boldsymbol{\alpha}_2$, $\cdots$, $\boldsymbol{\alpha}_n$ 都正交, 即与 A 的每个列向量都正交, 从而与 A 正交. 于是有: $A^{\mathrm{T}}(Y-B)=0$, 即 $A^{\mathrm{T}}(AX-B)=0$, 或者表示为: $A^{\mathrm{T}}AX=A^{\mathrm{T}}B$.

这就是方程组(1)的最小二乘解所满足的线性方程组, 它的系数矩阵是 $A^{\mathrm{T}}A$, 常数项是 $A^{\mathrm{T}}B$. 可以证明该线性方程组必定有解.

例1 求下面的线性方程组的最小二乘解:

$$\begin{cases} x_1 + x_2 + x_3 = 1, \\ 2x_1 + x_3 = 0, \\ x_1 - x_2 = 1. \end{cases}$$

解 因为

$$A = \begin{pmatrix} 1 & 1 & 1 \\ 2 & 0 & 1 \\ 1 & -1 & 0 \end{pmatrix}, B = \begin{pmatrix} 1 \\ 0 \\ 1 \end{pmatrix},$$

所以

$$A^{\mathrm{T}}A = \begin{pmatrix} 6 & 0 & 3 \\ 0 & 2 & 1 \\ 3 & 1 & 2 \end{pmatrix}, A^{\mathrm{T}}B = \begin{pmatrix} 2 \\ 0 \\ 1 \end{pmatrix}.$$

求解线性方程组 $A^{\mathrm{T}}AX=A^{\mathrm{T}}B$, 将增广矩阵进行初等行变换:

$$\begin{pmatrix} 6 & 0 & 3 & 2 \\ 0 & 2 & 1 & 0 \\ 3 & 1 & 2 & 1 \end{pmatrix} \rightarrow \begin{pmatrix} 3 & 1 & 2 & 1 \\ 0 & 2 & 1 & 0 \\ 0 & -2 & -1 & 0 \end{pmatrix} \rightarrow \begin{pmatrix} 3 & -3 & 0 & 1 \\ 0 & 2 & 1 & 0 \\ 0 & 0 & 0 & 0 \end{pmatrix},$$

所以其一般解为

$$\begin{cases} x_1 = \dfrac{1}{3} + x_2, \\ x_3 = -2x_2. \end{cases}$$

如取 $x_2 = 1$，得一组具体的最小二乘解：$\left(\dfrac{4}{3},\ 1,\ -2\right)^{\mathrm{T}}$.

例 2 已知某产品在生产过程中的废品率 y 与其中的某种原材料所占百分比 x 有关，下表给出了 7 次实验结果：

$y(\%)$	1.00	0.9	0.9	0.81	0.60	0.56	0.35
$x(\%)$	3.6	3.7	3.8	3.9	4.0	4.1	4.2

试通过这些数据确定 y 与 x 的一个近似函数关系式.

解 表中的数据所对应平面上的点近似的在一条直线上，因此我们有理由决定取 x 的线性函数 $y = ax + b$ 来表达. 就是说，要选择适当的 a、b，尽量满足以下各式：

$$3.6a + b = 1.00,$$
$$3.7a + b = 0.9,$$
$$3.8a + b = 0.9,$$
$$3.9a + b = 0.81,$$
$$4.0a + b = 0.60,$$
$$4.1a + b = 0.56,$$
$$4.2a + b = 0.35,$$

这就是一个求关于 a，b 的线性方程组的最小二乘解的问题.

因为 $\boldsymbol{A} = \begin{pmatrix} 3.6 & 1 \\ 3.7 & 1 \\ 3.8 & 1 \\ 3.9 & 1 \\ 4.0 & 1 \\ 4.1 & 1 \\ 4.2 & 1 \end{pmatrix}$, $\boldsymbol{B} = \begin{pmatrix} 1.00 \\ 0.90 \\ 0.90 \\ 0.81 \\ 0.60 \\ 0.56 \\ 0.35 \end{pmatrix}$, $\boldsymbol{A}^{\mathrm{T}}\boldsymbol{A} = \begin{pmatrix} 106.75 & 27.3 \\ 27.3 & 7 \end{pmatrix}$, $\boldsymbol{A}^{\mathrm{T}}\boldsymbol{B} = \begin{pmatrix} 19.675 \\ 5.12 \end{pmatrix}$,

所以解线性方程组

$$\boldsymbol{A}^{\mathrm{T}}\boldsymbol{A} \begin{bmatrix} a \\ b \end{bmatrix} = \boldsymbol{A}^{\mathrm{T}}\boldsymbol{B},$$

得 $\begin{cases} a=-1.05, \\ b=4.81 \end{cases}$（取三位有效数字），

从而得 x 与 y 的近似线性关系为

$$y=-1.05x+4.81.$$

第五章　方阵的特征值和特征向量

特征值和特征向量是线性代数中的两个重要概念，它不仅在理论上很重要，而且也可直接用来解决实际问题，如工程技术中的振动问题和稳定性问题，都往往归结为求一个方阵的特征值和特征向量的问题．

§1　定义与求法

一、定义和基本性质

定义 1　设 A 是 n 阶方阵，如果数 λ 和 n 维非零向量 $\boldsymbol{\alpha}$ 使关系式

$$A\boldsymbol{\alpha} = \lambda\boldsymbol{\alpha} \tag{1}$$

成立，那么，这样的数 λ 称为方阵 A 的特征值，非零向量 $\boldsymbol{\alpha}$ 称为 A 的对应于特征值 λ 的特征向量．特征值也叫特征根．

首先学习特征值与特征向量的基本性质：

性质 1　若 $\boldsymbol{\xi}$ 是方阵 A 的对应于特征值 λ 的特征向量，则 $k\boldsymbol{\xi}$ $(k\neq 0)$ 也是 A 的对应于特征值 λ 的特征向量．

证　由于 $\boldsymbol{\xi}\neq\boldsymbol{0}$，$k\neq 0$，故 $k\boldsymbol{\xi}\neq\boldsymbol{0}$，且因为 $A\boldsymbol{\xi}=\lambda\boldsymbol{\xi}$，所以有

$$A(k\boldsymbol{\xi}) = k(A\boldsymbol{\xi}) = k(\lambda\boldsymbol{\xi}) = \lambda(k\boldsymbol{\xi}).$$

性质 2　矩阵 A 的任一特征向量所对应的特征值是唯一的．

证　设 $\boldsymbol{\xi}\neq\boldsymbol{0}$，满足 $A\boldsymbol{\xi}=\lambda_1\boldsymbol{\xi}$，$A\boldsymbol{\xi}=\lambda_2\boldsymbol{\xi}$，两式相减得

$$\lambda_1\boldsymbol{\xi}-\lambda_2\boldsymbol{\xi}=\boldsymbol{0}\Rightarrow\left.\begin{array}{l}(\lambda_1-\lambda_2)\boldsymbol{\xi}=\boldsymbol{0}\\ \boldsymbol{\xi}\neq\boldsymbol{0}\end{array}\right\}\Rightarrow\lambda_1-\lambda_2=0\Rightarrow\lambda_1=\lambda_2.$$

性质 3　设 n 阶方阵 A 的全部特征值是 λ_1，λ_2，$\cdots$，λ_n，则

(1) $\lambda_1+\lambda_2+\cdots+\lambda_n = a_{11}+a_{22}+\cdots+a_{nn} = \sum\limits_{i=1}^{n} a_{ii}$；

(2) $\lambda_1\lambda_2\cdots\lambda_n = |A|$．

证明略．

性质 4　若 λ 是 A 的特征值，则 $-\lambda$ 是 $-A$ 的特征值．

证　由 $A\boldsymbol{\xi}=\lambda\boldsymbol{\xi}$，可推出 $(-A)\boldsymbol{\xi}=(-\lambda)\boldsymbol{\xi}$．

性质 5 若 λ 是 $\boldsymbol{A}$ 的特征值，则 λ^2 是 $\boldsymbol{A}^2$ 的特征值.

证 由 $\boldsymbol{A}\boldsymbol{\xi}=\lambda\boldsymbol{\xi}$，可得 $\boldsymbol{A}^2\boldsymbol{\xi}=\boldsymbol{A}(\lambda\boldsymbol{\xi})=\lambda(\boldsymbol{A}\boldsymbol{\xi})=\lambda^2\boldsymbol{\xi}$.

性质 6 设 $\boldsymbol{\xi}_1,\boldsymbol{\xi}_2,\cdots,\boldsymbol{\xi}_m$ 是矩阵 $\boldsymbol{A}$ 的 m 个特征向量，它们对应的特征值依次是 $\lambda_1,\lambda_2,\cdots,\lambda_m$，若 $\lambda_1,\lambda_2,\cdots,\lambda_m$ 两两互异，则 $\boldsymbol{\xi}_1,\boldsymbol{\xi}_2,\cdots,\boldsymbol{\xi}_m$ 线性无关.

证 仅证明 $m=2$ 的情形.

设
$$x_1\boldsymbol{\xi}_1+x_2\boldsymbol{\xi}_2=\boldsymbol{0}, \tag{2}$$
两边左乘 $\boldsymbol{A}$ 得到 $\boldsymbol{A}x_1\boldsymbol{\xi}_1+\boldsymbol{A}x_2\boldsymbol{\xi}_2=\boldsymbol{0}$，而 $\boldsymbol{A}\boldsymbol{\xi}_1=\lambda_1\boldsymbol{\xi}_1$，$\boldsymbol{A}\boldsymbol{\xi}_2=\lambda_2\boldsymbol{\xi}_2$，所以又有
$$\lambda_1x_1\boldsymbol{\xi}_1+\lambda_2x_2\boldsymbol{\xi}_2=\boldsymbol{0}. \tag{3}$$
$(3)-\lambda_2(2)$，得
$$(\lambda_1-\lambda_2)x_1\boldsymbol{\xi}_1=\boldsymbol{0},$$
因为 $\lambda_1-\lambda_2\neq0$，$\boldsymbol{\xi}_1\neq\boldsymbol{0}$. 所以 $x_1=0$. 再代入（2）式，得 $x_2\boldsymbol{\xi}_2=\boldsymbol{0}$，而 $\boldsymbol{\xi}_2\neq\boldsymbol{0}$，所以又有 $x_2=0$，从而 $\boldsymbol{\xi}_1,\boldsymbol{\xi}_2$ 线性无关.

二、特征值和特征向量的求法

（1）式也可写成
$$(\boldsymbol{A}-\lambda\boldsymbol{E})\boldsymbol{X}=\boldsymbol{0}, \tag{4}$$
这是 n 个未知数、n 个方程的齐次线性方程组，它有非零解的充分必要条件是系数行列式
$$|\boldsymbol{A}-\lambda\boldsymbol{E}|=0, \tag{5}$$
即
$$\begin{vmatrix} a_{11}-\lambda & a_{12} & \cdots & a_{1n} \\ a_{21} & a_{22}-\lambda & \cdots & a_{2n} \\ \vdots & \vdots & & \vdots \\ a_{n1} & a_{n2} & \cdots & a_{nn}-\lambda \end{vmatrix}=0,$$
上式是以 λ 为未知数的一元 n 次方程，称为方阵 $\boldsymbol{A}$ 的**特征方程**. 其左端 $|\boldsymbol{A}-\lambda\boldsymbol{E}|$ 是 λ 的 n 次多项式，记作 $f_A(\lambda)$，称为方阵 $\boldsymbol{A}$ 的**特征多项式**.

由上述讨论可知，求方阵 $\boldsymbol{A}$ 的特征值即是求特征多项式 $|\boldsymbol{A}-\lambda\boldsymbol{E}|$ 的根，也就是求特征方程 $|\boldsymbol{A}-\lambda\boldsymbol{E}|=0$ 的解；求方阵 $\boldsymbol{A}$ 的对应于 λ_0 的特征向量，就是求齐次线性方程组 $(\boldsymbol{A}-\lambda\boldsymbol{E})\boldsymbol{X}=\boldsymbol{0}$ 的非零解.

由上述分析，又得到特征值的如下性质：

性质 7 零是方阵 $\boldsymbol{A}$ 的特征值的充分必要条件是 $|\boldsymbol{A}|=0$.

证 $|\boldsymbol{A}|=0\Leftrightarrow\lambda=0$ 是特征方程 $|\boldsymbol{A}-\lambda\boldsymbol{E}|=0$ 的根.

性质 8　若 λ 是可逆矩阵 A 的特征值，则 $\dfrac{1}{\lambda}$ 是 A^{-1} 的特征值.

证　由性质 7 可知 A 可逆时 $\lambda \neq 0$，故由 $A\boldsymbol{\xi} = \lambda\boldsymbol{\xi}$ 可得

$$A^{-1}(A\boldsymbol{\xi}) = A^{-1}(\lambda\boldsymbol{\xi}), \quad \boldsymbol{\xi} = \lambda A^{-1}\boldsymbol{\xi}, \quad A^{-1}\boldsymbol{\xi} = \frac{1}{\lambda}\boldsymbol{\xi}.$$

性质 9　对角矩阵

$$\boldsymbol{D} = \begin{bmatrix} a_1 & & & \\ & a_2 & & \\ & & \ddots & \\ & & & a_n \end{bmatrix}$$

的全部特征值是 $a_1, a_2, \cdots, a_n$.

证　D 的特征方程

$$|\boldsymbol{D} - \lambda\boldsymbol{E}| = \begin{vmatrix} a_1 - \lambda & & & \\ & a_2 - \lambda & & \\ & & \ddots & \\ & & & a_n - \lambda \end{vmatrix}$$

$$= (a_1 - \lambda)(a_2 - \lambda)\cdots(a_n - \lambda) = 0,$$

解得 $\lambda_1 = a_1, \lambda_2 = a_2, \cdots, \lambda_n = a_n$.

若 λ_i 是 A 的一个特征值，则由

$$(\boldsymbol{A} - \lambda_i\boldsymbol{E})\boldsymbol{X} = \boldsymbol{0},$$

可求得非零解 $\boldsymbol{X} = \boldsymbol{\xi}_i$，那么 $\boldsymbol{\xi}_i$ 便是 A 的对应于特征值 λ_i 的特征向量. 若 λ_i 为实数，则 $\boldsymbol{\xi}_i$ 便是实向量，若 λ_i 是复数，则 $\boldsymbol{\xi}_i$ 为复向量.

例 1　求 $A = \begin{bmatrix} 3 & -1 \\ -1 & 3 \end{bmatrix}$ 的特征值与特征向量.

解　A 的特征方程为 $|A - \lambda E| = 0$，即

$$\begin{vmatrix} 3 - \lambda & -1 \\ -1 & 3 - \lambda \end{vmatrix} = (3 - \lambda)^2 - 1 = (4 - \lambda)(2 - \lambda) = 0,$$

所以 A 的特征值为 $\lambda_1 = 2, \lambda_2 = 4$.

当 $\lambda_1 = 2$ 时，解方程组 $(A - 2E)X = 0$，由

$$A - 2E = \begin{bmatrix} 1 & -1 \\ -1 & 1 \end{bmatrix} \xrightarrow{r_2 + r_1} \begin{bmatrix} 1 & -1 \\ 0 & 0 \end{bmatrix},$$

得基础解系为 $\boldsymbol{\xi}_1 = \begin{bmatrix} 1 \\ 1 \end{bmatrix}$，则 $k_1\boldsymbol{\xi}_1 (k_1 \neq 0)$ 是对应于 $\lambda_1 = 2$ 的全部特征向量.

当 $\lambda_2 = 4$ 时，解方程组 $(A - 4E)X = 0$，由

$$A-4E=\begin{pmatrix}-1 & -1\\ -1 & -1\end{pmatrix}\xrightarrow{r_2+r_1}\begin{pmatrix}-1 & -1\\ 0 & 0\end{pmatrix},$$

得基础解系$\xi_2=\begin{pmatrix}1\\ -1\end{pmatrix}$，则$k_2\xi_2(k_2\neq 0)$是对应于$\lambda_2=4$的全部特征向量.

例2 求矩阵

$$A=\begin{pmatrix}-1 & 1 & 0\\ -4 & 3 & 0\\ 1 & 0 & 2\end{pmatrix}$$

的特征值与特征向量.

解 A的特征方程为$|A-\lambda E|=0$，即

$$|A-\lambda E|=\begin{vmatrix}-1-\lambda & 1 & 0\\ -4 & 3-\lambda & 0\\ 1 & 0 & 2-\lambda\end{vmatrix}=(2-\lambda)(1-\lambda)^2=0,$$

故A的特征值为$\lambda_1=2$，$\lambda_2=\lambda_3=1$.

当$\lambda_1=2$时，解方程组$(A-2E)X=0$，由

$$A-2E=\begin{pmatrix}-3 & 1 & 0\\ -4 & 1 & 0\\ 1 & 0 & 0\end{pmatrix}\xrightarrow[r_2+4r_3]{r_1+3r_3}\begin{pmatrix}0 & 1 & 0\\ 0 & 1 & 0\\ 1 & 0 & 0\end{pmatrix}\xrightarrow{r_1-r_2}\begin{pmatrix}0 & 0 & 0\\ 0 & 1 & 0\\ 1 & 0 & 0\end{pmatrix},$$

得基础解系$\xi_1=\begin{pmatrix}0\\ 0\\ 1\end{pmatrix}$，则$k_1\xi_1(k_1\neq 0)$是对应于$\lambda_1=2$的全部特征向量.

当$\lambda_2=\lambda_3=1$时，解方程组$(A-E)X=0$，由

$$A-E=\begin{pmatrix}-2 & 1 & 0\\ -4 & 2 & 0\\ 1 & 0 & 1\end{pmatrix}\xrightarrow[r_2+4r_3]{r_1+2r_3}\begin{pmatrix}0 & 1 & 2\\ 0 & 2 & 4\\ 1 & 0 & 1\end{pmatrix}\xrightarrow{r_2-2r_1}\begin{pmatrix}0 & 1 & 2\\ 0 & 0 & 0\\ 1 & 0 & 1\end{pmatrix},$$

得基础解系$\xi_2=\begin{pmatrix}1\\ 2\\ -1\end{pmatrix}$，则$k_2\xi_2(k_2\neq 0)$是对应于$\lambda_2=\lambda_3=1$的全部特征向量.

例3 求矩阵$A=\begin{pmatrix}-2 & 1 & 1\\ 0 & 2 & 0\\ -4 & 1 & 3\end{pmatrix}$的特征值与特征向量.

解 A的特征方程为$|A-\lambda E|=0$，即

$$|A-\lambda E|=\begin{vmatrix}-2-\lambda & 1 & 1\\ 0 & 2-\lambda & 0\\ -4 & 1 & 3-\lambda\end{vmatrix}=(2-\lambda)\begin{vmatrix}-2-\lambda & 1\\ -4 & 3-\lambda\end{vmatrix}$$

$$=(2-\lambda)(\lambda^2-\lambda-2)=-(\lambda+1)(\lambda-2)^2=0,$$

故 A 的特征值为 $\lambda_1=-1$，$\lambda_2=\lambda_3=2$.

当 $\lambda_1=-1$ 时，解方程组 $(A+E)X=0$，由

$$A+E=\begin{bmatrix}-1 & 1 & 1\\ 0 & 3 & 0\\ -4 & 1 & 4\end{bmatrix}\xrightarrow[\frac{1}{3}r_2]{r_4-4r_1}\begin{bmatrix}-1 & 1 & 1\\ 0 & 1 & 0\\ 0 & -3 & 0\end{bmatrix}\xrightarrow[r_3+3r_2]{r_1-r_2}\begin{bmatrix}-1 & 0 & 1\\ 0 & 1 & 0\\ 0 & 0 & 0\end{bmatrix},$$

得基础解系 $\boldsymbol{\xi}_1=\begin{bmatrix}1\\0\\1\end{bmatrix}$，则 $k_1\boldsymbol{\xi}_1(k_1\neq0)$ 是对应于 $\lambda_1=-1$ 的全部特征向量.

当 $\lambda_2=\lambda_3=2$ 时，解方程组 $(A-2E)X=0$，由

$$A-2E=\begin{bmatrix}-4 & 1 & 1\\ 0 & 0 & 0\\ -4 & 1 & 1\end{bmatrix}\xrightarrow{r_3-r_1}\begin{bmatrix}-4 & 1 & 1\\ 0 & 0 & 0\\ 0 & 0 & 0\end{bmatrix},$$

得基础解系 $\boldsymbol{\xi}_2=\begin{bmatrix}0\\1\\-1\end{bmatrix}$，$\boldsymbol{\xi}_3=\begin{bmatrix}1\\0\\4\end{bmatrix}$，故对应于 $\lambda_2=\lambda_3=2$ 的全部特征向量为

$k_2\boldsymbol{\xi}_2+k_3\boldsymbol{\xi}_3(k_2,k_3$ 不同时为零).

例 4　求矩阵 $A=\begin{bmatrix}a & 0 & 0\\ 0 & a & 0\\ 0 & 0 & a\end{bmatrix}$ 的特征值与特征向量.

解　因为　　$|A-\lambda E|=\begin{vmatrix}a-\lambda & 0 & 0\\ 0 & a-\lambda & 0\\ 0 & 0 & a-\lambda\end{vmatrix}=(a-\lambda)^3=0,$

所以 A 的特征值为 $\lambda_1=\lambda_2=\lambda_3=a$.

当 $\lambda=a$ 时，解方程组 $(A-aE)X=0$，因 $A-aE=O$，所以任意 3 个线性无关的 3 维向量都是基础解系，我们取

$$\boldsymbol{\xi}_1=\begin{bmatrix}1\\0\\0\end{bmatrix},\quad \boldsymbol{\xi}_2=\begin{bmatrix}0\\1\\0\end{bmatrix},\quad \boldsymbol{\xi}_3=\begin{bmatrix}0\\0\\1\end{bmatrix},$$

那么 A 的全部特征向量为

$$k_1\boldsymbol{\xi}_1+k_2\boldsymbol{\xi}_2+k_3\boldsymbol{\xi}_3=\begin{bmatrix}k_1\\k_2\\k_3\end{bmatrix}(k_1,k_2,k_3\text{不全为零}),$$

即任一非零的 3 维向量都是 A 的特征向量.

§2 方阵的相似关系和对角化问题

一、相似关系的定义与性质

定义 2 设 A，B 是两个 n 阶方阵，若存在可逆方阵 P，使 $P^{-1}AP=B$，则称矩阵 A 与 B 相似，对 A 进行运算 $P^{-1}AP$ 称为对 A 进行相似变换，称 P 为相似因子或相似变换矩阵.

性质 10 矩阵的相似关系满足：

(1) **反身性**：A 相似于 A.

(2) **对称性**：A 相似于 B，则 B 相似于 A.

(3) **传递性**：A 相似于 B，B 相似于 C，则 A 相似于 C.

可由定义直接验证，略.

性质 11 若 A 相似于 B，则(1) $R(A)=R(B)$；(2) $|A|=|B|$.

证 因为相似变换矩阵可逆，所以结论(1)成立.

(2) $P^{-1}AP=B \Rightarrow |P^{-1}AP|=|B| \Rightarrow |P^{-1}||A||P|=|B|$
$$\Rightarrow |P^{-1}||P||A|=|B| \Rightarrow |P^{-1}P||A|=|B|$$
$$\Rightarrow |E||A|=|B| \Rightarrow |A|=|B|.$$

性质 12 如果 A 相似于 B，则 A 与 B 有相同的特征多项式，因而有相同的特征值.

证 由于 A 相似于 B，则存在可逆矩阵 P 使 $P^{-1}AP=B$，故而
$$|B-\lambda E| = |P^{-1}AP-\lambda E| = |P^{-1}(A-\lambda E)P|$$
$$= |P^{-1}||A-\lambda E||P| = |A-\lambda E|.$$

推论 1 如果矩阵 A 相似于一个对角矩阵 D，则对角矩阵 D 的主对角线上的元素就是 A 的全部特征值，即若

$$D=\begin{pmatrix} \lambda_1 & 0 & \cdots & 0 \\ 0 & \lambda_2 & \cdots & 0 \\ \vdots & \vdots & & \vdots \\ 0 & 0 & \cdots & \lambda_n \end{pmatrix}$$

与 A 相似，则 $\lambda_i(i=1, 2, \cdots, n)$ 为 A 的全体特征值.

二、相似对角化及其应用

若方阵 A 相似于对角矩阵 D，则称方阵 A 可相似对角化.

定理1　n 阶方阵 A 相似于一个对角矩阵 D 的充分必要条件是：A 有 n 个线性无关的特征向量.

证　先证充分性.

设 A 的 n 个特征向量 $\boldsymbol{\xi}_1$，$\boldsymbol{\xi}_2$，$\cdots$，$\boldsymbol{\xi}_n$ 线性无关，它们对应的特征值依次是 λ_1，λ_2，$\cdots$，λ_n，即

$$A\boldsymbol{\xi}_1 = \lambda_1\boldsymbol{\xi}_1,\ A\boldsymbol{\xi}_2 = \lambda_2\boldsymbol{\xi}_2,\ \cdots,\ A\boldsymbol{\xi}_n = \lambda_n\boldsymbol{\xi}_n,$$

所以有

$$A(\boldsymbol{\xi}_1,\ \boldsymbol{\xi}_2,\ \cdots,\ \boldsymbol{\xi}_n) = (\lambda_1\boldsymbol{\xi}_1,\ \lambda_2\boldsymbol{\xi}_2,\ \cdots,\ \lambda_n\boldsymbol{\xi}_n),$$

记矩阵　$$P=(\boldsymbol{\xi}_1,\ \boldsymbol{\xi}_2,\ \cdots,\ \boldsymbol{\xi}_n),\ D=\begin{pmatrix}\lambda_1 & & & \\ & \lambda_2 & & \\ & & \ddots & \\ & & & \lambda_n\end{pmatrix},$$

则 P 可逆，且 $AP=PD$，故 $P^{-1}AP=D$.

再证必要性.

设 A 相似于对角矩阵

$$D=\begin{pmatrix}d_1 & & & \\ & d_2 & & \\ & & \ddots & \\ & & & d_n\end{pmatrix},$$

即存在可逆矩阵 B，使得

$$B^{-1}AB=D.$$

记 $B=(\boldsymbol{\eta}_1,\ \boldsymbol{\eta}_2,\ \cdots,\ \boldsymbol{\eta}_n)$，我们有

$$B^{-1}AB = D \Rightarrow AB = BD \Rightarrow A(\boldsymbol{\eta}_1,\ \boldsymbol{\eta}_2,\ \cdots,\ \boldsymbol{\eta}_n) = (d_1\boldsymbol{\eta}_1,\ d_2\boldsymbol{\eta}_2,\ \cdots,\ d_n\boldsymbol{\eta}_n)$$
$$\Rightarrow A\boldsymbol{\eta}_1 = d_1\boldsymbol{\eta}_2,\ A\boldsymbol{\eta}_1 = d_2\boldsymbol{\eta}_2,\ \cdots,\ A\boldsymbol{\eta}_n = d_n\boldsymbol{\eta}_n.$$

由矩阵 B 可逆知：$\boldsymbol{\eta}_1$，$\boldsymbol{\eta}_2$，$\cdots$，$\boldsymbol{\eta}_n$ 都是非零向量，故而都是 A 的特征向量，又因为矩阵 B 可逆，所以 $\boldsymbol{\eta}_1$，$\boldsymbol{\eta}_2$，$\cdots$，$\boldsymbol{\eta}_n$ 线性无关.

推论2　如果 n 阶方阵 A 的特征值 λ_1，λ_2，$\cdots$，λ_n 互不相同，则 A 相似于一个对角矩阵：

$$D=\begin{pmatrix}\lambda_1 & & & \\ & \lambda_2 & & \\ & & \ddots & \\ & & & \lambda_n\end{pmatrix}.$$

以下是相似对角化的一个直接应用的例子.

例 5　设 $A=\begin{bmatrix}3&2\\3&4\end{bmatrix}$，求 A^{20}.

解　由　　$|A-\lambda E|=\begin{vmatrix}3-\lambda&2\\3&4-\lambda\end{vmatrix}=(\lambda-1)(\lambda-6)=0$,

得 A 的两相异特征值 $\lambda_1=1$，$\lambda_2=6$，故 A 能相似于对角阵.

与 $\lambda_1=1$ 相应的特征向量为 $\xi_1=(1,-1)^T$，与 $\lambda_2=6$ 相应的特征向量为 $\xi_2=(2,3)^T$.

令 $P=(\xi_1,\xi_2)=\begin{bmatrix}1&2\\-1&3\end{bmatrix}$，则 $P^{-1}AP=\begin{bmatrix}1&0\\0&6\end{bmatrix}$，于是

$$A=P\begin{bmatrix}1&0\\0&6\end{bmatrix}P^{-1},\ A^2=P\begin{bmatrix}1&0\\0&6\end{bmatrix}P^{-1}\cdot P\begin{bmatrix}1&0\\0&6\end{bmatrix}P^{-1}=P\begin{bmatrix}1&0\\0&6\end{bmatrix}^2P^{-1},$$

类推即得

$$A^{20}=P\begin{bmatrix}1&0\\0&6\end{bmatrix}^{20}P^{-1}=\begin{bmatrix}1&2\\-1&3\end{bmatrix}\begin{bmatrix}1&0\\0&6^{20}\end{bmatrix}\cdot\frac{1}{5}\begin{bmatrix}3&-2\\1&1\end{bmatrix}$$

$$=\frac{1}{5}\begin{bmatrix}1&2\cdot6^{20}\\-1&3\cdot6^{20}\end{bmatrix}\begin{bmatrix}3&-2\\1&1\end{bmatrix}=\frac{1}{5}\begin{bmatrix}3+2\cdot6^{20}&-2+2\cdot6^{20}\\-3+3\cdot6^{20}&2+3\cdot6^{20}\end{bmatrix}.$$

§3　实对称矩阵的正交对角化

一、正交矩阵

定义 3　如果 n 阶实方阵 A 满足 $A^TA=E$，则称 A 为正交矩阵.

设 $A=(\alpha_1,\alpha_2,\cdots,\alpha_n)$（其中 α_i 为 A 的列向量）是一个正交矩阵，则

$$A^TA=\begin{bmatrix}\alpha_1^T\\\alpha_2^T\\\vdots\\\alpha_n^T\end{bmatrix}(\alpha_1,\alpha_2,\cdots,\alpha_n),$$

所以 $\alpha_i^T\alpha_j=\begin{cases}1,&i=j,\\0,&i\neq j,\end{cases}$ 若 A 为正交矩阵，则其列向量组为一组两两正交的单位向量组；反之，若 $\alpha_1,\alpha_2,\cdots,\alpha_n$ 是一组两两正交的单位列向量，则 $A=(\alpha_1,\alpha_2,\cdots,\alpha_n)$ 是一个正交矩阵.

由于 $A^TA=E$，则 $AA^T=E$，同理可得 A 是正交矩阵当且仅当 A 的行向量组也为一组两两正交的单位行向量组.

正交的单位向量组称为标准正交向量组．

用正交矩阵乘以向量我们称对这个向量施行了**正交变换**．正交变换（正交矩阵）有以下重要性质：

性质 13　正交变换保持向量的内积不变，即设 A 是正交矩阵，则对任意向量 α、β 有：

$$(A\alpha,\ A\beta)=(\alpha,\ \beta).$$

证　$(A\alpha,\ A\beta)=(A\alpha)^{\mathrm{T}}(A\beta)=\alpha^{\mathrm{T}}A^{\mathrm{T}}A\beta=\alpha^{\mathrm{T}}E\beta=\alpha^{\mathrm{T}}\beta=(\alpha,\ \beta).$

因为向量的长度、距离、夹角等几何量都是由内积决定的，所以性质 13 告诉我们，这些几何量不因正交变换而改变，因此，**正交变换不改变几何图形的大小和形状**．

性质 14　正交变换将标准正交向量组变为标准正交向量组，即设 A 是正交矩阵，如果 ε_1，ε_2，$\cdots$，ε_n 是标准正交向量组，则 $A\varepsilon_1$，$A\varepsilon_2$，$\cdots$，$A\varepsilon_n$ 也是标准正交向量组．

证　因为 ε_1，ε_2，$\cdots$，ε_n 是标准正交向量组，则

$$\varepsilon_i^{\mathrm{T}}\varepsilon_j=\begin{cases}1,\ i=j,\\0,\ i\neq j,\end{cases}$$

而　　　$(A\varepsilon_i)^{\mathrm{T}}(A\varepsilon_j)=\varepsilon_i^{\mathrm{T}}(A^{\mathrm{T}}A)\varepsilon_j=\varepsilon_i^{\mathrm{T}}\varepsilon_j=\begin{cases}1,\ i=j,\\0,\ i\neq j,\end{cases}$

故 $A\varepsilon_1$，$A\varepsilon_2$，$\cdots$，$A\varepsilon_n$ 也是标准正交向量组．

二、实对称矩阵的正交对角化

将方阵 A 正交对角化就是求一正交矩阵 U 使 $U^{-1}AU=U^{\mathrm{T}}AU=D$ 是一个对角形矩阵．

在上一节中我们知道，若 n 阶方阵 A 有 n 个线性无关的特征向量 ξ_1，ξ_2，$\cdots$，ξ_n，则 A 相似于一个对角矩阵

$$D=\begin{pmatrix}\lambda_1\\&\lambda_2\\&&\ddots\\&&&\lambda_n\end{pmatrix},$$

且 $P^{-1}AP=D$ 中的可逆矩阵 $P=(\xi_1,\ \xi_2,\ \cdots,\ \xi_n)$，$D$ 主对角线上的元素 λ_1，λ_2，$\cdots$，λ_n 就是 A 的对应于特征向量 ξ_1，ξ_2，$\cdots$，ξ_n 的特征值．在这一节，

通过学习实对称矩阵的性质之后，对于实对称矩阵我们将会进一步得到：**任意一个实对称矩阵都一定能够正交对角化**．我们首先学习实对称矩阵的一些性质．

性质 15 实对称矩阵的特征值为实数．

证 在复数范围内考虑实对称矩阵 A 的任一特征值 λ，设复向量 $\boldsymbol{\alpha}$ 为对应于 λ 的特征向量，则有 $A\boldsymbol{\alpha}=\lambda\boldsymbol{\alpha}(\boldsymbol{\alpha}\neq 0)$．

设 $\bar{\lambda}$ 是 λ 的共轭复数，$\bar{\boldsymbol{\alpha}}$ 为 $\boldsymbol{\alpha}$ 的共轭复向量，因为 A 是实对称矩阵，所以有
$$A\bar{\boldsymbol{\alpha}}=\bar{A}\bar{\boldsymbol{\alpha}}=\overline{A\boldsymbol{\alpha}}=\overline{\lambda\boldsymbol{\alpha}}=\bar{\lambda}\bar{\boldsymbol{\alpha}},$$
于是
$$(\bar{\boldsymbol{\alpha}})^{\mathrm{T}}A\boldsymbol{\alpha}=(\bar{\boldsymbol{\alpha}})^{\mathrm{T}}A^{\mathrm{T}}\boldsymbol{\alpha}=(A\bar{\boldsymbol{\alpha}})^{\mathrm{T}}\boldsymbol{\alpha}=(\bar{\lambda}\bar{\boldsymbol{\alpha}})^{\mathrm{T}}\boldsymbol{\alpha}=\bar{\lambda}(\bar{\boldsymbol{\alpha}})^{\mathrm{T}}\boldsymbol{\alpha},$$
又有
$$(\bar{\boldsymbol{\alpha}})^{\mathrm{T}}A\boldsymbol{\alpha}=(\bar{\boldsymbol{\alpha}})^{\mathrm{T}}(A\boldsymbol{\alpha})=(\bar{\boldsymbol{\alpha}})^{\mathrm{T}}(\lambda\boldsymbol{\alpha})=\lambda(\bar{\boldsymbol{\alpha}})^{\mathrm{T}}\boldsymbol{\alpha},$$
两式相减，得
$$(\lambda-\bar{\lambda})(\bar{\boldsymbol{\alpha}})^{\mathrm{T}}\boldsymbol{\alpha}=0,$$
由于 $\boldsymbol{\alpha}\neq 0$，所以
$$(\bar{\boldsymbol{\alpha}})^{\mathrm{T}}\boldsymbol{\alpha}=\sum_{i=1}^{n}\overline{a_i}a_i=\sum_{i=1}^{n}|a_i|^2>0,$$
则有 $\lambda-\bar{\lambda}=0$，即 $\lambda=\bar{\lambda}$，所以 λ 必为实数．

由于 λ_i 为实数，所以齐次线性方程组 $(A-\lambda_i E)X=0$ 是实系数方程组，由 $|A-\lambda_i E|=0$ 知必有实的基础解系，即特征向量为实向量．

性质 16 设 λ_1，λ_2 是实对称矩阵 A 的两个特征值，$\boldsymbol{\xi}_1$，$\boldsymbol{\xi}_2$ 分别为其对应的特征向量，若 $\lambda_1\neq\lambda_2$，则 $\boldsymbol{\xi}_1$ 与 $\boldsymbol{\xi}_2$ 正交．

证 因 A 是对称矩阵，即有 $A^{\mathrm{T}}=A$，故
$$\begin{aligned}\lambda_1(\boldsymbol{\xi}_1,\boldsymbol{\xi}_2)&=(\lambda_1\boldsymbol{\xi}_1)^{\mathrm{T}}\boldsymbol{\xi}_2=(A\boldsymbol{\xi}_1)^{\mathrm{T}}\boldsymbol{\xi}_2=\boldsymbol{\xi}_1^{\mathrm{T}}A^{\mathrm{T}}\boldsymbol{\xi}_2\\&=\boldsymbol{\xi}_1^{\mathrm{T}}A\boldsymbol{\xi}_2=\boldsymbol{\xi}_1^{\mathrm{T}}\lambda_2\boldsymbol{\xi}_2=\lambda_2\boldsymbol{\xi}_1^{\mathrm{T}}\boldsymbol{\xi}_2=\lambda_2(\boldsymbol{\xi}_1,\boldsymbol{\xi}_2),\end{aligned}$$
故有
$$(\lambda_1-\lambda_2)(\boldsymbol{\xi}_1,\boldsymbol{\xi}_2)=0.$$
由 $\lambda_1\neq\lambda_2$，故 $\lambda_1-\lambda_2\neq 0$，所以 $(\boldsymbol{\xi}_1,\boldsymbol{\xi}_2)=0$，即 $\boldsymbol{\xi}_1$ 与 $\boldsymbol{\xi}_2$ 正交．

定理 2 设 A 为 n 阶实对称矩阵，则必有正交矩阵 P，使
$$P^{-1}AP=P^{\mathrm{T}}AP=\begin{bmatrix}\lambda_1&&&\\&\lambda_2&&\\&&\ddots&\\&&&\lambda_n\end{bmatrix}=D$$

为对角矩阵，其中 λ_1，λ_2，$\cdots$，λ_n 是 A 的特征值．

我们略去定理的证明而通过例题给出正交矩阵 P 的求法．

例6 设
$$A=\begin{pmatrix} 4 & 0 & 0 \\ 0 & 3 & 1 \\ 0 & 1 & 3 \end{pmatrix},$$

求一个正交矩阵 P 和对角形矩阵，使 $P^{-1}AP=D$.

解
$$|A-\lambda E|=\begin{vmatrix} 4-\lambda & 0 & 0 \\ 0 & 3-\lambda & 1 \\ 0 & 1 & 3-\lambda \end{vmatrix}=(2-\lambda)(4-\lambda)^2=0,$$

得特征值 $\lambda_1=2$，$\lambda_2=\lambda_3=4$.

对于 $\lambda_1=2$，解齐次线性方程组

$$(A-2E)X=\begin{pmatrix} 2 & 0 & 0 \\ 0 & 1 & 1 \\ 0 & 1 & 1 \end{pmatrix}\begin{pmatrix} x_1 \\ x_1 \\ x_3 \end{pmatrix}=\mathbf{0},$$

得一个基础解系 $\boldsymbol{\alpha}=\begin{pmatrix} 0 \\ 1 \\ -1 \end{pmatrix}$，单位化得 $\boldsymbol{\gamma}_1=\begin{pmatrix} 0 \\ \dfrac{1}{\sqrt{2}} \\ -\dfrac{1}{\sqrt{2}} \end{pmatrix}$；

对于 $\lambda_2=\lambda_3=4$，解齐次线性方程组

$$(A-4E)X=\begin{pmatrix} 0 & 0 & 0 \\ 0 & -1 & 1 \\ 0 & 1 & -1 \end{pmatrix}\begin{pmatrix} x_1 \\ x_1 \\ x_3 \end{pmatrix}=\mathbf{0},$$

得一个基础解系

$$\boldsymbol{\xi}_1=\begin{pmatrix} 1 \\ 1 \\ 1 \end{pmatrix},\quad \boldsymbol{\xi}_2=\begin{pmatrix} -1 \\ 1 \\ 1 \end{pmatrix},$$

将其正交化得

$$\boldsymbol{\eta}_1=\boldsymbol{\xi}_1,\quad \boldsymbol{\eta}_2=\boldsymbol{\xi}_2-\frac{(\boldsymbol{\eta}_1,\ \boldsymbol{\xi}_2)}{(\boldsymbol{\eta}_1,\ \boldsymbol{\eta}_1)}\boldsymbol{\eta}_1=\frac{2}{3}\begin{pmatrix} -2 \\ 1 \\ 1 \end{pmatrix},$$

再单位化得

$$\boldsymbol{\gamma}_2=\frac{1}{|\boldsymbol{\eta}_1|}\boldsymbol{\eta}_1=\frac{1}{\sqrt{3}}\begin{pmatrix} 1 \\ 1 \\ 1 \end{pmatrix},\quad \boldsymbol{\gamma}_3=\frac{1}{|\boldsymbol{\eta}_2|}\boldsymbol{\eta}_2=\frac{1}{\sqrt{6}}\begin{pmatrix} -2 \\ 1 \\ 1 \end{pmatrix}.$$

于是 $\quad P=(\gamma_1,\ \gamma_2,\ \gamma_3)=\begin{pmatrix} 0 & \dfrac{1}{\sqrt{3}} & -\dfrac{2}{\sqrt{6}} \\ \dfrac{1}{\sqrt{2}} & \dfrac{1}{\sqrt{3}} & \dfrac{2}{\sqrt{6}} \\ -\dfrac{1}{\sqrt{2}} & \dfrac{1}{\sqrt{3}} & \dfrac{2}{\sqrt{6}} \end{pmatrix},\ D=\begin{pmatrix} 2 & & \\ & 4 & \\ & & 4 \end{pmatrix}$

使得 $P^{-1}AP=D.$

总结上例，我们得出对任意实对称矩阵求正交矩阵 P 和对角形矩阵 D，使得 $\qquad\qquad\qquad\qquad P^{-1}AP=P^{\mathrm{T}}AP=D$

为对角形的求法如下：

(1) 求出 A 的 n 个特征根：λ_1，λ_2，$\cdots$，λ_n(其中可能有相同的)；

(2) 对每个互异的特征根求出一组线性无关的特征向量；

(3) 对每组线性无关的特征向量施行施密特正交化(见第二章)、单位化，求出一组正交的单位向量；

(4) 以这些正交的单位向量为列向量就构成正交矩阵 P.

事实上，上例中对应于 $\lambda_2=\lambda_3=4$，由

$$\begin{pmatrix} 0 & 0 & 0 \\ 0 & -1 & 1 \\ 0 & 1 & -1 \end{pmatrix}\begin{pmatrix} x_1 \\ x_2 \\ x_3 \end{pmatrix}=\mathbf{0},$$

得另一基础解系：$\begin{pmatrix} 1 \\ 0 \\ 0 \end{pmatrix}$，$\begin{pmatrix} 0 \\ 1 \\ 1 \end{pmatrix}$，基础解系中的两个向量恰好正交，所以只将其单位化即可得到

$$\gamma_2=\begin{pmatrix} 1 \\ 0 \\ 0 \end{pmatrix},\ \gamma_3=\begin{pmatrix} 0 \\ \dfrac{1}{\sqrt{2}} \\ \dfrac{1}{\sqrt{2}} \end{pmatrix},$$

于是得正交矩阵

$$P=(\gamma_1,\ \gamma_2,\ \gamma_3)=\begin{pmatrix} 0 & 1 & 0 \\ \dfrac{1}{\sqrt{2}} & 0 & \dfrac{1}{\sqrt{2}} \\ -\dfrac{1}{\sqrt{2}} & 0 & \dfrac{1}{\sqrt{2}} \end{pmatrix},$$

仍有
$$P^{-1}AP=D=\begin{bmatrix} 2 & & \\ & 4 & \\ & & 4 \end{bmatrix}.$$

可见，计算量要减少许多．同时也说明，正交矩阵 P 不唯一．

习　题　五

1. 求下列矩阵 A 的特征值和特征向量：

(1) $\begin{bmatrix} 1 & -1 \\ 2 & 4 \end{bmatrix}$;　　　　(2) $\begin{bmatrix} 1 & 2 & 3 \\ 2 & 1 & 3 \\ 2 & 3 & 5 \end{bmatrix}$;

(3) $\begin{bmatrix} 0 & 0 & 1 \\ 0 & 1 & 0 \\ 0 & 0 & 1 \end{bmatrix}$;　　(4) $\begin{bmatrix} 1 & 1 & 1 & 1 \\ 1 & 1 & -1 & -1 \\ 1 & -1 & 1 & -1 \\ 1 & -1 & -1 & 1 \end{bmatrix}$.

2. 求可逆矩阵 P 和对角形矩阵，使得 $P^{-1}AP=D$.

(1) $A=\begin{bmatrix} 5 & 0 & 4 \\ 3 & 1 & 6 \\ 0 & 2 & 3 \end{bmatrix}$;　(2) $A=\begin{bmatrix} 0 & -8 & -8 \\ 4 & 2 & 8 \\ 0 & 4 & 4 \end{bmatrix}$;

(3) $A=\begin{bmatrix} -3 & -12 & -24 \\ -1 & 2 & -4 \\ 1 & 3 & 7 \end{bmatrix}$;　(4) $A=\begin{bmatrix} 3 & 0 & 0 \\ 48 & -9 & 3 \\ 144 & -36 & 12 \end{bmatrix}$.

3. 设 $A=\begin{bmatrix} 1.15 & 0.05 \\ 0.25 & 0.95 \end{bmatrix}$，求 A^{50}.

4. 判断下列矩阵是否是正交矩阵：

(1) $\begin{bmatrix} 1 & -\frac{1}{2} & \frac{1}{3} \\ -\frac{1}{2} & 1 & \frac{1}{2} \\ -\frac{1}{3} & -\frac{1}{2} & -1 \end{bmatrix}$;　(2) $\begin{bmatrix} \frac{1}{9} & -\frac{8}{9} & -\frac{4}{9} \\ -\frac{8}{9} & \frac{1}{9} & -\frac{4}{9} \\ -\frac{4}{9} & -\frac{4}{9} & \frac{7}{9} \end{bmatrix}$.

5. 设 A 与 B 都是 n 阶正交矩阵，证明：AB 也是正交矩阵．

6. 将下列线性无关向量组标准正交化：

(1) $\alpha_1=(1,0,0)^T$，$\alpha_2=(1,1,1)^T$，$\alpha_3=(0,1,-2)^T$;

(2) $\alpha_1=(1,0,0,-5,-1)^T$，$\alpha_2=(0,1,0,-4,-1)^T$，

$\boldsymbol{\alpha}_3 = (0, 0, 1, 4, 1)^{\mathrm{T}}$；

(3) $\boldsymbol{\alpha}_1 = (1, 0, 0, 0, 1)^{\mathrm{T}}$，$\boldsymbol{\alpha}_2 = (1, 0, -1, 1, 0)^{\mathrm{T}}$，

$\boldsymbol{\alpha}_3 = (2, 1, 1, 0, 0)^{\mathrm{T}}$．

7. 求正交变换矩阵 $\boldsymbol{P}$ 和对角形矩阵 $\boldsymbol{D}$，使得 $\boldsymbol{P}^{-1}\boldsymbol{A}\boldsymbol{P} = \boldsymbol{D}$，其中 $\boldsymbol{A}$ 为

(1) $\begin{bmatrix} 2 & -2 & 0 \\ -2 & 1 & -2 \\ 0 & -2 & 0 \end{bmatrix}$；   (2) $\begin{bmatrix} 2 & 2 & -2 \\ 2 & 5 & -4 \\ -2 & -4 & 5 \end{bmatrix}$；   (3) $\begin{bmatrix} 0 & 0 & 4 & 1 \\ 0 & 0 & 1 & 4 \\ 4 & 1 & 0 & 0 \\ 1 & 4 & 0 & 0 \end{bmatrix}$．

8. 设 $\boldsymbol{\alpha}$ 是 n 维列向量，$\boldsymbol{\alpha}^{\mathrm{T}}\boldsymbol{\alpha} = 1$，求证：$\boldsymbol{H} = \boldsymbol{E} - 2\boldsymbol{\alpha}\boldsymbol{\alpha}^{\mathrm{T}}$ 是对称的正交矩阵．

9. 设 $\boldsymbol{\alpha}_1 = \dfrac{1}{3}(2\boldsymbol{\varepsilon}_1 + 2\boldsymbol{\varepsilon}_2 - \boldsymbol{\varepsilon}_3)$，$\boldsymbol{\alpha}_2 = \dfrac{1}{3}(2\boldsymbol{\varepsilon}_1 - \boldsymbol{\varepsilon}_2 + 2\boldsymbol{\varepsilon}_3)$，$\boldsymbol{\alpha}_3 = \dfrac{1}{3}(\boldsymbol{\varepsilon}_1 - 2\boldsymbol{\varepsilon}_2 - 2\boldsymbol{\varepsilon}_3)$，证明：若 $\boldsymbol{\varepsilon}_1$，$\boldsymbol{\varepsilon}_2$，$\boldsymbol{\varepsilon}_3$ 是一组标准正交向量组，则 $\boldsymbol{\alpha}_1$，$\boldsymbol{\alpha}_2$，$\boldsymbol{\alpha}_3$ 也是一组标准正交向量组．

10. 设三阶方阵 $\boldsymbol{A}$ 的特征值为 $\lambda_1 = 1$，$\lambda_2 = 0$，$\lambda_3 = -1$，对应的特征向量依次为

$$\boldsymbol{\alpha}_1 = \begin{bmatrix} 1 \\ 2 \\ 2 \end{bmatrix}, \quad \boldsymbol{\alpha}_2 = \begin{bmatrix} 2 \\ -2 \\ 1 \end{bmatrix}, \quad \boldsymbol{\alpha}_3 = \begin{bmatrix} -2 \\ -1 \\ 2 \end{bmatrix},$$

求 $\boldsymbol{A}$．

11. 设 n 阶方阵 $\boldsymbol{A}$ 的元素全为 1，求 $\boldsymbol{A}$ 的特征值．

12. 设 $\boldsymbol{A}$ 为三阶实对称矩阵，且满足：$\boldsymbol{A}^2 + 2\boldsymbol{A} = \boldsymbol{O}$. 已知 $\boldsymbol{A}$ 的秩等于 2，求 $\boldsymbol{A}$ 的特征值．

13. 设 λ 是 n 阶可逆方阵 $\boldsymbol{A}$ 的一个特征值，$\boldsymbol{A}^*$ 是 $\boldsymbol{A}$ 的伴随矩阵，$\boldsymbol{E}$ 是单位矩阵，求 $(\boldsymbol{A}^*)^2 + 3\boldsymbol{E}$ 的一个特征值．

14. 设 λ_1，λ_2 是 n 阶方阵 $\boldsymbol{A}$ 的两个不同的特征值，$\boldsymbol{\alpha}_1$，$\boldsymbol{\alpha}_2$ 是 $\boldsymbol{A}$ 的分别属于 λ_1，λ_2 的特征向量，证明：$\boldsymbol{\alpha}_1 + \boldsymbol{\alpha}_2$ 不是 $\boldsymbol{A}$ 的特征向量．

阅读材料 5：

若当（Jordan）标准形介绍

我们知道，并不是每一个 n 阶方阵 $\boldsymbol{A}$ 都与简单的对角形矩阵相似，其条件是 $\boldsymbol{A}$ 有 n 个线性无关的特征向量．同时我们也知道，实对称方阵一定与对角形矩阵相似．那么，对于一般方阵 $\boldsymbol{A}$ 来说，与 $\boldsymbol{A}$ 相似的方阵中最简单的是一个什么形式的方阵呢？下面我们就来回答这一问题，为此，先介绍以下概念：

定义 设 λ 是一个复数，把形为

$$J(\lambda,\ k)=\begin{pmatrix} \lambda & 0 & \cdots & 0 & 0 & 0 \\ 1 & \lambda & \cdots & 0 & 0 & 0 \\ \vdots & \vdots & & \vdots & \vdots & \vdots \\ 0 & 0 & \cdots & 1 & \lambda & 0 \\ 0 & 0 & \cdots & 0 & 1 & \lambda \end{pmatrix}_{k\times k}$$

的 k 阶方阵称为**若当块**；

主对角线上为若当块的准对角形(即分块意义下的对角形)方阵

$$J=\begin{pmatrix} J_1 & & & \\ & J_2 & & \\ & & \ddots & \\ & & & J_s \end{pmatrix}$$

称为**若当形矩阵**，其中，

$$J_i=J(\lambda_i,\ k_i)=\begin{pmatrix} \lambda_i & & & & 0 \\ 1 & \lambda_i & & & \\ & 1 & \ddots & & \\ & & \ddots & \lambda_i & \\ 0 & & & 1 & \lambda_i \end{pmatrix}_{k_i\times k_i},\ i=1,\ 2,\ \cdots,\ s.$$

如　$\begin{pmatrix} 3 & 0 & 0 \\ 1 & 3 & 0 \\ 0 & 1 & 3 \end{pmatrix}$，$\begin{pmatrix} 1-i & 0 & 0 & 0 \\ 1 & 1-i & 0 & 0 \\ 0 & 1 & 1-i & 0 \\ 0 & 0 & 1 & 1-i \end{pmatrix}$，4，$\begin{pmatrix} i & 0 \\ 1 & i \end{pmatrix}$

等都是若当块；而

$$\begin{pmatrix} 3 & 0 \\ 0 & 3 \end{pmatrix},\ \begin{pmatrix} 1 & 0 & 0 \\ 0 & i & 0 \\ 0 & 1 & i \end{pmatrix},\ \begin{pmatrix} 0 & 0 & 0 & 0 \\ 0 & 2 & 0 & 0 \\ 0 & 1 & 2 & 0 \\ 0 & 0 & 0 & i \end{pmatrix},\ 2+3i$$

等都是若当形矩阵.

显然，对角形矩阵是特殊的若当形矩阵；若当块一定是若当形矩阵，反之则不然.

对于一般方阵我们有以下重要结论：

每个方阵 A 都与一个若当形矩阵 J 相似，并且，若不考虑若当形矩阵 J 主对角线上若当块的排列顺序，若当形矩阵 J 由方阵 A 唯一确定，叫作方阵 A 的若当标准形.

我们通过以下例题说明方阵 A 的若当标准形 J 的求法.

例　求方阵

$$A=\begin{pmatrix} -1 & -2 & 6 \\ -1 & 0 & 3 \\ -1 & -1 & 4 \end{pmatrix}$$

的若当标准形 J.

解 首先，应用初等变换化 A 的特征矩阵 $\lambda E-A$ 为对角形 $D(\lambda)$，并且要求对角形 $D(\lambda)$ 主对角线上的元素是关于 λ 的首项系数为 1 的一次因式的方幂：

$$\lambda E-A=\begin{pmatrix}\lambda+1 & 2 & -6\\ 1 & \lambda & -3\\ 1 & 1 & \lambda-4\end{pmatrix}\longrightarrow\begin{pmatrix}0 & -\lambda+1 & -\lambda^2+3\lambda-2\\ 0 & \lambda-1 & -\lambda+1\\ 1 & 1 & \lambda-4\end{pmatrix}$$

$$\longrightarrow\begin{pmatrix}1 & 0 & 0\\ 0 & \lambda-1 & -\lambda+1\\ 0 & -\lambda+1 & -\lambda^2+3\lambda-2\end{pmatrix}\longrightarrow\begin{pmatrix}1 & 0 & 0\\ 0 & \lambda-1 & -\lambda+1\\ 0 & 0 & -\lambda^2+2\lambda-1\end{pmatrix}$$

$$\longrightarrow\begin{pmatrix}1 & 0 & 0\\ 0 & \lambda-1 & 0\\ 0 & 0 & (\lambda-1)^2\end{pmatrix}=D(\lambda),$$

其次，以 $D(\lambda)$ 主对角线每一个关于 λ 的首项系数为 1 的一次因式的方幂构造若当块：

$$J_1=J(1,\ 1)=1,\ J_2=J(1,\ 2)=\begin{pmatrix}1 & 0\\ 1 & 1\end{pmatrix},$$

最后以所求出的若当块直接写出 A 的若当标准形：

$$J=\begin{pmatrix}J_1 & \\ & J_2\end{pmatrix}=\begin{pmatrix}1 & 0 & 0\\ 0 & 1 & 0\\ 0 & 1 & 1\end{pmatrix}.$$

由以上例题的解题过程可见，A 的若当标准形主对角线上的元素就是 A 的全体特征值，每个若当块的阶数等于 A 的特征矩阵 $\lambda E-A$ 的等价对角形 $D(\lambda)$ 主对角线上关于 λ 的首项系数为 1 的一次因式方幂的幂指数．

第六章 二 次 型

二次型理论起源于化二次曲线、二次曲面的方程为标准形式的问题. 如在平面解析几何中, 直接从方程

$$13x^2 + 7y^2 - 6\sqrt{3}\,xy = 4$$

难以确定它所表示的平面曲线的几何形状, 如果我们作如下变换:

$$\begin{cases} x = \dfrac{1}{2}x' - \dfrac{\sqrt{3}}{2}y', \\[2mm] y = \dfrac{\sqrt{3}}{2}x' + \dfrac{1}{2}y', \end{cases}$$

则上述方程可化为标准形式

$$(x')^2 + 4(y')^2 = 1,$$

从这个标准形我们容易识别曲线的类型, 研究曲线的性质.

在数学的一些分支及其他科学技术中, 也会遇到类似的问题, 但变量的个数不止两个. 为此, 在这一章中, 我们将把有关概念加以推广, 将介绍一般二次型及矩阵的概念、化二次型为标准形的问题及正定二次型.

§1 二次型及其矩阵表示

定义 1 含有 n 个变量 x_1, x_2, $\cdots$, x_n 的二次齐次函数

$$\begin{aligned}
f(x_1, x_2, \cdots, x_n) = {} & a_{11}x_1^2 + 2a_{12}x_1x_2 + 2a_{13}x_1x_3 + \cdots + 2a_{1n}x_1x_n + \\
& a_{22}x_2^2 + 2a_{23}x_2x_3 + \cdots + 2a_{2n}x_2x_n + \\
& \cdots + \\
& a_{nn}x_n^2
\end{aligned} \tag{1}$$

称为一个 n 元二次型.

取 $a_{ji} = a_{ij}$, 则 $2a_{ij}x_ix_j = a_{ij}x_ix_j + a_{ji}x_jx_i$, 于是(1)式可写成

$$\begin{aligned}
f = {} & a_{11}x_1^2 + a_{12}x_1x_2 + \cdots + a_{1n}x_1x_n + a_{21}x_2x_1 + a_{22}x_2^2 + \cdots + a_{2n}x_2x_n + \cdots + \\
& a_{n1}x_nx_1 + a_{n2}x_nx_2 + \cdots + a_{nn}x_n^2 \\
= {} & \sum_{i=1}^{n}\sum_{j=1}^{n} a_{ij}x_ix_j.
\end{aligned} \tag{2}$$

当 a_{ij} 为复数时，f 称为**复二次型**；当 a_{ij} 为实数时，f 称为**实二次型**，这里我们仅讨论实二次型．

利用矩阵乘法和相等的定义，(2)式可表示为

$$f = x_1(a_{11}x_1 + a_{12}x_2 + \cdots + a_{1n}x_n) + x_2(a_{21}x_1 + a_{22}x_2 + \cdots + a_{2n}x_n) + \cdots + x_n(a_{n1}x_1 + a_{n2}x_2 + \cdots + a_{nn}x_n)$$

$$= (x_1, x_2, \cdots, x_n)\begin{pmatrix} a_{11}x_1 + a_{12}x_2 + \cdots + a_{1n}x_n \\ a_{21}x_1 + a_{22}x_2 + \cdots + a_{2n}x_n \\ \vdots \\ a_{n1}x_1 + a_{n2}x_2 + \cdots + a_{nn}x_n \end{pmatrix}$$

$$= (x_1, x_2, \cdots, x_n)\begin{pmatrix} a_{11} & a_{12} & \cdots & a_{1n} \\ a_{21} & a_{22} & \cdots & a_{2n} \\ \vdots & \vdots & & \vdots \\ a_{n1} & a_{n2} & \cdots & a_{nn} \end{pmatrix}\begin{pmatrix} x_1 \\ x_2 \\ \vdots \\ x_n \end{pmatrix},$$

记 $$\boldsymbol{A} = \begin{pmatrix} a_{11} & a_{12} & \cdots & a_{1n} \\ a_{21} & a_{22} & \cdots & a_{2n} \\ \vdots & \vdots & & \vdots \\ a_{n1} & a_{n2} & \cdots & a_{nn} \end{pmatrix}, \quad \boldsymbol{X} = \begin{pmatrix} x_1 \\ x_2 \\ \vdots \\ x_n \end{pmatrix},$$

则二次型可记作

$$f = \boldsymbol{X}^{\mathrm{T}}\boldsymbol{A}\boldsymbol{X}, \tag{3}$$

其中 $\boldsymbol{A}$ 为对称矩阵．显然，任给一个二次型，就唯一地确定一个对称矩阵；反之，任给一个对称矩阵，也可唯一地确定一个二次型．如此看来，二次型与对称矩阵之间存在着一一对应的关系．因此，我们**把对称矩阵 $\boldsymbol{A}$ 叫作二次型 f 的矩阵，也把 f 叫作对称矩阵 $\boldsymbol{A}$ 的二次型，对称矩阵 $\boldsymbol{A}$ 的秩就叫作二次型 f 的秩**．

例如，二次型 $f = x_1^2 + 3x_3^2 - 4x_1x_2 + x_2x_3$ 用矩阵表示法写出来就是

$$f(x_1, x_2, x_3) = (x_1, x_2, x_3)\begin{pmatrix} 1 & -2 & 0 \\ -2 & 0 & \dfrac{1}{2} \\ 0 & \dfrac{1}{2} & 3 \end{pmatrix}\begin{pmatrix} x_1 \\ x_2 \\ x_3 \end{pmatrix},$$

所以三元二次型 $f(x_1, x_2, x_3)$ 的矩阵

$$\boldsymbol{A} = \begin{pmatrix} 1 & -2 & 0 \\ -2 & 0 & \dfrac{1}{2} \\ 0 & \dfrac{1}{2} & 3 \end{pmatrix}.$$

定义 2 设 x_1，x_2，$\cdots$，x_n 和 y_1，y_2，$\cdots$，y_n 是两组变量，c_{ij} 是常数，称

$$
\begin{cases}
x_1 = c_{11}y_1 + c_{12}y_2 + \cdots + c_{1n}y_n, \\
x_2 = c_{21}y_1 + c_{22}y_2 + \cdots + c_{2n}y_n, \\
\quad \cdots\cdots\cdots\cdots\cdots\cdots\cdots \\
x_n = c_{n1}y_1 + c_{n2}y_2 + \cdots + c_{nn}y_n
\end{cases} \tag{4}
$$

为从变量 x_1，x_2，$\cdots$，x_n 到变量 y_1，y_2，$\cdots$，y_n 的**线性变换**，记

$$
\boldsymbol{X} = \begin{bmatrix} x_1 \\ x_2 \\ \vdots \\ x_n \end{bmatrix}, \quad
\boldsymbol{C} = \begin{bmatrix} c_{11} & c_{12} & \cdots & c_{1n} \\ c_{21} & c_{22} & \cdots & c_{2n} \\ \vdots & \vdots & & \vdots \\ c_{n1} & c_{n2} & \cdots & c_{nn} \end{bmatrix}, \quad
\boldsymbol{Y} = \begin{bmatrix} y_1 \\ y_2 \\ \vdots \\ y_n \end{bmatrix},
$$

则(4)式可表示为

$$\boldsymbol{X} = \boldsymbol{CY}.$$

若 $\boldsymbol{C}$ 可逆，则(4)式称作**可逆的(或满秩的)线性变换**；

若 $\boldsymbol{C}$ 是正交阵，则(4)式称作**正交变换**.

我们的主要任务是，如何求出可逆线性变换(或正交变换) $\boldsymbol{X} = \boldsymbol{CY}$，化二次型只含平方项，也就是用(4)式代入(2)式化二次型为只含平方项的二次型

$$f = k_1 y_1^2 + k_2 y_2^2 + \cdots + k_n y_n^2,$$

称为二次型的**标准形(或法式)**.

我们先证明以下结论：

定理 1 设二次型 $f = \boldsymbol{X}^{\mathrm{T}} \boldsymbol{A} \boldsymbol{X}$ 经过满秩的线性变换 $\boldsymbol{X} = \boldsymbol{CY}$ 变为二次型 $\boldsymbol{Y}^{\mathrm{T}} \boldsymbol{B} \boldsymbol{Y}$，则有 $\boldsymbol{B} = \boldsymbol{C}^{\mathrm{T}} \boldsymbol{A} \boldsymbol{C}$ (此时称 $\boldsymbol{A}$ 与 $\boldsymbol{B}$ 合同)，且 $R(\boldsymbol{B}) = R(\boldsymbol{A})$.

证 因为 $\qquad f = \boldsymbol{X}^{\mathrm{T}} \boldsymbol{A} \boldsymbol{X} = (\boldsymbol{CY})^{\mathrm{T}} \boldsymbol{A} (\boldsymbol{CY}) = \boldsymbol{Y}^{\mathrm{T}} (\boldsymbol{C}^{\mathrm{T}} \boldsymbol{A} \boldsymbol{C}) \boldsymbol{Y}$，

又因为 $(\boldsymbol{C}^{\mathrm{T}} \boldsymbol{A} \boldsymbol{C})^{\mathrm{T}} = \boldsymbol{C}^{\mathrm{T}} \boldsymbol{A}^{\mathrm{T}} \boldsymbol{C} = \boldsymbol{C}^{\mathrm{T}} \boldsymbol{A} \boldsymbol{C}$，所以 $\boldsymbol{C}^{\mathrm{T}} \boldsymbol{A} \boldsymbol{C}$ 是对称矩阵，于是 $\boldsymbol{B} = \boldsymbol{C}^{\mathrm{T}} \boldsymbol{A} \boldsymbol{C}$. 又因为 $\boldsymbol{C}$ 为可逆阵，所以有 $R(\boldsymbol{B}) = R(\boldsymbol{A})$.

由定理 1 可知，经过可逆变换 $\boldsymbol{X} = \boldsymbol{CY}$ 后，二次型 f 的矩阵由 $\boldsymbol{A}$ 变为 $\boldsymbol{C}^{\mathrm{T}} \boldsymbol{A} \boldsymbol{C}$，但二次型的秩不变. 要使二次型在此变换下变为标准形，就是要使：

$$
\boldsymbol{Y}^{\mathrm{T}} \boldsymbol{C}^{\mathrm{T}} \boldsymbol{A} \boldsymbol{C} \boldsymbol{Y} = k_1 y_1^2 + k_2 y_2^2 + \cdots + k_n y_n^2
$$

$$
= (y_1, y_2, \cdots, y_n) \begin{bmatrix} k_1 & & & \\ & k_2 & & \\ & & \ddots & \\ & & & k_n \end{bmatrix} \begin{bmatrix} y_1 \\ y_2 \\ \vdots \\ y_n \end{bmatrix},
$$

也就是要使 $\boldsymbol{C}^{\mathrm{T}} \boldsymbol{A} \boldsymbol{C}$ 成为对角矩阵

$$D = \begin{bmatrix} k_1 & & & \\ & k_2 & & \\ & & \ddots & \\ & & & k_n \end{bmatrix},$$

于是,我们的主要问题就变为如何寻求可逆矩阵(或正交矩阵)C,使 $C^T AC = D$ 为对角矩阵,这就是下面的主要任务.

§2 标准形及其求法

在这一节,我们介绍用配方法、合同变换法和正交变换法化二次型为标准形的问题.

一、配 方 法

首先给出一个基本定理

定理 2 **对于任意一个 n 元二次型**

$$f = \sum_{i,j=1}^{n} a_{ij} x_i x_j = X^T A X,$$

必存在满秩线性变换 $X = CY$ 使得

$$f = d_1 y_1^2 + d_2 y_2^2 + \cdots + d_n y_n^2.$$

定理的证明过程就是中学里学过的"配方法".详细证明此处从略.下面,我们通过例题来说明配方法的思想方法.

例 1 化二次型 $f(x_1, x_2, x_3) = x_1^2 - 5x_1 x_2 + 3x_2 x_3$ 为标准形,并写出所用的满秩线性变换.

解 先把 x_1,x_2 配方得

$$f = \left(x_1^2 - 5x_1 x_2 + \frac{25}{4} x_2^2 \right) - \frac{25}{4} x_2^2 + 3x_2 x_3,$$

再把 x_2,x_3 配方得

$$f = \left(x_1 - \frac{5}{2} x_2 \right)^2 - \left[\left(\frac{5}{2} x_2 \right)^2 - 3x_2 x_3 + \frac{9}{25} x_3^2 \right] + \frac{9}{25} x_3^2$$

$$= \left(x_1 - \frac{5}{2} x_2 \right)^2 - \left(\frac{5}{2} x_2 - \frac{3}{5} x_3 \right)^2 + \left(\frac{3}{5} x_3 \right)^2,$$

于是令

$$\begin{cases} y_1 = x_1 - \dfrac{5}{2}x_2, \\ y_2 = \dfrac{5}{2}x_2 - \dfrac{3}{5}x_3, \\ y_3 = \dfrac{3}{5}x_3, \end{cases} \quad 即 \begin{cases} x_1 = y_1 + y_2 + y_3, \\ x_2 = \dfrac{2}{5}y_2 + \dfrac{2}{5}y_3, \\ x_3 = \dfrac{5}{3}y_3, \end{cases}$$

则二次型 f 在上述满秩线性变换之下就可化为标准形

$$f = y_1^2 - y_2^2 + y_3^2 = \mathbf{Y}^{\mathrm{T}}\mathbf{D}\mathbf{Y},$$

其中 $\mathbf{D} = \begin{pmatrix} 1 & 0 & 0 \\ 0 & -1 & 0 \\ 0 & 0 & 1 \end{pmatrix} = \mathrm{diag}(1,\ -1,\ 1)$，$\mathbf{Y} = \begin{pmatrix} y_1 \\ y_2 \\ y_3 \end{pmatrix}$，$\mathbf{Y}^{\mathrm{T}} = (y_1,\ y_2,\ y_3)$，

所用的满秩线性变换为

$$\begin{cases} x_1 = y_1 + y_2 + y_3, \\ x_2 = \dfrac{2}{5}y_2 + \dfrac{2}{5}y_3, \\ x_3 = \dfrac{5}{3}y_3, \end{cases} \quad 即 \begin{pmatrix} x_1 \\ x_2 \\ x_3 \end{pmatrix} = \begin{pmatrix} 1 & 1 & 1 \\ 0 & \dfrac{2}{5} & \dfrac{2}{5} \\ 0 & 0 & \dfrac{5}{3} \end{pmatrix} \begin{pmatrix} y_1 \\ y_2 \\ y_3 \end{pmatrix}.$$

例 2 化二次型 $f = 2x_1x_2 + 2x_1x_3 - 6x_2x_3$ 为标准形，并求所用的变换矩阵 $\mathbf{C}$.

解 由于 f 中不含有平方项，不能直接配方，故可先令

$$\begin{cases} x_1 = y_1 + y_2, \\ x_2 = y_1 - y_2, \\ x_3 = y_3, \end{cases}$$

代入 f 中可得

$$f = 2y_1^2 - 2y_2^2 - 4y_1y_3 + 8y_2y_3,$$

再配方得

$$f = 2(y_1 - y_3)^2 - 2(y_2 - 2y_3)^2 + 6y_3^2.$$

令 $\begin{cases} z_1 = y_1 - y_3, \\ z_2 = y_2 - 2y_3, \\ z_3 = y_3, \end{cases}$ 即 $\begin{cases} y_1 = z_1 + z_3, \\ y_2 = z_2 + 2z_3, \\ y_3 = z_3, \end{cases}$

则有

$$f = 2z_1^2 - 2z_2^2 + 6z_3^2.$$

所用变换矩阵为

$$\mathbf{C} = \begin{pmatrix} 1 & 1 & 0 \\ 1 & -1 & 0 \\ 0 & 0 & 1 \end{pmatrix} \begin{pmatrix} 1 & 0 & 1 \\ 0 & 1 & 2 \\ 0 & 0 & 1 \end{pmatrix} = \begin{pmatrix} 1 & 1 & 3 \\ 1 & -1 & -1 \\ 0 & 0 & 1 \end{pmatrix}.$$

因为 $|\mathbf{C}| = -2 \neq 0$，所以 $\mathbf{C}$ 满秩.

不难看出：任何二次型都可用上面方法找到一个可逆变换，将其化为标准形．由定理 1 可知标准形中含有的项数，就是二次型的秩．

当变量个数很多时，这种用配方法化二次型为标准形的方法是相当繁琐的，下面给出的初等变换化二次型为标准形的方法，就是将配方法通过对二次型的矩阵施行初等变换来实现的．当变元个数较多，尤其要求变换矩阵 C 时，这一方法较为实用．

二、初等变换法（也称为合同变换法）※

由 §1 的讨论知，标准形的矩阵是一个对角矩阵．因此，对于一个秩为 r 的二次型 $f = X^T A X$，若用满秩线性变换 $X = CY$ 使它化为标准形，那么标准形中平方项的项数就是 r，从而标准形的矩阵主对角线上非零元素的个数就是 r，即

$$f = d_1 y_1^2 + d_2 y_2^2 + \cdots + d_r y_r^2 + 0 \cdot y_{r+1}^2 + \cdots + 0 \cdot y_n^2 = Y^T D Y,$$

其中　　　　　　　$D = C^T A C = \mathrm{diag}(d_1, d_2, \cdots, d_r, 0, \cdots, 0).$

由此可知，用满秩线性变换 $X = CY$ 化二次型 $f = X^T A X$ 为标准形的问题，实质上是求满秩矩阵 C，使 $C^T A C$ 成为对角形矩阵 D 的问题，也即求满秩矩阵 C，使

$$C^T A C = D = \mathrm{diag}(d_1, d_2, \cdots, d_r, 0, \cdots, 0).$$

因为任一满秩矩阵 C 皆可表示成若干初等矩阵的乘积，故可设

$$C = P_1 P_2 \cdots P_s,$$

从而　　　　　　　$C^T = (P_1 P_2 \cdots P_s)^T = P_s^T \cdots P_2^T P_1^T.$

这里 P_1，P_2，$\cdots$，P_s 都是初等矩阵．因此，由定理 2，对任意给定的秩为 r 的对称矩阵 A（即二次型 $f = X^T A X$），一定存在一系列初等矩阵 P_1，P_2，$\cdots$，P_s 使得

$$P_s^T \cdots P_2^T P_1^T A P_1 P_2 \cdots P_s = D = \mathrm{diag}(d_1, d_2, \cdots, d_r, 0, \cdots, 0),$$

由于初等矩阵的转置矩阵还是初等矩阵，因此对二次型 f 的系数矩阵 A，只要运用一系列行与列成对的初等变换（我们称之为**合同变换**），就能把 A 化为对角形矩阵．

由于 $C = P_1 P_2 \cdots P_s = E P_1 P_2 \cdots P_s$，所以为了求出化 A 为对角形矩阵所用的满秩矩阵 C，只需把与 A 同阶的单位矩阵 E 放在矩阵 A 的下面，构成矩阵 $\left(\dfrac{A}{E} \right)$，当对 A 施行合同变换时，单位矩阵 E 随 A 施行相同的列变换，且只施行列的初等变换，那么把 A 化为对角形矩阵 D 时，同时就把 E 化为我们所要求的满秩矩阵 C 了．

仍以例 1 为例，首先写出二次型 f 的矩阵

$$A = \begin{pmatrix} 1 & -\dfrac{5}{2} & 0 \\ -\dfrac{5}{2} & 0 & \dfrac{3}{2} \\ 0 & \dfrac{3}{2} & 0 \end{pmatrix},$$

把与 A 同阶的三阶单位矩阵 E 放在 A 的下方，构成矩阵 $\left(\dfrac{A}{E}\right)$，然后对 A 施行合同变换，同时对下面的单位矩阵 E 只作相应的初等列变换，当把上面的 A 化成对角形矩阵时，下面的 E 就化成矩阵 C，具体过程如下：

$$\left(\dfrac{A}{E}\right) = \begin{pmatrix} 1 & -\dfrac{5}{2} & 0 \\ -\dfrac{5}{2} & 0 & \dfrac{3}{2} \\ 0 & \dfrac{3}{2} & 0 \\ \hdashline 1 & 0 & 0 \\ 0 & 1 & 0 \\ 0 & 0 & 1 \end{pmatrix} \xrightarrow[r_2 + \frac{5}{2}r_1]{c_2 + \frac{5}{2}c_1} \begin{pmatrix} 1 & 0 & 0 \\ 0 & -\dfrac{25}{4} & \dfrac{3}{2} \\ 0 & \dfrac{3}{2} & 0 \\ \hdashline 1 & \dfrac{5}{2} & 0 \\ 0 & 1 & 0 \\ 0 & 0 & 1 \end{pmatrix} \xrightarrow[r_3 + \frac{6}{25}r_2]{c_3 + \frac{6}{25}c_2} \begin{pmatrix} 1 & 0 & 0 \\ 0 & -\dfrac{25}{4} & 0 \\ 0 & 0 & \dfrac{9}{25} \\ \hdashline 1 & \dfrac{5}{2} & \dfrac{3}{5} \\ 0 & 1 & \dfrac{6}{25} \\ 0 & 0 & 1 \end{pmatrix},$$

于是

$$C = \begin{pmatrix} 1 & \dfrac{5}{2} & \dfrac{3}{5} \\ 0 & 1 & \dfrac{6}{25} \\ 0 & 0 & 1 \end{pmatrix},$$

显然，$|C| \neq 0$，且

$$C^{\mathrm{T}}AC = D = \mathrm{diag}\left(1, -\dfrac{25}{4}, \dfrac{9}{25}\right),$$

从而满秩线性变换 $X = CY$，即

$$\begin{pmatrix} x_1 \\ x_2 \\ x_3 \end{pmatrix} = \begin{pmatrix} 1 & \dfrac{5}{2} & \dfrac{3}{5} \\ 0 & 1 & \dfrac{6}{25} \\ 0 & 0 & 1 \end{pmatrix} \begin{pmatrix} y_1 \\ y_2 \\ y_3 \end{pmatrix},$$

把二次型 $f = x_1^2 - 5x_1x_2 + 3x_2x_3$ 化为标准形：

$$g(y_1, y_2, y_3) = y_1^2 - \frac{25}{4}y_2^2 + \frac{9}{25}y_3^2.$$

例 3 化二次型 $f(x_1, x_2, x_3) = 2x_1x_2 + 2x_1x_3 + 6x_2x_3$ 为标准形，并写出所用的满秩线性变换．

解 首先写出二次型 f 的矩阵 A，然后构造矩阵 $\begin{pmatrix} A \\ \hline E \end{pmatrix}$，应用合同变换化 A 为对角形矩阵，对 E 只作相应的列初等变换．

$$\begin{pmatrix} A \\ \hline E \end{pmatrix} = \begin{pmatrix} 0 & 1 & 1 \\ 1 & 0 & 3 \\ 1 & 3 & 0 \\ \hline 1 & 0 & 0 \\ 0 & 1 & 0 \\ 0 & 0 & 1 \end{pmatrix} \xrightarrow[r_1+r_2]{c_1+c_2} \begin{pmatrix} 2 & 1 & 4 \\ 1 & 0 & 3 \\ 4 & 3 & 0 \\ \hline 1 & 0 & 0 \\ 1 & 1 & 0 \\ 0 & 0 & 1 \end{pmatrix} \xrightarrow[r_2-\frac{1}{2}r_1]{c_2-\frac{1}{2}c_1} \begin{pmatrix} 2 & 0 & 4 \\ 0 & -\frac{1}{2} & 1 \\ 4 & 1 & 0 \\ \hline 1 & -\frac{1}{2} & 0 \\ 1 & \frac{1}{2} & 0 \\ 0 & 0 & 1 \end{pmatrix}$$

$$\xrightarrow[r_3-2r_1]{c_3-2c_1} \begin{pmatrix} 2 & 0 & 0 \\ 0 & -\frac{1}{2} & 1 \\ 0 & 1 & -8 \\ \hline 1 & -\frac{1}{2} & -2 \\ 1 & \frac{1}{2} & -2 \\ 0 & 0 & 1 \end{pmatrix} \xrightarrow[r_3+2r_2]{c_3+2c_2} \begin{pmatrix} 2 & 0 & 0 \\ 0 & -\frac{1}{2} & 0 \\ 0 & 0 & -6 \\ \hline 1 & -\frac{1}{2} & -3 \\ 1 & \frac{1}{2} & -1 \\ 0 & 0 & 1 \end{pmatrix},$$

于是通过满秩线性变换

$$\begin{pmatrix} x_1 \\ x_2 \\ x_3 \end{pmatrix} = \begin{pmatrix} 1 & -\frac{1}{2} & -3 \\ 1 & \frac{1}{2} & -1 \\ 0 & 0 & 1 \end{pmatrix} \begin{pmatrix} y_1 \\ y_2 \\ y_3 \end{pmatrix},$$

把二次型 $f(x_1, x_2, x_3) = 2x_1x_2 + 2x_1x_3 + 6x_2x_3$ 化为标准形：

$$\varphi(y_1, y_2, y_3) = 2y_1^2 - \frac{1}{2}y_2^2 - 6y_3^2.$$

三、正交变换法

定理 3 任给二次型 $f = X^T A X$，总有正交变换 $X = PY$（即 P 为正交矩阵），

使二次型 f 化为标准形
$$f = \lambda_1 y_1^2 + \lambda_2 y_2^2 + \cdots + \lambda_n y_n^2,$$
其中 λ_1，λ_2，$\cdots$，λ_n 是 f 的矩阵 A 的特征值.

这是第五章定理 2 的直接推论.

例 4 求一个正交变换 $X = PY$，把二次型
$$f = 2x_1x_2 + 2x_1x_3 - 2x_1x_4 - 2x_2x_3 + 2x_2x_4 + 2x_3x_4$$
化为标准形.

解 二次型的矩阵为
$$A = \begin{pmatrix} 0 & 1 & 1 & -1 \\ 1 & 0 & -1 & 1 \\ 1 & -1 & 0 & 1 \\ -1 & 1 & 1 & 0 \end{pmatrix},$$

它的特征多项式为
$$|A - \lambda E| = \begin{vmatrix} -\lambda & 1 & 1 & -1 \\ 1 & -\lambda & -1 & 1 \\ 1 & -1 & -\lambda & 1 \\ -1 & 1 & 1 & -\lambda \end{vmatrix} \xrightarrow{c_1 + c_2 + c_3 + c_4} \begin{vmatrix} 1-\lambda & 1 & 1 & -1 \\ 1-\lambda & -\lambda & -1 & 1 \\ 1-\lambda & -1 & -\lambda & 1 \\ 1-\lambda & 1 & 1 & \lambda \end{vmatrix}$$

$$= (-\lambda + 1) \begin{vmatrix} 1 & 1 & 1 & -1 \\ 1 & -\lambda & -1 & 1 \\ 1 & -1 & -\lambda & 1 \\ 1 & 1 & 1 & -\lambda \end{vmatrix}$$

$$= (-\lambda + 1) \begin{vmatrix} 1 & 1 & 1 & 1 \\ 0 & -\lambda-1 & -2 & 2 \\ 0 & -2 & -\lambda-1 & 2 \\ 0 & 0 & 0 & -\lambda+1 \end{vmatrix}$$

$$= (-\lambda + 1)^2 \begin{vmatrix} -\lambda-1 & -2 \\ -2 & -\lambda-1 \end{vmatrix}$$

$$= (-\lambda + 1)^2 (\lambda^2 + 2\lambda - 3)$$

$$= (\lambda + 3)(\lambda - 1)^3,$$

于是 A 的特征值为 $\lambda_1 = -3$，$\lambda_2 = \lambda_3 = \lambda_4 = 1$.

当 $\lambda_1 = -3$ 时，解方程组 $(A + 3E)X = 0$，由
$$A + 3E = \begin{pmatrix} 3 & 1 & 1 & -1 \\ 1 & 3 & -1 & 1 \\ 1 & -1 & 3 & 1 \\ -1 & 1 & 1 & 3 \end{pmatrix} \xrightarrow[\frac{1}{4}r_1]{r_1 + r_2 + r_3 + r_4} \begin{pmatrix} 1 & 1 & 1 & 1 \\ 1 & 3 & -1 & 1 \\ 1 & -1 & 3 & 1 \\ -1 & 1 & 1 & 3 \end{pmatrix}$$

$$\xrightarrow[\substack{r_2-r_1 \\ r_3-r_1 \\ r_4+r_1}]{} \begin{pmatrix} 1 & 1 & 1 & 1 \\ 0 & 2 & -2 & 0 \\ 0 & -2 & 2 & 0 \\ 0 & 2 & 2 & 4 \end{pmatrix} \xrightarrow[\substack{r_3+r_2 \\ r_4-r_2 \\ r_3 \leftrightarrow r_4 \\ \frac{1}{2}r_2 \\ \frac{1}{4}r_3}]{} \begin{pmatrix} 1 & 1 & 1 & 1 \\ 0 & 1 & -1 & 0 \\ 0 & 0 & 1 & 1 \\ 0 & 0 & 0 & 0 \end{pmatrix}$$

$$\xrightarrow[\substack{r_1-r_2-r_3}]{} \begin{pmatrix} 1 & 0 & 1 & 0 \\ 0 & 1 & -1 & 0 \\ 0 & 0 & 1 & 1 \\ 0 & 0 & 0 & 0 \end{pmatrix},$$

得基础解系
$$\boldsymbol{\xi}_1 = \begin{pmatrix} 1 \\ -1 \\ -1 \\ 1 \end{pmatrix},$$

单位化得
$$\boldsymbol{\eta}_1 = \frac{1}{2} \begin{pmatrix} 1 \\ -1 \\ -1 \\ 1 \end{pmatrix};$$

当 $\lambda_2 = \lambda_3 = \lambda_4 = 1$ 时，解方程组 $(\boldsymbol{A} - \boldsymbol{E})\boldsymbol{X} = \boldsymbol{0}$，因为

$$\boldsymbol{A} - \boldsymbol{E} = \begin{pmatrix} -1 & 1 & 1 & -1 \\ 1 & -1 & -1 & 1 \\ 1 & -1 & -1 & 1 \\ -1 & 1 & 1 & -1 \end{pmatrix} \xrightarrow[\substack{r_2+r_1 \\ r_3+r_1 \\ r_4-r_1}]{} \begin{pmatrix} -1 & 1 & 1 & -1 \\ 0 & 0 & 0 & 0 \\ 0 & 0 & 0 & 0 \\ 0 & 0 & 0 & 0 \end{pmatrix},$$

所以令自由未知量 (x_2, x_3, x_4) 依次取 $(1, 0, 0)$，$(0, 1, 1)$，$(-1,$ $1, -1)$，可得正交的基础解系

$$\boldsymbol{\xi}_2 = \begin{pmatrix} 1 \\ 1 \\ 0 \\ 0 \end{pmatrix}, \ \boldsymbol{\xi}_3 = \begin{pmatrix} 0 \\ 0 \\ 1 \\ 1 \end{pmatrix}, \ \boldsymbol{\xi}_4 = \begin{pmatrix} 1 \\ -1 \\ 1 \\ -1 \end{pmatrix},$$

单位化得
$$\boldsymbol{\eta}_2 = \frac{1}{\sqrt{2}} \begin{pmatrix} 1 \\ 1 \\ 0 \\ 0 \end{pmatrix}, \ \boldsymbol{\eta}_3 = \frac{1}{\sqrt{2}} \begin{pmatrix} 0 \\ 0 \\ 1 \\ 1 \end{pmatrix}, \ \boldsymbol{\eta}_4 = \frac{1}{2} \begin{pmatrix} 1 \\ -1 \\ 1 \\ -1 \end{pmatrix},$$

于是所求正交变换为

$$\begin{bmatrix} x_1 \\ x_2 \\ x_3 \\ x_4 \end{bmatrix} = \begin{bmatrix} \dfrac{1}{2} & \dfrac{1}{\sqrt{2}} & 0 & \dfrac{1}{2} \\[2mm] -\dfrac{1}{2} & \dfrac{1}{\sqrt{2}} & 0 & -\dfrac{1}{2} \\[2mm] -\dfrac{1}{2} & 0 & \dfrac{1}{\sqrt{2}} & \dfrac{1}{2} \\[2mm] \dfrac{1}{2} & 0 & \dfrac{1}{\sqrt{2}} & -\dfrac{1}{2} \end{bmatrix} \begin{bmatrix} y_1 \\ y_2 \\ y_3 \\ y_4 \end{bmatrix},$$

在此变换下，原二次型化为

$$f = -3y_1^2 + y_2^2 + y_3^2 + y_4^2.$$

有了这一方法，像本章一开始提出的几何问题就迎刃而解了，请读者自己完成.

§3　正定二次型和正定矩阵

定理 4（惯性定理）　设实二次型 $f = X^{\mathrm{T}}AX$ 的秩为 r，若有两个实的可逆变换

$$X = CY \text{ 及 } X = PZ,$$

使

$$f = d_1 y_1^2 + d_2 y_2^2 + \cdots + d_r y_r^2 (d_i \neq 0)$$

及

$$f = \lambda_1 z_1^2 + \lambda_2 z_2^2 + \cdots + \lambda_r z_r^2 (\lambda_i \neq 0),$$

则 d_1，d_2，$\cdots$，d_r **中正数的个数与** λ_1，λ_2，$\cdots$，λ_r **中正数的个数相等**.

证明略.

二次型经过不同满秩线性变换所得到的标准形可能是不同的，但定理 4 告诉我们，任何标准形中正系数的个数是不变的，从而负系数的个数也是不变的. 我们把标准形中正（负）项的项数叫作该二次型的**正（负）惯性指数**；正惯性指数与负惯性指数之差叫作**符号差**.

我们现在来讨论一种最常用的也是最重要的二次型，即标准形的系数全为正的情形.

定义 3　对于实二次型 $f(X) = X^{\mathrm{T}}AX$，如果对于任何

$$X = \begin{bmatrix} x_1 \\ x_2 \\ \vdots \\ x_n \end{bmatrix} \neq \begin{bmatrix} 0 \\ 0 \\ \vdots \\ 0 \end{bmatrix},$$

都有 $f(X) > 0$，则称 f 为正定二次型，并称对称矩阵 A 是正定矩阵；

如果对于任何 $X \neq 0$，都有 $f(X) < 0$，则称 f 为负定二次型，并称对称矩

阵 A 是负定矩阵.

下面给出二次型正定的判别方法.

定理 5　实二次型 $f = X^T AX$ 为正定的充分必要条件是：它的标准形的 n 个系数全为正.

证　设二次型 $f = X^T AX$ 经满秩的线性变换 $X = CY$ 化为标准形

$$f(X) = f(CY) = \sum_{i=1}^{n} k_i y_i^2.$$

先证充分性.

设 $k_i > 0 (i = 1, 2, \cdots, n)$，任给 $X \neq 0$ 有 $Y = C^{-1} X \neq 0$，所以

$$f(X) = \sum_{i=1}^{n} k_i y_i^2 > 0.$$

再用反证法证必要性.

设有 $k_s \leqslant 0$，则对于

$$Y = \begin{bmatrix} 0 \\ \vdots \\ 1 \\ \vdots \\ 0 \end{bmatrix} (第 s 行),$$

因为 C 可逆，所以有 $X = CY \neq 0$，且有

$$f(X) = f(CY) = k_s \leqslant 0,$$

这与 f 为正定相矛盾. 这就证明了 $k_i > 0 (i = 1, 2, \cdots, n)$.

推论　实对称矩阵 A 为正定的充分必要条件是：A 的特征值全为正.

用定理 5 判断二次型是否正定，首先要将二次型化为标准形. 下面我们给出一种方法，直接通过二次型的矩阵即可判断二次型的正定性.

定理 6　对称矩阵 A 为正定的充分必要条件是：A 的各阶顺序主子式都为正，即

$$a_{11} > 0, \quad \begin{vmatrix} a_{11} & a_{12} \\ a_{21} & a_{22} \end{vmatrix} > 0, \cdots, \begin{vmatrix} a_{11} & \cdots & a_{1k} \\ \vdots & & \vdots \\ a_{k1} & \cdots & a_{kk} \end{vmatrix} > 0, k = 1, 2, \cdots, n.$$

证明略.

例 5　判别二次型的正定性：

(1) $f = -5x^2 - 6y^2 - 4z^2 + 4xy + 4xz$；

(2) $f = 3x_1^2 + 4x_2^2 + 5x_3^2 + 4x_1 x_2 - 4x_2 x_3$.

解　(1) f 的矩阵为

$$A = \begin{pmatrix} -5 & 2 & 2 \\ 2 & -6 & 0 \\ 2 & 0 & -4 \end{pmatrix},$$

因为 $a_{11} = -5 < 0$，即存在 A 的一个顺序主子式为负，所以根据定理 6 可知 f 不是正定的．

(2) f 的矩阵为

$$A = \begin{pmatrix} 3 & 2 & 0 \\ 2 & 4 & -2 \\ 0 & -2 & 5 \end{pmatrix},$$

因为 $a_{11} = 3 > 0$，$\begin{vmatrix} 3 & 2 \\ 2 & 4 \end{vmatrix} = 8 > 0$，$|A| = \begin{vmatrix} 3 & 2 & 0 \\ 2 & 4 & -2 \\ 0 & -2 & 5 \end{vmatrix} = 28 > 0$，即 A 的各阶

顺序主子式都为正，所以由定理 6 可知 f 是正定的．

习 题 六

1. 用矩阵形式表示下列二次型，并用合同变换法化二次型为标准形：

(1) $f = x_1^2 + 4x_1x_2 + 4x_2^2 + 2x_1x_3 + x_3^2 + 4x_2x_3$；

(2) $f = x_1^2 + 2x_1x_2 + 4x_1x_3 + 3x_2^2 + x_2x_3 + 7x_3^2$；

(3) $f = x_1^2 + x_2^2 + x_3^2 + x_4^2 - 2x_1x_2 + 6x_2x_3 + 4x_1x_3 - 2x_1x_4 - 4x_2x_4$；

(4) $f = 2x_1^2 + 5x_2^2 + 5x_3^2 + 4x_1x_2 - 4x_1x_3 - 8x_2x_3$．

2. 求下列二次型的秩，并用配方法化二次型为标准形：

(1) $f = x_1^2 + 2x_2^2 + 3x_3^2 - 2x_1x_2 - 2x_1x_3 + 2x_2x_3$；

(2) $f = x_1^2 + 2x_2^2 + x_3^2 - 2x_1x_2 - 2x_1x_3 + 2x_2x_3$；

(3) $f = x_1x_2 + x_2x_3 + x_3x_4$．

3. 用正交变换化下列二次型为标准形：

(1) $f = 2x_1^2 + 3x_2^2 + 3x_3^2 + 4x_2x_3$；

(2) $f = x_1^2 + x_2^2 + x_3^2 + x_4^2 + 2x_1x_2 - 2x_1x_4 - 2x_2x_3 + 2x_3x_4$；

(3) $f = 2x_1^2 + x_2^2 - 4x_1x_2 - 4x_2x_3$．

4. 判别下列二次型的正定性：

(1) $f = -2x_1^2 - 6x_2^2 - 4x_3^2 + 2x_1x_2 + 2x_1x_3$；

(2) $f = x_1^2 + 3x_2^2 + 9x_3^2 + 19x_4^2 - 2x_1x_2 + 4x_1x_3 + 2x_1x_4 - 6x_2x_4 - 12x_3x_4$；

(3) $f = 5x_1^2 + 6x_2^2 + 4x_3^2 - 4x_1x_2 - 4x_2x_3$；

(4) $f = 10x_1^2 + 8x_1x_2 + 24x_1x_3 + 2x_2^2 - 28x_2x_3 + x_3^2$．

5. 试证：如果 A 是满秩的对称矩阵，那么 A^{-1} 也是对称矩阵.

6. 设 A 是 n 阶实对称矩阵，且 $A^2 = A$，证明：存在正交矩阵 T，使得
$$T^{-1}AT = \text{diag}(1, 1, \cdots, 1, 0, \cdots, 0).$$

7. 求证实反对称矩阵（即 $A^T = -A$）的特征值是零或是纯虚数.

8. 设 U 为可逆矩阵，$A = U^T U$，证明：二次型 $f = X^T A X$ 为正定二次型.

9. 设对称矩阵 A 为正定矩阵，证明：存在可逆矩阵 U，使 $A = U^T U$.

10. 已知二次曲面方程 $x_1^2 + 2bx_1x_2 + 2x_1x_3 + ax_2^2 + 2x_2x_3 + x_3^2 = 4$，经过正交变换 $\begin{bmatrix} x_1 \\ x_2 \\ x_3 \end{bmatrix} = P \begin{bmatrix} y_1 \\ y_2 \\ y_3 \end{bmatrix}$ 化为椭圆柱面方程 $y_2^2 + 4y_3^2 = 4$，求 a，b 的值和正交矩阵 P.

11. 设 A 为 $m \times n$ 实矩阵，E 是 n 阶单位矩阵，$B = \lambda E + A^T A$，证明：当 $\lambda > 0$ 时，B 是正定矩阵.

阅读材料 6：

正定二次型及其他

我们在第六章中介绍了正定二次型并给出了判别方法. 在此，我们再介绍其他几种特殊的实二次型并给出判别方法.

定义 设 $$f(x_1, x_2, \cdots, x_n) = X^T A X$$
是一个 n 元实二次型，如果对任意 n 个不全为零的实数 $c_1, c_2, \cdots, c_n$，都有：
$$f(c_1, c_2, \cdots, c_n) > 0 (\geqslant 0, < 0, \leqslant 0),$$
则称实二次型 $f(x_1, x_2, \cdots, x_n) = X^T A X$ 为**正定（半正定，负定，半负定）二次型**；并把实对称矩阵 A 叫作**正定（半正定，负定，半负定）矩阵**.

下面分别给出它们的判别方法.

实二次型 $f(x_1, x_2, \cdots, x_n) = X^T A X$ 正定的充要条件有：

（Ⅰ）$f(x_1, x_2, \cdots, x_n) = X^T A X$ 的正惯性指数与秩相等且等于 n；

（Ⅱ）存在可逆实矩阵 C，使得
$$C^T A C = \begin{bmatrix} d_1 & & & \\ & d_2 & & \\ & & \ddots & \\ & & & d_n \end{bmatrix}, \text{且 } d_i > 0, i = 1, 2, \cdots, n;$$

（Ⅲ）存在可逆实矩阵 S，使得 $A = S^T S$；

(Ⅳ)A 的顺序主子式都大于零；

(Ⅴ)A 的主子式都大于零；

(Ⅵ)A 的特征根都大于零.

实二次型 $f(x_1, x_2, \cdots, x_n)=X^T A X$ 半正定的充要条件有：

(Ⅰ)$f(x_1, x_2, \cdots, x_n)=X^T A X$ 的正惯性指数与秩相等；

(Ⅱ)存在可逆实矩阵 C，使得

$$C^T A C = \begin{bmatrix} d_1 & & & \\ & d_2 & & \\ & & \ddots & \\ & & & d_n \end{bmatrix}, \text{且} d_i \geqslant 0, i=1, 2, \cdots, n;$$

(Ⅲ)存在实矩阵 S，使得 $A=S^T S$；

(Ⅳ)A 的主子式都不小于零；

(Ⅴ)A 的特征根都不小于零.

实二次型 $f(x_1, x_2, \cdots, x_n)=X^T A X$ 负定的充要条件有：

(Ⅰ)$f(x_1, x_2, \cdots, x_n)=X^T A X$ 的负惯性指数与秩相等且等于 n；

(Ⅱ)存在可逆实矩阵 C，使得

$$C^T A C = \begin{bmatrix} d_1 & & & \\ & d_2 & & \\ & & \ddots & \\ & & & d_n \end{bmatrix}, \text{且} d_i < 0, i=1, 2, \cdots, n;$$

(Ⅲ)存在可逆实矩阵 S，使得 $A=-S^T S$；

(Ⅳ)A 的特征根都小于零.

第七章※ 线性空间与线性变换

在第二章中，我们介绍了向量的概念及其运算，在本章中，我们将把这些概念加以推广和抽象，介绍线性空间的一般概念以及线性变换. 线性空间是线性代数最基本的概念之一，是某一类事物从量方面的一个抽象，而线性变换则是反映线性空间中元素之间最基本的线性联系. 从某个角度来说，线性代数就是研究线性空间、线性变换理论的学科，由此可见，线性空间、线性变换是非常重要的. 本章我们首先学习线性空间的概念、基本性质、基变换和坐标变换以及线性子空间的有关概念；再进一步给出线性变换的基本概念、它的运算及矩阵表示.

§1 线性空间的基本概念

一、线性空间的定义和基本性质

我们知道，在所有 n 维向量的集合 $\mathbf{R}^n$ 中，对于任意向量
$$\boldsymbol{\alpha} = (a_1, a_2, \cdots, a_n)^{\mathrm{T}}, \boldsymbol{\beta} = (b_1, b_2, \cdots, b_n)^{\mathrm{T}},$$
有
$$\boldsymbol{\alpha} + \boldsymbol{\beta} = (a_1 + b_1, \cdots, a_n + b_n)^{\mathrm{T}} \in \mathbf{R}^n,$$
并且对任意常数 $k \in \mathbf{R}$，
$$k\boldsymbol{\alpha} = (ka_1, \cdots, ka_n)^{\mathrm{T}} \in \mathbf{R}^n,$$
即 $\mathbf{R}^n$ 中任意两个向量的和仍在 $\mathbf{R}^n$ 中，数 k 与 $\mathbf{R}^n$ 中任意向量的数乘积也仍在 $\mathbf{R}^n$ 中. 并且加法满足交换律、结合律，数乘满足分配律、结合律等. 在数学和其他学科中还有大量这样的集合，它们都具备上述性质，因此我们有必要不考虑构成集合的对象，抽去它们的具体内容来研究这类集合的公共本质. 于是对这类集合引进一个概括性的新概念——线性空间：

定义 1 设 V 是一个非空集合，在 V 的元素之间定义一种加法运算，即对任意 $\boldsymbol{\alpha}, \boldsymbol{\beta} \in V$，都有 $\boldsymbol{\alpha} + \boldsymbol{\beta} \in V$；还定义了一种数量乘法，即对任意常数 k 和任意 $\boldsymbol{\alpha} \in V$，都有 $k\boldsymbol{\alpha} \in V$. 如果加法和数量乘法满足以下条件，则称 V 构成线性空间.

(1) 加法满足交换律：$\boldsymbol{\alpha} + \boldsymbol{\beta} = \boldsymbol{\beta} + \boldsymbol{\alpha}$；

（2）加法满足结合律：$(\boldsymbol{\alpha}+\boldsymbol{\beta})+\boldsymbol{\gamma}=\boldsymbol{\alpha}+(\boldsymbol{\beta}+\boldsymbol{\gamma})$；

（3）V 中存在零元：存在 $\mathbf{0}\in V$，使得对任意 $\boldsymbol{\alpha}\in V$ 都有：

$$\mathbf{0}+\boldsymbol{\alpha}=\boldsymbol{\alpha};$$

（4）V 中每个元都有负元：对任意 $\boldsymbol{\alpha}\in V$，都存在 $\boldsymbol{\beta}\in V$，使得

$$\boldsymbol{\alpha}+\boldsymbol{\beta}=\mathbf{0};$$

（5）$1\boldsymbol{\alpha}=\boldsymbol{\alpha}$；

（6）$k(\boldsymbol{\alpha}+\boldsymbol{\beta})=k\boldsymbol{\alpha}+k\boldsymbol{\beta}$；

（7）$(k+l)\boldsymbol{\alpha}=k\boldsymbol{\alpha}+l\boldsymbol{\alpha}$；

（8）$k(l\boldsymbol{\alpha})=(kl)\boldsymbol{\alpha}$；

其中，k，l 是任意常数，$\boldsymbol{\alpha}$，$\boldsymbol{\beta}$，$\boldsymbol{\gamma}$ 是 V 中任意元素.

线性空间 V 又叫作**向量空间**，V 中的元素又叫**向量**. 如果这些数都是实数，就称 V 为**实空间**，如果是复数，就称 V 为**复空间**. 我们主要研究实空间.

值得注意的是：①线性空间是一个抽象名词，它的元素一般是抽象的，当然不一定是数. 所谓实空间只是其中系数 k，l 都取实数而已. ②定义中所谓的两种运算也是抽象的，其中所列举的各规律只不过是运算必须具备的条件而已. 比如，正数集合对于如下定义的加法 $\oplus$ 及数量乘法 $\cdot$ 两种运算：

$$a\oplus b=ab,\ k\cdot a=a^{k},$$

由定义易证构成一个线性空间.

我们再给出以下几个常见的线性空间的例子.

例1　$\mathbf{R}^{n}$ 对于向量的加法和数乘显然构成线性空间.

例2　零多项式和次数不超过 n 的多项式的全体，记作 $P[x]_{n}$，即

$$P[x]_{n}=\{a_{n}x^{n}+a_{n-1}x^{n-1}+\cdots+a_{1}x+a_{0}\,|\,a_{n},\,\cdots,\,a_{1},\,a_{0}\in\mathbf{R}\},$$

对于通常的多项式加法，多项式与数的乘积构成线性空间.

例3　所有 $m\times n$ 矩阵所成集合 $\mathbf{R}^{m\times n}$ 对于矩阵的加法和数乘运算构成线性空间.

例4　$\mathbf{R}$ 对于数的加法和乘法也构成一个线性空间.

上面介绍了线性空间的概念，下面我们根据线性空间的定义来认识线性空间的性质.

定理1　线性空间 V 中的零元唯一；线性空间 V 中的任意元 $\boldsymbol{\alpha}$ 有唯一的负元，$\boldsymbol{\alpha}$ 的负元记为 $-\boldsymbol{\alpha}$.

证　设 V 中有零元 x 和 x'，则一方面由于 x 是零元，所以对 $x'\in V$ 有：$x'+x=x'$；另一方面，由于 x' 是零元，所以对 $x\in V$，又有 $x+x'=x$，故有 $x'=x$.

再证 $\boldsymbol{\alpha}$ 的负元的唯一性，设 V 中元素 x 和 x' 都是 $\boldsymbol{\alpha}$ 的负元，则有 $\boldsymbol{\alpha}+x'=\mathbf{0}$

和 $\alpha+x=0$，于是

$$x=0+x=(\alpha+x')+x=(x'+a)+x$$
$$=x'+(\alpha+x)=x'+0=x',$$

所以 α 的负元是唯一的.

由定理 1 易证以下结论：

(1) $0\alpha=0$，$k0=0$；

(2) $(-k)\alpha=k(-\alpha)=-(k\alpha)$；

(3) $k\alpha=0 \Leftrightarrow k=0$ 或 $\alpha=0$.

二、子空间及其充要条件

定义 2 若线性空间 V 的非空子集合 L，对于 V 的加法及数乘两种运算也构成一个线性空间，则称 L 为 V 的子空间.

如在线性空间 V 中，只由零元构成的子空间，叫作**零空间**. V 自身也是 V 的子空间. 这两个子空间叫作 V 的**平凡子空间**，除此之外的叫非平凡子空间.

定理 2 线性空间 V 的非空子集 L 构成 V 的子空间的充分必要条件是：

(1) **如果 α，$\beta \in L$ 那么 $\alpha+\beta \in L$；**

(2) **如果 $\alpha \in L$，k 是任意数，那么 $k\alpha \in L$.**

证 必要性显然，下面证明充分性.

假如 L 满足上面两个条件，那么 V 的两种运算就是 L 的两种运算.

因为 L 是 V 的非空子集，而 V 是线性空间，所以对 V 的运算，L 满足线性空间定义中的条件(1)，(2)，(5)，(6)，(7)，(8).

又因为 L 非空，所以对 $\alpha \in L$，$0\alpha=0 \in L$，即 L 中有零元，于是线性空间的定义中条件(3)也满足.

再对任意 $\alpha \in L$，有 $(-1)\alpha=-\alpha \in L$，即 L 中每个元都有负元，所以线性空间定义中的条件(4)也成立.

这就证明了 L 是 V 的子空间.

例如，在线性空间 $\mathbf{R}^n$ 中，所有形如 $(0, a_2, \cdots, a_n)^{\mathrm{T}}$ 的向量构成 $\mathbf{R}^n$ 的子空间.

再如 V 是所有二阶矩阵形成的线性空间，那么所有形如 $\begin{bmatrix} a & b \\ 0 & 0 \end{bmatrix}$ 的矩阵形成它的子空间.

同样所有形如 $\begin{bmatrix} a & 0 \\ b & 0 \end{bmatrix}$ 的矩阵也形成 V 的子空间.

顺便提及，充要条件中关于两种运算的两个条件可以用一个线性条件代替：对任意 $\boldsymbol{\alpha}$，$\boldsymbol{\beta} \in L$ 和任意常数 k，l，都有：$k\boldsymbol{\alpha} + l\boldsymbol{\beta} \in L$.

§2　基与坐标

一、基与维数

一般线性空间除零空间外，都有无穷多个向量，能否把这无穷多个向量通过有限个向量全部表达出来，如何表示，也就是说线性空间的构造如何，这是一个重要问题．另外，线性空间中的向量是抽象的，如何使它与数发生联系，用比较具体的数学式来表达，这样才能进行运算，这又是一个重要问题．本节主要解决这两个问题．

由解析几何我们得知，在 $\mathbf{R}^2$ 中 $\boldsymbol{\varepsilon}_1 = (1, 0)^{\mathrm{T}}$，$\boldsymbol{\varepsilon}_2 = (0, 1)^{\mathrm{T}}$ 是两个线性无关的向量，任意 2 维向量 $\boldsymbol{\alpha} = (x, y)^{\mathrm{T}}$ 都可写成 $\boldsymbol{\varepsilon}_1$，$\boldsymbol{\varepsilon}_2$ 的线性组合，即

$$\boldsymbol{\alpha} = x\boldsymbol{\varepsilon}_1 + y\boldsymbol{\varepsilon}_2;$$

在 $\mathbf{R}^3$ 中，$\boldsymbol{\varepsilon}_1 = (1, 0, 0)^{\mathrm{T}}$，$\boldsymbol{\varepsilon}_2 = (0, 1, 0)^{\mathrm{T}}$，$\boldsymbol{\varepsilon}_3 = (0, 0, 1)^{\mathrm{T}}$ 是三个线性无关的向量，任意向量 $\boldsymbol{\alpha} = (x, y, z)^{\mathrm{T}}$ 是 $\boldsymbol{\varepsilon}_1$，$\boldsymbol{\varepsilon}_2$，$\boldsymbol{\varepsilon}_3$ 的线性组合：

$$\boldsymbol{\alpha} = x\boldsymbol{\varepsilon}_1 + y\boldsymbol{\varepsilon}_2 + z\boldsymbol{\varepsilon}_3.$$

由极大线性无关组的定义可知，$\boldsymbol{\varepsilon}_1$，$\boldsymbol{\varepsilon}_2$ 是 $\mathbf{R}^2$ 中向量的极大线性无关组，而 $\boldsymbol{\varepsilon}_1$，$\boldsymbol{\varepsilon}_2$，$\boldsymbol{\varepsilon}_3$ 是 $\mathbf{R}^3$ 的极大线性无关组．在一般线性空间中也是一样，任意向量是极大线性无关组的线性组合，引用极大线性无关组，第一个问题就立即得到解决，为此我们有如下定义．

定义 3　设在线性空间 V 中有 n 个线性无关的向量 $\boldsymbol{\alpha}_1$，$\boldsymbol{\alpha}_2$，$\cdots$，$\boldsymbol{\alpha}_n$，并且 V 中的任意向量都是 $\boldsymbol{\alpha}_1$，$\boldsymbol{\alpha}_2$，$\cdots$，$\boldsymbol{\alpha}_n$ 的线性组合，那么 $\boldsymbol{\alpha}_1$，$\boldsymbol{\alpha}_2$，$\cdots$，$\boldsymbol{\alpha}_n$ 叫作 V 的一组基，n 叫作 V 的维数，这时 V 叫作 n 维线性空间．如果这样的 n 个向量不存在，即对于任意正整数 N，在 V 中总有 N 个线性无关的向量，那么 V 就叫作无限维线性空间．不是无限维的线性空间，叫作有限维线性空间．

零空间只有一个零向量，故没有线性无关的向量，所以它没有基，因此我们规定：**零空间的维数是零**.

由定义可知 $\mathbf{R}^n$ 是 n 维线性空间，且 $\boldsymbol{\varepsilon}_1 = (1, 0, \cdots, 0)^{\mathrm{T}}$，$\boldsymbol{\varepsilon}_2 = (0, 1, \cdots, 0)^{\mathrm{T}}$，$\cdots$，$\boldsymbol{\varepsilon}_n = (0, 0, \cdots, 1)^{\mathrm{T}}$ 是它的基．

再如，容易验证所有 $m \times n$ 矩阵的全体对于通常矩阵的加法及数量乘法构成一个线性空间 $\mathbf{R}^{m \times n}$. 若令 $\boldsymbol{E}_{ij}$ 是第 i 行第 j 列处的元素是 1，其他各元素都是零的 $m \times n$ 矩阵，容易证明这 $m \times n$ 个矩阵 $\boldsymbol{E}_{ij}$（$i = 1, 2, \cdots, m$；$j = 1$，

2，…，n)线性无关，并且任意 $m\times n$ 矩阵 $\boldsymbol{A}=(a_{ij})_{m\times n}$ 可以写成：

$$\boldsymbol{A}=\sum_{i=1}^{m}\sum_{j=1}^{n}a_{ij}\boldsymbol{E}_{ij}.$$

也就是说 $\boldsymbol{A}=(a_{ij})_{m\times n}$ 是 $m\times n$ 个矩阵 $\boldsymbol{E}_{ij}$($i=1$，2，…，m；$j=1$，2，…，n)的线性组合，所以这 $m\times n$ 个矩阵 $\boldsymbol{E}_{ij}$($i=1$，2，…，m；$j=1$，2，…，n)是线性空间 $\mathbf{R}^{m\times n}$ 的一个基．因此 $\mathbf{R}^{m\times n}$ 是 $m\times n$ 维线性空间．

所有关于 x 的实系数多项式的全体，对于通常多项式的加法及数乘运算构成一个线性空间 $R[x]$，可以看出 $R[x]$ 是无限维线性空间．

一个线性空间的维数是唯一的，但它的基不是唯一的．如 ε_1，ε_2 是 $\mathbf{R}^2$ 的基，ε_1，$3\varepsilon_2$ 也是 $\mathbf{R}^2$ 的基．一般地，若 $\boldsymbol{\alpha}_1$，$\boldsymbol{\alpha}_2$，…，$\boldsymbol{\alpha}_n$ 为 V 的一个基，则对任意的 $k_1k_2\cdots k_n\neq 0$，$k_1\boldsymbol{\alpha}_1$，$k_2\boldsymbol{\alpha}_2$，…，$k_n\boldsymbol{\alpha}_n$ 也是 V 的一个基，所以非零的有限维线性空间有无穷多组基．

无穷维空间有任意多个线性无关的向量，它与有限维空间有很大的差别，它不是线性代数的研究对象，所以我们只讨论有限维线性空间．

显然 V 的子空间 L 的维数不大于 V 的维数，若 L 的维数与 V 的维数相等，那么 $L=V$. 显然，在 n 维线性空间 V 中，极大线性无关组只能包含 n 个向量，任意 n 个线性无关的向量都构成它的基．对于 V 中任意 $m(<n)$ 个线性无关的向量 $\boldsymbol{\alpha}_1$，$\boldsymbol{\alpha}_2$，…，$\boldsymbol{\alpha}_m$，我们总可以在 V 中再挑选 $n-m$ 个向量 $\boldsymbol{\beta}_1$，$\boldsymbol{\beta}_2$，…，$\boldsymbol{\beta}_{n-m}$，使 $\boldsymbol{\alpha}_1$，$\boldsymbol{\alpha}_2$，…，$\boldsymbol{\alpha}_m$，$\boldsymbol{\beta}_1$，$\boldsymbol{\beta}_2$，…，$\boldsymbol{\beta}_{n-m}$ 线性无关，从而构成 V 的基，这就是说 V 的任意子空间的基都可扩充成为 V 的基．

若知 $\boldsymbol{\alpha}_1$，$\boldsymbol{\alpha}_2$，…，$\boldsymbol{\alpha}_n$ 为 V 的一个基，则 V 可表示为

$$V=\{\boldsymbol{\alpha}=x_1\boldsymbol{\alpha}_1+x_2\boldsymbol{\alpha}_2+\cdots+x_n\boldsymbol{\alpha}_n|x_1，x_2，\cdots，x_n\in\mathbf{R}\},$$

这就较清楚地显示出线性空间 V 的构造，于是解决了我们本节开始时提出的第一个问题．

二、坐　标

若 $\boldsymbol{\alpha}_1$，$\boldsymbol{\alpha}_2$，…，$\boldsymbol{\alpha}_n$ 是 V 的一个基，则对任何 $\boldsymbol{\alpha}\in V$，都有一组有序数 x_1，x_2，…，x_n 使

$$\boldsymbol{\alpha}=x_1\boldsymbol{\alpha}_1+x_2\boldsymbol{\alpha}_2+\cdots+x_n\boldsymbol{\alpha}_n,$$

并且这组数是唯一的，因为若有另一组数 y_1，y_2，…，y_n 使

$$\boldsymbol{\alpha}=y_1\boldsymbol{\alpha}_1+y_2\boldsymbol{\alpha}_2+\cdots+y_n\boldsymbol{\alpha}_n,$$

则有　　$(x_1-y_1)\boldsymbol{\alpha}_1+(x_2-y_2)\boldsymbol{\alpha}_2+\cdots+(x_n-y_n)\boldsymbol{\alpha}_n=\boldsymbol{0}$,

由 $\boldsymbol{\alpha}_1$，$\boldsymbol{\alpha}_2$，…，$\boldsymbol{\alpha}_n$ 的线性无关性，知

$$x_1 = y_1, \ x_2 = y_2, \ \cdots, \ x_n = y_n.$$

反之，任给一组有序数 x_1，x_2，$\cdots$，x_n，总有唯一的向量

$$\boldsymbol{\alpha} = x_1 \boldsymbol{\alpha}_1 + x_2 \boldsymbol{\alpha}_2 + \cdots + x_n \boldsymbol{\alpha}_n \in V,$$

这样，V 的向量 $\boldsymbol{\alpha}$ 与有序数组 $(x_1, \ x_2, \ \cdots, \ x_n)^{\mathrm{T}}$ 之间存在着一种一一对应的关系，因此可以用这组有序数来表示向量 $\boldsymbol{\alpha}$，于是，我们有：

定义 4 设 $\boldsymbol{\alpha}_1$，$\boldsymbol{\alpha}_2$，$\cdots$，$\boldsymbol{\alpha}_n$ 是线性空间 V 的一个基，对于任一向量 $\boldsymbol{\alpha} \in V$，总有且只有一组有序数 x_1，x_2，$\cdots$，x_n，使

$$\boldsymbol{\alpha} = x_1 \boldsymbol{\alpha}_1 + x_2 \boldsymbol{\alpha}_2 + \cdots + x_n \boldsymbol{\alpha}_n,$$

我们将 x_1，x_2，$\cdots$，x_n 这组有序数称为向量 $\boldsymbol{\alpha}$ 在基 $\boldsymbol{\alpha}_1$，$\boldsymbol{\alpha}_2$，$\cdots$，$\boldsymbol{\alpha}_n$ 下的坐标，并记作

$$(x_1, \ x_2, \ \cdots, \ x_n)^{\mathrm{T}}.$$

例 5 在线性空间 $P[x]_4$ 中，

$$p_1 = 1, \ p_2 = x, \ p_3 = x^2, \ p_4 = x^3, \ p_5 = x^4$$

就是它的一个基，任何不超过 4 次的多项式

$$p = a_4 x^4 + a_3 x^3 + a_2 x^2 + a_1 x + a_0$$

都可表示为

$$p = a_0 p_1 + a_1 p_2 + a_2 p_3 + a_3 p_4 + a_4 p_5,$$

因此 p 在这个基下的坐标为

$$(a_0, \ a_1, \ a_2, \ a_3, \ a_4)^{\mathrm{T}}.$$

建立了坐标以后，就把抽象的向量 $\boldsymbol{\alpha}$ 与具体的数组向量 $(x_1, \ x_2, \ \cdots, \ x_n)^{\mathrm{T}}$ 联系起来了，并且还可把 V 中抽象的线性运算与数组向量的线性运算联系起来：

设 $\boldsymbol{\alpha}$，$\boldsymbol{\beta} \in V$，有

$$\boldsymbol{\alpha} = x_1 \boldsymbol{\alpha}_1 + x_2 \boldsymbol{\alpha}_2 + \cdots + x_n \boldsymbol{\alpha}_n, \ \boldsymbol{\beta} = y_1 \boldsymbol{\alpha}_1 + y_2 \boldsymbol{\alpha}_2 + \cdots + y_n \boldsymbol{\alpha}_n,$$

于是

$$\boldsymbol{\alpha} + \boldsymbol{\beta} = (x_1 + y_1) \boldsymbol{\alpha}_1 + \cdots + (x_n + y_n) \boldsymbol{\alpha}_n,$$

$$\lambda \boldsymbol{\alpha} = (\lambda x_1) \boldsymbol{\alpha}_1 + \cdots + (\lambda x_n) \boldsymbol{\alpha}_n,$$

即 $\boldsymbol{\alpha} + \boldsymbol{\beta}$ 的坐标是

$$(x_1 + y_1, \ \cdots, \ x_n + y_n)^{\mathrm{T}} = (x_1, \ \cdots, \ x_n)^{\mathrm{T}} + (y_1, \ \cdots, \ y_n)^{\mathrm{T}},$$

$\lambda \boldsymbol{\alpha}$ 的坐标是

$$(\lambda x_1, \ \cdots, \ \lambda x_n)^{\mathrm{T}} = \lambda (x_1, \ \cdots, \ x_n)^{\mathrm{T}}.$$

总之，设在 n 维线性空间 V 中取定一个基 $\boldsymbol{\alpha}_1$，$\boldsymbol{\alpha}_2$，$\cdots$，$\boldsymbol{\alpha}_n$，则 V 中的向量 $\boldsymbol{\alpha}$ 与 n 维向量空间 $\mathbf{R}^n$ 中的向量 $(x_1, \ x_2, \ \cdots, \ x_n)^{\mathrm{T}}$ 之间就有一个一一对应的关系，且这个对应关系具有下述性质：

设 $\boldsymbol{\alpha} = (x_1, \ x_2, \ \cdots, \ x_n)^{\mathrm{T}}$，$\boldsymbol{\beta} = (y_1, \ y_2, \ \cdots, \ y_n)^{\mathrm{T}}$，则

(1) $\boldsymbol{\alpha} + \boldsymbol{\beta} = (x_1, \ \cdots, \ x_n)^{\mathrm{T}} + (y_1, \ \cdots, \ y_n)^{\mathrm{T}}$；

(2) $\lambda\boldsymbol{\alpha}=\lambda(x_1, \cdots, x_n)^{\mathrm{T}}=(\lambda x_1, \cdots, \lambda x_n)^{\mathrm{T}}$.

也就是说，这个对应关系保持线性组合的对应. 因此，我们可以说 V 与 $\mathbf{R}^n$ 有相同的结构，所以线性空间也叫向量空间.

三、同 构

一般地，设 V 与 U 是两个线性空间，如果在它们的元素之间存在一一对应关系，且这个对应关系保持线性组合的对应，那么就说线性空间 V 与 U 同构.

显然，任何 n 维线性空间都与 $\mathbf{R}^n$ 同构，从而维数相等的线性空间都同构，因此，我们说线性空间的结构完全被它的维数所决定.

同构的线性空间除要求元素一一对应外，更重要的是保持线性运算的对应关系. 因此，V 中的抽象运算就可转化为 $\mathbf{R}^n$ 中的线性运算，并且 $\mathbf{R}^n$ 中凡是只涉及线性运算的性质就都适应于 V.

§3 基变换与坐标变换

一、过渡矩阵

显然 $\boldsymbol{\alpha}_1=(1, 1)^{\mathrm{T}}$，$\boldsymbol{\alpha}_2=(1, 2)^{\mathrm{T}}$ 和 $\boldsymbol{\varepsilon}_1=(1, 0)^{\mathrm{T}}$，$\boldsymbol{\varepsilon}_2=(0, 1)^{\mathrm{T}}$ 都是 $\mathbf{R}^2$ 的基，对于 $\mathbf{R}^2$ 中的向量 $\boldsymbol{\alpha}=(3, 4)^{\mathrm{T}}$ 关于这两组基的坐标分别是 $(2, 1)^{\mathrm{T}}$ 和 $(3, 4)^{\mathrm{T}}$. 一般地，线性空间 V 中同一向量在不同的基下有不同的坐标，那么它们之间的关系又是怎样的呢？下面我们讨论这一问题.

定义 5 设 $\boldsymbol{\alpha}_1$，$\boldsymbol{\alpha}_2$，$\cdots$，$\boldsymbol{\alpha}_n$ 及 $\boldsymbol{\beta}_1$，$\boldsymbol{\beta}_2$，$\cdots$，$\boldsymbol{\beta}_n$ 是线性空间 V 的两个基，且它们的关系为

$$\begin{cases} \boldsymbol{\beta}_1 = p_{11}\boldsymbol{\alpha}_1 + p_{21}\boldsymbol{\alpha}_2 + \cdots + p_{n1}\boldsymbol{\alpha}_n, \\ \boldsymbol{\beta}_2 = p_{12}\boldsymbol{\alpha}_1 + p_{22}\boldsymbol{\alpha}_2 + \cdots + p_{n2}\boldsymbol{\alpha}_n, \\ \cdots\cdots\cdots\cdots\cdots\cdots\cdots\cdots\cdots \\ \boldsymbol{\beta}_n = p_{1n}\boldsymbol{\alpha}_1 + p_{2n}\boldsymbol{\alpha}_2 + \cdots + p_{nn}\boldsymbol{\alpha}_n, \end{cases} \quad (1)$$

利用矩阵的形式，(1)式可表示为

$$\begin{pmatrix} \boldsymbol{\beta}_1 \\ \boldsymbol{\beta}_2 \\ \vdots \\ \boldsymbol{\beta}_n \end{pmatrix} = \begin{pmatrix} p_{11} & p_{21} & \cdots & p_{n1} \\ p_{12} & p_{22} & \cdots & p_{n2} \\ \vdots & \vdots & & \vdots \\ p_{1n} & p_{2n} & \cdots & p_{nn} \end{pmatrix} \begin{pmatrix} \boldsymbol{\alpha}_1 \\ \boldsymbol{\alpha}_2 \\ \vdots \\ \boldsymbol{\alpha}_n \end{pmatrix} = \boldsymbol{P}^{\mathrm{T}} \begin{pmatrix} \boldsymbol{\alpha}_1 \\ \boldsymbol{\alpha}_2 \\ \vdots \\ \boldsymbol{\alpha}_n \end{pmatrix}$$

或 $\qquad (\boldsymbol{\beta}_1, \boldsymbol{\beta}_2, \cdots, \boldsymbol{\beta}_n)=(\boldsymbol{\alpha}_1, \boldsymbol{\alpha}_2, \cdots, \boldsymbol{\alpha}_n)\boldsymbol{P}.$ $\qquad (2)$

(1)式或(2)式称为基变换公式，其中 n 阶方阵

$$\boldsymbol{P}=\begin{pmatrix} p_{11} & p_{12} & \cdots & p_{1n} \\ p_{21} & p_{22} & \cdots & p_{2n} \\ \vdots & \vdots & & \vdots \\ p_{n1} & p_{n2} & \cdots & p_{nn} \end{pmatrix}$$

称为由基 $\boldsymbol{\alpha}_1$，$\boldsymbol{\alpha}_2$，$\cdots$，$\boldsymbol{\alpha}_n$ 到基 $\boldsymbol{\beta}_1$，$\boldsymbol{\beta}_2$，$\cdots$，$\boldsymbol{\beta}_n$ 的过渡矩阵.

由于 $\boldsymbol{\beta}_1$，$\boldsymbol{\beta}_2$，$\cdots$，$\boldsymbol{\beta}_n$ 线性无关，所以过渡矩阵 $\boldsymbol{P}$ 是可逆的.

二、坐标变换公式

定理 3 设 V 中的向量 $\boldsymbol{\alpha}$ 在基 $\boldsymbol{\alpha}_1$，$\boldsymbol{\alpha}_2$，$\cdots$，$\boldsymbol{\alpha}_n$ 下的坐标为 $(x_1, x_2, \cdots, x_n)^{\mathrm{T}}$，在基 $\boldsymbol{\beta}_1$，$\boldsymbol{\beta}_2$，$\cdots$，$\boldsymbol{\beta}_n$ 下的坐标为 $(x'_1, x'_2, \cdots, x'_n)^{\mathrm{T}}$. 若两个基满足关系式(2)，则有

$$\begin{pmatrix} x_1 \\ x_2 \\ \vdots \\ x_n \end{pmatrix} = \boldsymbol{P} \begin{pmatrix} x'_1 \\ x'_2 \\ \vdots \\ x'_n \end{pmatrix} \text{ 或 } \begin{pmatrix} x'_1 \\ x'_2 \\ \vdots \\ x'_n \end{pmatrix} = \boldsymbol{P}^{-1} \begin{pmatrix} x_1 \\ x_2 \\ \vdots \\ x_n \end{pmatrix}. \tag{3}$$

证 因为

$$(\boldsymbol{\alpha}_1, \boldsymbol{\alpha}_2, \cdots, \boldsymbol{\alpha}_n) \begin{pmatrix} x_1 \\ x_2 \\ \vdots \\ x_n \end{pmatrix} = \boldsymbol{\alpha} = (\boldsymbol{\beta}_1, \boldsymbol{\beta}_2, \cdots, \boldsymbol{\beta}_n) \begin{pmatrix} x'_1 \\ x'_2 \\ \vdots \\ x'_n \end{pmatrix}$$

$$= (\boldsymbol{\alpha}_1, \boldsymbol{\alpha}_2, \cdots, \boldsymbol{\alpha}_n) \boldsymbol{P} \begin{pmatrix} x'_1 \\ x'_2 \\ \vdots \\ x'_n \end{pmatrix},$$

由于 $\boldsymbol{\alpha}_1$，$\boldsymbol{\alpha}_2$，$\cdots$，$\boldsymbol{\alpha}_n$ 线性无关，故有关系式(3)成立.

值得注意的是定理 3 的逆命题也成立，即若任一向量的两种坐标满足坐标变换公式(3)，则两个基满足基变换公式(2).

下面我们通过例子来说明如何求一个向量在一组基下的坐标及如何求两个基下的坐标变换公式.

例 6 在向量空间 $\mathbf{R}^3$ 中，求向量 $\boldsymbol{\alpha}=(1, 2, 1)^{\mathrm{T}}$ 在基 $\boldsymbol{\alpha}_1=(1, 1, 1)^{\mathrm{T}}$，$\boldsymbol{\alpha}_2=(1, 1, -1)^{\mathrm{T}}$，$\boldsymbol{\alpha}_3=(1, -1, -1)^{\mathrm{T}}$ 下的坐标.

解　假如所求的坐标是$(x_1，x_2，x_3)^{\mathrm{T}}$，那么
$$\boldsymbol{\alpha}=x_1\boldsymbol{\alpha}_1+x_2\boldsymbol{\alpha}_2+x_3\boldsymbol{\alpha}_3，$$
即　　　$(1，2，1)^{\mathrm{T}}=(x_1+x_2+x_3，x_1+x_2-x_3，x_1-x_2-x_3)^{\mathrm{T}}，$

于是有
$$\begin{cases}x_1+x_2+x_3=1，\\x_1+x_2-x_3=2，\\x_1-x_2-x_3=1，\end{cases}$$

解得　　　$x_1=1，x_2=\dfrac{1}{2}，x_3=-\dfrac{1}{2}，$

则所求坐标是$\left(1，\dfrac{1}{2}，-\dfrac{1}{2}\right)^{\mathrm{T}}.$

例 7　在$P[x]_3$中取两个基：$\boldsymbol{\alpha}_1=x^3+2x^2-x$，$\boldsymbol{\alpha}_2=x^3-x^2+x+1$，$\boldsymbol{\alpha}_3=-x^3+2x^2+x+1$，$\boldsymbol{\alpha}_4=-x^3-x^2+1$ 和 $\boldsymbol{\beta}_1=2x^3+x^2+1$，$\boldsymbol{\beta}_2=x^2+2x+2$，$\boldsymbol{\beta}_3=-2x^3+x^2+x+2$，$\boldsymbol{\beta}_4=x^3+3x^2+x+2$，求坐标变换公式.

解　首先分别将$\boldsymbol{\alpha}_1$，$\boldsymbol{\alpha}_2$，$\boldsymbol{\alpha}_3$，$\boldsymbol{\alpha}_4$ 和 $\boldsymbol{\beta}_1$，$\boldsymbol{\beta}_2$，$\boldsymbol{\beta}_3$，$\boldsymbol{\beta}_4$ 都用基 x^3，x^2，x，1来表示：
$$(\boldsymbol{\alpha}_1，\boldsymbol{\alpha}_2，\boldsymbol{\alpha}_3，\boldsymbol{\alpha}_4)=(x^3，x^2，x，1)\boldsymbol{A}，$$
$$(\boldsymbol{\beta}_1，\boldsymbol{\beta}_2，\boldsymbol{\beta}_3，\boldsymbol{\beta}_4)=(x^3，x^2，x，1)\boldsymbol{B}，$$

则
$$\boldsymbol{A}=\begin{pmatrix}1&1&-1&-1\\2&-1&2&-1\\-1&1&1&0\\0&1&1&1\end{pmatrix}，\boldsymbol{B}=\begin{pmatrix}2&0&-2&1\\1&1&1&3\\0&2&1&1\\1&2&2&2\end{pmatrix}，$$

于是有　　　$(x^3，x^2，x，1)=(\boldsymbol{\alpha}_1，\boldsymbol{\alpha}_2，\boldsymbol{\alpha}_3，\boldsymbol{\alpha}_4)\boldsymbol{A}^{-1}，$

则　　　$(\boldsymbol{\beta}_1，\boldsymbol{\beta}_2，\boldsymbol{\beta}_3，\boldsymbol{\beta}_4)=(\boldsymbol{\alpha}_1，\boldsymbol{\alpha}_2，\boldsymbol{\alpha}_3，\boldsymbol{\alpha}_4)\boldsymbol{A}^{-1}\boldsymbol{B}，$

故坐标变换公式为
$$\begin{pmatrix}x_1'\\x_2'\\x_3'\\x_4'\end{pmatrix}=\boldsymbol{B}^{-1}\boldsymbol{A}\begin{pmatrix}x_1\\x_2\\x_3\\x_4\end{pmatrix}.$$

用矩阵的初等行变换求$\boldsymbol{B}^{-1}\boldsymbol{A}$.

对矩阵$(\boldsymbol{B}\vdots\boldsymbol{A})$只施行初等行变换，将其中的$\boldsymbol{B}$变成$\boldsymbol{E}$，则$\boldsymbol{A}$即变成$\boldsymbol{B}^{-1}\boldsymbol{A}$，计算如下：

$$(\boldsymbol{B}\vdots\boldsymbol{A})=\begin{pmatrix}2&0&-2&1&1&1&-1&-1\\1&1&1&3&2&-1&2&-1\\0&2&1&1&-1&1&1&0\\1&2&2&2&0&1&1&1\end{pmatrix}$$

$$\xrightarrow[\substack{r_1-2r_2 \\ r_4-r_2}]{} \begin{pmatrix} 0 & -2 & -4 & -5 & -3 & 3 & -5 & 1 \\ 1 & 1 & 1 & 3 & 2 & -1 & 2 & -1 \\ 0 & 2 & 1 & 1 & -1 & 1 & 1 & 0 \\ 0 & 1 & 1 & -1 & -2 & 2 & -1 & 2 \end{pmatrix}$$

$$\xrightarrow[\substack{r_1+2r_4 \\ r_2-r_4 \\ r_3-2r_4}]{} \begin{pmatrix} 0 & 0 & -2 & -7 & -7 & 7 & -7 & 5 \\ 1 & 0 & 0 & 4 & 4 & -3 & 3 & -3 \\ 0 & 0 & -1 & 3 & 3 & -3 & 3 & -4 \\ 0 & 1 & 1 & -1 & -2 & 2 & -1 & 2 \end{pmatrix}$$

$$\xrightarrow[\substack{r_1-2r_3 \\ r_4+r_3}]{} \begin{pmatrix} 0 & 0 & 0 & -13 & -13 & 13 & -13 & 13 \\ 1 & 0 & 0 & 4 & 4 & -3 & 3 & -3 \\ 0 & 0 & -1 & 3 & 3 & -3 & 3 & -4 \\ 0 & 1 & 0 & 2 & 1 & -1 & 2 & -2 \end{pmatrix}$$

$$\xrightarrow[\substack{-\frac{1}{13}r_1 \\ r_2-4r_1 \\ r_3-3r_1 \\ r_4-2r_1}]{} \begin{pmatrix} 0 & 0 & 0 & 1 & 1 & -1 & 1 & -1 \\ 1 & 0 & 0 & 0 & 0 & 1 & -1 & 1 \\ 0 & 0 & -1 & 0 & 0 & 0 & 0 & -1 \\ 0 & 1 & 0 & 0 & -1 & 1 & 0 & 0 \end{pmatrix}$$

$$\xrightarrow[\substack{r_1\leftrightarrow r_2 \\ -1\times r_3 \\ r_2\leftrightarrow r_4}]{} \begin{pmatrix} 1 & 0 & 0 & 0 & 0 & 1 & -1 & 1 \\ 0 & 1 & 0 & 0 & -1 & 1 & 0 & 0 \\ 0 & 0 & 1 & 0 & 0 & 0 & 0 & 1 \\ 0 & 0 & 0 & 1 & 1 & -1 & 1 & -1 \end{pmatrix},$$

即得
$$\boldsymbol{B}^{-1}\boldsymbol{A}=\begin{pmatrix} 0 & 1 & -1 & 1 \\ -1 & 1 & 0 & 0 \\ 0 & 0 & 0 & 1 \\ 1 & -1 & 1 & -1 \end{pmatrix},$$

从而有
$$\begin{pmatrix} x_1' \\ x_2' \\ x_3' \\ x_4' \end{pmatrix}=\begin{pmatrix} 0 & 1 & -1 & 1 \\ -1 & 1 & 0 & 0 \\ 0 & 0 & 0 & 1 \\ 1 & -1 & 1 & -1 \end{pmatrix}\begin{pmatrix} x_1 \\ x_2 \\ x_3 \\ x_4 \end{pmatrix}.$$

§4 线性变换

一、定义与例子

线性变换是线性空间中向量之间最重要的联系，它是线性代数的中心内容之一，这一节介绍线性变换的基本概念，讨论它的基本性质．

定义 6 设 T 是线性空间 V 上的一个变换，如果变换 T 满足：

(1) 任给 $\boldsymbol{\alpha}_1$，$\boldsymbol{\alpha}_2 \in V$，都有 $T(\boldsymbol{\alpha}_1 + \boldsymbol{\alpha}_2) = T(\boldsymbol{\alpha}_1) + T(\boldsymbol{\alpha}_2)$；

(2) 任给 $\boldsymbol{\alpha} \in V$，$k \in \mathbf{R}$，都有 $T(k\boldsymbol{\alpha}) = kT(\boldsymbol{\alpha})$，

那么，T 就称为 V 上的一个线性变换．

简言之，线性变换就是保持线性组合的对应的变换．

例 8 设有 n 阶方阵

$$\boldsymbol{A} = \begin{bmatrix} a_{11} & a_{12} & \cdots & a_{1n} \\ a_{21} & a_{22} & \cdots & a_{2n} \\ \vdots & \vdots & & \vdots \\ a_{n1} & a_{n2} & \cdots & a_{nn} \end{bmatrix} = (\boldsymbol{\alpha}_1, \ \boldsymbol{\alpha}_2, \ \cdots, \ \boldsymbol{\alpha}_n),$$

其中
$$\boldsymbol{\alpha}_i = \begin{bmatrix} a_{1i} \\ a_{2i} \\ \vdots \\ a_{ni} \end{bmatrix}, \ i=1, \ 2, \ \cdots, \ n,$$

定义 $\mathbf{R}^n$ 中的变换 $\boldsymbol{y} = T(\boldsymbol{x})$ 为 $T(\boldsymbol{x}) = \boldsymbol{A}\boldsymbol{x}$，则 T 为 $\mathbf{R}^n$ 中的线性变换．

证 设 $\boldsymbol{\alpha}, \boldsymbol{\beta} \in \mathbf{R}^n$，则

$$T(\boldsymbol{\alpha}+\boldsymbol{\beta}) = \boldsymbol{A}(\boldsymbol{\alpha}+\boldsymbol{\beta}) = \boldsymbol{A}\boldsymbol{\alpha} + \boldsymbol{A}\boldsymbol{\beta} = T(\boldsymbol{\alpha}) + T(\boldsymbol{\beta});$$
$$T(k\boldsymbol{\alpha}) = \boldsymbol{A}(k\boldsymbol{\alpha}) = k\boldsymbol{A}(\boldsymbol{\alpha}) = kT(\boldsymbol{\alpha}).$$

显然 T 是 $\mathbf{R}^n$ 中的变换，故 T 是 $\mathbf{R}^n$ 中的线性变换．

例 9 在线性空间 $P[x]_3$ 中取

$$p(x) = a_3 x^3 + a_2 x^2 + a_1 x + a_0,$$
$$q(x) = b_3 x^3 + b_2 x^2 + b_1 x + b_0.$$

(1) 微分运算 d：$\mathrm{d}(p(x)) = p'(x)$ 是一个线性变换．

(2) 如果 $T(p(x)) = a_0$，那么 T 是一个线性变换．

(3) 如果 $T(p(x)) = 1$，那么 T 是一个变换，但不是线性变换．

证 (1) 因 $\mathrm{d}p = 3a_3 x^2 + 2a_2 x + a_1$，

$$dq = 3b_3 x^2 + 2b_2 x + b_1,$$

则　　$\begin{aligned} d(p+q) &= d[(a_3+b_3)x^3 + (a_2+b_2)x^2 + (a_1+b_1)x + (a_0+b_0)] \\ &= 3(a_3+b_3)x^2 + 2(a_2+b_2)x + (a_1+b_1) \\ &= (3a_3 x^2 + 2a_2 x + a_1) + (3b_3 x^2 + 2b_2 x + b_1) \\ &= dp + dq, \end{aligned}$

$$d(kp) = d[k(a_3 x^3 + a_2 x^2 + a_1 x + a_0)] = kdp,$$

所以 d 是一个线性变换.

（2）因　　　　$T(p+q) = a_0 + b_0 = T(p) + T(q),$

$$T(kp) = ka_0 = kT(p),$$

所以 T 是一个线性变换.

（3）因 $T(p+q) = 1$,而 $T(p) + T(q) = 1 + 1 = 2$,故

$$T(p+q) \neq T(p) + T(q),$$

所以 T 不是线性变换.

二、基本性质

线性空间中的线性变换具有下述基本性质：

(1) $T(\mathbf{0}) = \mathbf{0}$, $T(-\boldsymbol{\alpha}) = -T(\boldsymbol{\alpha})$.

（2）若 $\boldsymbol{\beta} = k_1 \boldsymbol{\alpha}_1 + k_2 \boldsymbol{\alpha}_2 + \cdots + k_m \boldsymbol{\alpha}_m$，则有

$$T(\boldsymbol{\beta}) = k_1 T(\boldsymbol{\alpha}_1) + k_2 T(\boldsymbol{\alpha}_2) + \cdots + k_m T(\boldsymbol{\alpha}_m) \ .$$

（3）若 $\boldsymbol{\alpha}_1$, $\boldsymbol{\alpha}_2$, $\cdots$, $\boldsymbol{\alpha}_m$ 线性相关，则 $T(\boldsymbol{\alpha}_1)$, $T(\boldsymbol{\alpha}_2)$, $\cdots$, $T(\boldsymbol{\alpha}_m)$ 也线性相关.

（4）线性变换 T 的像集 $T(V_n)$ 是一个线性空间，称为线性变换 T 的像空间.

（5）使 $T(\boldsymbol{\alpha}) = \mathbf{0}$ 的 $\boldsymbol{\alpha}$ 的全体：$S_T = \{\boldsymbol{\alpha} \mid \boldsymbol{\alpha} \in V_n, \ T(\boldsymbol{\alpha}) = \mathbf{0}\}$ 是 V_n 的子空间. S_T 称为线性变换 T 的核.

证　（1）对于 $T(V_n)$ 中的任一向量 $\boldsymbol{\beta} = T(\boldsymbol{\alpha})$,

$$\boldsymbol{\beta} + T(\mathbf{0}) = T(\boldsymbol{\alpha}) + T(\mathbf{0}) = T(\boldsymbol{\alpha}+\mathbf{0}) = T(\boldsymbol{\alpha}) = \boldsymbol{\beta},$$

故由线性空间中零向量的唯一性有：

$$T(\mathbf{0}) = \mathbf{0}; \quad T(-\boldsymbol{\alpha}) = T[(-1)\boldsymbol{\alpha}] = (-1)T(\boldsymbol{\alpha}) = -T(\boldsymbol{\alpha}).$$

（2）由线性变换的定义可知，命题显然成立.

（3）若 $\boldsymbol{\alpha}_1$, $\boldsymbol{\alpha}_2$, $\cdots$, $\boldsymbol{\alpha}_m$ 线性相关，则存在一组不全为零的数 k_1, k_2, $\cdots$, k_m，使得

$$k_1\boldsymbol{\alpha}_1 + k_2\boldsymbol{\alpha}_2 + \cdots + k_m\boldsymbol{\alpha}_m = \mathbf{0},$$

将上式两边实施线性变换 T，则有

$$T(k_1\boldsymbol{\alpha}_1 + k_2\boldsymbol{\alpha}_2 + \cdots + k_m\boldsymbol{\alpha}_m) = T(\mathbf{0}) = \mathbf{0},$$

即有

$$k_1 T(\boldsymbol{\alpha}_1) + k_2 T(\boldsymbol{\alpha}_2) + \cdots + k_m T(\boldsymbol{\alpha}_m) = \mathbf{0},$$

所以 $T\boldsymbol{\alpha}_1, T\boldsymbol{\alpha}_2, \cdots, T\boldsymbol{\alpha}_m$ 线性相关.

值得指出的是，这条性质的逆不成立，例如 $1, x$ 是 $P[x]_n$ 中的两个线性无关的向量，但在线性变换 D 下(例9)，$D(1)=0$，$D(x)=1$ 则是线性相关的. **即若 $\boldsymbol{\alpha}_1, \boldsymbol{\alpha}_2, \cdots, \boldsymbol{\alpha}_n$ 线性无关，但 $T(\boldsymbol{\alpha}_1), T(\boldsymbol{\alpha}_2), \cdots, T(\boldsymbol{\alpha}_n)$ 不一定线性无关.**

(4) 设 $\boldsymbol{\beta}_1, \boldsymbol{\beta}_2 \in T(V_n)$，则有 $\boldsymbol{\alpha}_1, \boldsymbol{\alpha}_2 \in V_n$，使

$$T(\boldsymbol{\alpha}_1) = \boldsymbol{\beta}_1, \ T(\boldsymbol{\alpha}_2) = \boldsymbol{\beta}_2,$$

从而

$$\boldsymbol{\beta}_1 + \boldsymbol{\beta}_2 = T(\boldsymbol{\alpha}_1) + T(\boldsymbol{\alpha}_2) = T(\boldsymbol{\alpha}_1 + \boldsymbol{\alpha}_2) \in T(V_n),$$

$$k\boldsymbol{\beta}_1 = kT(\boldsymbol{\alpha}_1) = T(k\boldsymbol{\alpha}_1) \in T(V_n),$$

而 $T(V_n) \subset V_n$，故 $T(V_n)$ 是 V_n 的子空间.

(5) 显然 $S_T \subset V_n$，且，若 $\boldsymbol{\alpha}_1, \boldsymbol{\alpha}_2 \in S_T$，即 $T(\boldsymbol{\alpha}_1)=\mathbf{0}$，$T(\boldsymbol{\alpha}_2)=\mathbf{0}$，则有：

$$T(\boldsymbol{\alpha}_1 + \boldsymbol{\alpha}_2) = T(\boldsymbol{\alpha}_1) + T(\boldsymbol{\alpha}_2) = \mathbf{0},$$

所以

$$\boldsymbol{\alpha}_1 + \boldsymbol{\alpha}_2 \in S_T,$$

而

$$T(k\boldsymbol{\alpha}_1) = kT(\boldsymbol{\alpha}_1) = k\mathbf{0} = \mathbf{0},$$

所以 $k\boldsymbol{\alpha}_1 \in S_T$，所以 S_T 是 V_n 的子空间.

§5　线性变换的矩阵

一、定义与例子

在上节例 8 中，关系式

$$T(\boldsymbol{x}) = \boldsymbol{A}\boldsymbol{x} \ (\boldsymbol{x} \in \mathbf{R}^n)$$

表示了 $\mathbf{R}^n$ 中的一个线性变换，我们希望 $\mathbf{R}^n$ 中的任何一个线性变换都能用这样的关系式来表示.

不难看出，在例 8 中有：

$$\boldsymbol{\alpha}_1 = \boldsymbol{A}\boldsymbol{\varepsilon}_1, \ \boldsymbol{\alpha}_2 = \boldsymbol{A}\boldsymbol{\varepsilon}_2, \ \cdots, \ \boldsymbol{\alpha}_n = \boldsymbol{A}\boldsymbol{\varepsilon}_n,$$

其中 $\boldsymbol{\varepsilon}_1, \boldsymbol{\varepsilon}_2, \cdots, \boldsymbol{\varepsilon}_n$ 为单位向量.

由此可见如果线性变换 T 有关系式 $T(\boldsymbol{x})=\boldsymbol{A}\boldsymbol{x}$，那么矩阵 $\boldsymbol{A}$ 应以 $T(\boldsymbol{\varepsilon}_i)$ $(i=1, 2, \cdots, n)$ 为列向量. 反之，如果一个线性变换 T 使 $T(\boldsymbol{\varepsilon}_i)=\boldsymbol{\alpha}_i$ $(i=1, 2, \cdots, n)$ 那么 T 有关系式

$$T(\boldsymbol{x}) = T[(\boldsymbol{\varepsilon}_1, \cdots, \boldsymbol{\varepsilon}_n)\boldsymbol{x}]$$

$$= T(x_1\boldsymbol{\varepsilon}_1 + x_2\boldsymbol{\varepsilon}_2 + \cdots + x_n\boldsymbol{\varepsilon}_n)$$

$$= x_1 T(\boldsymbol{\varepsilon}_1) + x_2 T(\boldsymbol{\varepsilon}_2) + \cdots + x_n T(\boldsymbol{\varepsilon}_n)$$

$$= (T(\boldsymbol{\varepsilon}_1), T(\boldsymbol{\varepsilon}_2), \cdots, T(\boldsymbol{\varepsilon}_n))\boldsymbol{x}$$

$$= (\boldsymbol{\alpha}_1, \boldsymbol{\alpha}_2, \cdots, \boldsymbol{\alpha}_n)\boldsymbol{x} = \boldsymbol{A}\boldsymbol{x}.$$

总之，$\mathbf{R}^n$ 中任何线性变换 T，都能用关系式

$$T(\boldsymbol{x}) = \boldsymbol{A}\boldsymbol{x} \quad (\boldsymbol{x} \in \mathbf{R}^n)$$

表示，其中 $\boldsymbol{A} = (T(\boldsymbol{\varepsilon}_1), T(\boldsymbol{\varepsilon}_2), \cdots, T(\boldsymbol{\varepsilon}_n))$.

这时我们称矩阵 $\boldsymbol{A}$ 为线性变换 T 在基 $\boldsymbol{\varepsilon}_1, \boldsymbol{\varepsilon}_2, \cdots, \boldsymbol{\varepsilon}_n$ 下的矩阵.

将上面的讨论推广到一般线性空间，我们有下面的定义：

定义 7 设 T 是线性空间 V_n 中的线性变换，在 V_n 中取定一个基 $\boldsymbol{\alpha}_1$, $\boldsymbol{\alpha}_2, \cdots, \boldsymbol{\alpha}_n$，如果这个基在变换 T 下的像用这个基线性表示为

$$\begin{cases} T(\boldsymbol{\alpha}_1) = a_{11}\boldsymbol{\alpha}_1 + a_{21}\boldsymbol{\alpha}_2 + \cdots + a_{n1}\boldsymbol{\alpha}_n, \\ T(\boldsymbol{\alpha}_2) = a_{12}\boldsymbol{\alpha}_1 + a_{22}\boldsymbol{\alpha}_2 + \cdots + a_{n2}\boldsymbol{\alpha}_n, \\ \cdots\cdots\cdots\cdots\cdots\cdots\cdots\cdots\cdots\cdots\cdots \\ T(\boldsymbol{\alpha}_n) = a_{1n}\boldsymbol{\alpha}_1 + a_{2n}\boldsymbol{\alpha}_2 + \cdots + a_{nn}\boldsymbol{\alpha}_n. \end{cases}$$

记 $T(\boldsymbol{\alpha}_1, \boldsymbol{\alpha}_2, \cdots, \boldsymbol{\alpha}_n) = (T(\boldsymbol{\alpha}_1), T(\boldsymbol{\alpha}_2), \cdots, T(\boldsymbol{\alpha}_n))$，上式可表示为

$$T(\boldsymbol{\alpha}_1, \boldsymbol{\alpha}_2, \cdots, \boldsymbol{\alpha}_n) = (\boldsymbol{\alpha}_1, \boldsymbol{\alpha}_2, \cdots, \boldsymbol{\alpha}_n)\boldsymbol{A}, \tag{4}$$

其中
$$\boldsymbol{A} = \begin{bmatrix} a_{11} & a_{12} & \cdots & a_{1n} \\ a_{21} & a_{22} & \cdots & a_{2n} \\ \vdots & \vdots & & \vdots \\ a_{n1} & a_{n2} & \cdots & a_{nn} \end{bmatrix},$$

那么，$\boldsymbol{A}$ 就称为线性变换 T 在基 $\boldsymbol{\alpha}_1, \boldsymbol{\alpha}_2, \cdots, \boldsymbol{\alpha}_n$ 下的矩阵.

显然，矩阵 $\boldsymbol{A}$ 由基的像 $T(\boldsymbol{\alpha}_1), T(\boldsymbol{\alpha}_2), \cdots, T(\boldsymbol{\alpha}_n)$ 唯一确定.

若给出一个矩阵 $\boldsymbol{A}$ 作为线性变换 T 在基 $\boldsymbol{\alpha}_1, \boldsymbol{\alpha}_2, \cdots, \boldsymbol{\alpha}_n$ 下的矩阵，也就是给出了这个基在变换 T 下的像，那么根据变换 T 保持线性关系的特征，我们来推导变换 T 必须满足的关系式：V_n 中的任一向量记为 $\boldsymbol{\alpha} = \sum_{i=1}^n x_i\boldsymbol{\alpha}_i$，则有

$$T(\boldsymbol{\alpha}) = T\left(\sum_{i=1}^n x_i\boldsymbol{\alpha}_i\right) = \sum_{i=1}^n x_i T(\boldsymbol{\alpha}_i)$$

$$- (T(\boldsymbol{\alpha}_1), T(\boldsymbol{\alpha}_2), \cdots, T(\boldsymbol{\alpha}_n))\begin{bmatrix} x_1 \\ x_1 \\ \vdots \\ x_n \end{bmatrix}$$

$$= (\boldsymbol{\alpha}_1, \ \boldsymbol{\alpha}_2, \ \cdots, \ \boldsymbol{\alpha}_n)\boldsymbol{A}\begin{pmatrix} x_1 \\ x_2 \\ \vdots \\ x_n \end{pmatrix},$$

即
$$T\left[(\boldsymbol{\alpha}_1, \ \boldsymbol{\alpha}_2, \ \cdots, \ \boldsymbol{\alpha}_n)\begin{pmatrix} x_1 \\ x_2 \\ \vdots \\ x_n \end{pmatrix}\right] = (\boldsymbol{\alpha}_1, \ \boldsymbol{\alpha}_2, \ \cdots, \ \boldsymbol{\alpha}_n)\boldsymbol{A}\begin{pmatrix} x_1 \\ x_2 \\ \vdots \\ x_n \end{pmatrix}. \quad (5)$$

这个关系式唯一地确定一个变换 T，可以验证 T 是以 $\boldsymbol{A}$ 为矩阵的线性变换，显然，以 $\boldsymbol{A}$ 为矩阵的线性变换 T 由关系式(5)唯一确定.

由定义 7 和上面一段讨论表明，在 V_n 中取定一个基以后，由线性变换 T 可唯一地确定一个矩阵 $\boldsymbol{A}$，反之，由一个矩阵 $\boldsymbol{A}$ 也可唯一地确定一个线性变换 T，这样，在线性变换与矩阵之间就有一一对应的关系.

如果我们将 $\boldsymbol{\alpha}$ 和 $T(\boldsymbol{\alpha})$ 都用坐标形式表示：

$$\boldsymbol{\alpha} = \begin{pmatrix} x_1 \\ x_2 \\ \vdots \\ x_n \end{pmatrix}, \ T(\boldsymbol{\alpha}) = \boldsymbol{A}\begin{pmatrix} x_1 \\ x_2 \\ \vdots \\ x_n \end{pmatrix},$$

即有
$$T(\boldsymbol{\alpha}) = \boldsymbol{A}\boldsymbol{\alpha}.$$

例 10 在 $P[x]_3$ 中，取基 $p_1 = x^3$，$p_2 = x^2$，$p_3 = x$，$p_4 = 1$，求微分运算 d 关于该基的矩阵.

解 因为

$$\begin{cases} \mathrm{d}p_1 = 3x^2 = 0p_1 + 3p_2 + 0p_3 + 0p_4, \\ \mathrm{d}p_2 = 2x = 0p_1 + 0p_2 + 2p_3 + 0p_4, \\ \mathrm{d}p_3 = 1 = 0p_1 + 0p_2 + 0p_3 + 1p_4, \\ \mathrm{d}p_4 = 0 = 0p_1 + 0p_2 + 0p_3 + 0p_4, \end{cases}$$

所以 d 在这个基下的矩阵为

$$\boldsymbol{A} = \begin{pmatrix} 0 & 0 & 0 & 0 \\ 3 & 0 & 0 & 0 \\ 0 & 2 & 0 & 0 \\ 0 & 0 & 1 & 0 \end{pmatrix}.$$

例 11 在 $\mathbf{R}^3$ 中，T 表示将向量投影到 xOy 平面的线性变换，即

$$T(xi + yj + zk) = xi + yj,$$

(1) 求 T 关于基 i，j，k 的矩阵；

(2) 求 T 关于基 $\boldsymbol{\alpha}=i$，$\boldsymbol{\beta}=j$，$\boldsymbol{\lambda}=i+j+k$ 的矩阵.

解 (1) 因为

$$\begin{cases} T(i)=1i+0j+0k, \\ T(j)=0i+1j+0k, \\ T(k)=0i+0j+0k, \end{cases}$$

所以 T 关于基 i，j，k 的矩阵为

$$\boldsymbol{A}=\begin{pmatrix} 1 & 0 & 0 \\ 0 & 1 & 0 \\ 0 & 0 & 0 \end{pmatrix}.$$

(2) 因为

$$\begin{cases} T(\boldsymbol{\alpha})=i=1\boldsymbol{\alpha}+0\boldsymbol{\beta}+0\boldsymbol{\gamma}, \\ T(\boldsymbol{\beta})=j=0\boldsymbol{\alpha}+1\boldsymbol{\beta}+0\boldsymbol{\gamma}, \\ T(\boldsymbol{\gamma})=i+j=1\boldsymbol{\alpha}+1\boldsymbol{\beta}+0\boldsymbol{\gamma}, \end{cases}$$

所以 T 关于基 $\boldsymbol{\alpha}=i$，$\boldsymbol{\beta}=j$，$\boldsymbol{\lambda}=i+j+k$ 的矩阵为

$$\boldsymbol{A}=\begin{pmatrix} 1 & 0 & 1 \\ 0 & 1 & 1 \\ 0 & 0 & 0 \end{pmatrix}.$$

二、同一线性变换关于不同基的矩阵

从例 11 中我们可以看出：同一个线性变换在不同的基下有不同的矩阵，那么这些矩阵之间有什么关系呢？回答这个问题，我们有以下定理：

定理 4 设线性空间 V_n 中取定两个基 $\boldsymbol{\alpha}_1$，$\boldsymbol{\alpha}_2$，$\cdots$，$\boldsymbol{\alpha}_n$ 和 $\boldsymbol{\beta}_1$，$\boldsymbol{\beta}_2$，$\cdots$，$\boldsymbol{\beta}_n$，由基 $\boldsymbol{\alpha}_1$，$\boldsymbol{\alpha}_2$，$\cdots$，$\boldsymbol{\alpha}_n$ 到基 $\boldsymbol{\beta}_1$，$\boldsymbol{\beta}_2$，$\cdots$，$\boldsymbol{\beta}_n$ 的过渡矩阵为 $\boldsymbol{P}$，V_n 中的线性变换 T 在这两个基下的矩阵分别为 $\boldsymbol{A}$ 和 $\boldsymbol{B}$，那么 $\boldsymbol{B}=\boldsymbol{P}^{-1}\boldsymbol{A}\boldsymbol{P}.$

证 由定理条件可知

$$(\boldsymbol{\beta}_1, \boldsymbol{\beta}_2, \cdots, \boldsymbol{\beta}_n)=(\boldsymbol{\alpha}_1, \boldsymbol{\alpha}_2, \cdots, \boldsymbol{\alpha}_n)\boldsymbol{P}(\boldsymbol{P}\text{ 可逆}),$$

及

$$T(\boldsymbol{\alpha}_1, \boldsymbol{\alpha}_2, \cdots, \boldsymbol{\alpha}_n)=(\boldsymbol{\alpha}_1, \boldsymbol{\alpha}_2, \cdots, \boldsymbol{\alpha}_n)\boldsymbol{A},$$

$$T(\boldsymbol{\beta}_1, \boldsymbol{\beta}_2, \cdots, \boldsymbol{\beta}_n)=(\boldsymbol{\beta}_1, \boldsymbol{\beta}_2, \cdots, \boldsymbol{\beta}_n)\boldsymbol{B},$$

于是

$$\begin{aligned} (\boldsymbol{\beta}_1, \boldsymbol{\beta}_2, \cdots, \boldsymbol{\beta}_n)\boldsymbol{B} &= T(\boldsymbol{\beta}_1, \boldsymbol{\beta}_2, \cdots, \boldsymbol{\beta}_n) \\ &= T[(\boldsymbol{\alpha}_1, \boldsymbol{\alpha}_2, \cdots, \boldsymbol{\alpha}_n)\boldsymbol{P}] \\ &= [T(\boldsymbol{\alpha}_1, \boldsymbol{\alpha}_2, \cdots, \boldsymbol{\alpha}_n)]\boldsymbol{P} \end{aligned}$$

$$=(\pmb{\alpha}_1,\ \pmb{\alpha}_2,\ \cdots,\ \pmb{\alpha}_n)\pmb{A}\pmb{P}$$
$$=(\pmb{\beta}_1,\ \pmb{\beta}_2,\ \cdots,\ \pmb{\beta}_n)\pmb{P}^{-1}\pmb{A}\pmb{P}.$$

因为 $\pmb{\beta}_1$，$\pmb{\beta}_2$，$\cdots$，$\pmb{\beta}_n$ 线性无关，所以

$$\pmb{B}=\pmb{P}^{-1}\pmb{A}\pmb{P}.$$

定理 4 告诉我们同一线性变换在不同基下的矩阵是相似的，且相似关系矩阵 $\pmb{P}$ 就是两个基之间的过渡矩阵．

三、线性变换的秩和零度

最后，我们再给出线性变换的秩和零度的定义：

定义 8 线性变换 T 的像空间 $T(V_n)$ 的维数，称为线性变换 T 的秩；T 的核空间 S_T 的维数叫作 T 的零度．

显然若 $\pmb{A}$ 是 T 的矩阵，则 T 的秩就是 $\pmb{A}$ 的秩 $R(\pmb{A})$，再者，若 T 的秩为 r，则易证 T 的零度为 $n-r$．

例 12 设 V_2 中的线性变换 T 在基 $\pmb{\alpha}_1$，$\pmb{\alpha}_2$ 下的矩阵为

$$\pmb{A}=\begin{bmatrix} a_{11} & a_{12} \\ a_{21} & a_{22} \end{bmatrix},$$

求 T 在基 $\pmb{\alpha}_2$，$\pmb{\alpha}_1$ 下的矩阵．

解 $(\pmb{\alpha}_2,\ \pmb{\alpha}_1)=(\pmb{\alpha}_1,\ \pmb{\alpha}_2)\begin{bmatrix} 0 & 1 \\ 1 & 0 \end{bmatrix}$，即 $\pmb{P}=\begin{bmatrix} 0 & 1 \\ 1 & 0 \end{bmatrix}$，则 $\pmb{P}^{-1}=\begin{bmatrix} 0 & 1 \\ 1 & 0 \end{bmatrix}$，

于是 T 在基 $\pmb{\alpha}_2$，$\pmb{\alpha}_1$ 下的矩阵为

$$\pmb{B}=\pmb{P}^{-1}\pmb{A}\pmb{P}=\begin{bmatrix} 0 & 1 \\ 1 & 0 \end{bmatrix}\begin{bmatrix} a_{11} & a_{12} \\ a_{21} & a_{22} \end{bmatrix}\begin{bmatrix} 0 & 1 \\ 1 & 0 \end{bmatrix}=\begin{bmatrix} a_{21} & a_{22} \\ a_{11} & a_{12} \end{bmatrix}\begin{bmatrix} 0 & 1 \\ 1 & 0 \end{bmatrix}=\begin{bmatrix} a_{22} & a_{21} \\ a_{12} & a_{11} \end{bmatrix}.$$

习 题 七

1. 判别以下集合对于所指的运算是否构成实数域上的线性空间？

(1) 次数等于 $n(n\geqslant1)$ 的实系数多项式的全体，对于多项式的加法和数乘运算；

(2) n 阶实对称矩阵的全体，对于矩阵的加法和数乘运算；

(3) 平面上不平行于某一向量的全体向量，对于向量的加法和数乘运算；

(4) 主对角线上各元素之和为零的 n 阶方阵的全体，对于矩阵的加法和数乘运算．

2. 在 n 维线性空间 $\mathbf{R}^n$ 中，分量满足下列条件的全体向量

$$\boldsymbol{\alpha}=\begin{bmatrix} x_1 \\ x_2 \\ \vdots \\ x_n \end{bmatrix}$$

能否构成 $\mathbf{R}^n$ 的子空间？

(1) $x_1+x_2+\cdots+x_n=0$；(2) $x_1+x_2+\cdots+x_n=1$.

3. 假设 $\boldsymbol{\alpha}$，$\boldsymbol{\beta}$，$\boldsymbol{\gamma}$ 是线性空间 V 中的向量，试证明它们的线性组合的全体构成 V 的子空间．这个子空间叫作**由 $\boldsymbol{\alpha}$，$\boldsymbol{\beta}$，$\boldsymbol{\gamma}$ 生成的子空间**，记作 $L(\boldsymbol{\alpha}, \boldsymbol{\beta}, \boldsymbol{\gamma})$.

4. 试证在 $\mathbf{R}^4$ 中，由 $(1, 1, 0, 0)^T$，$(1, 0, 1, 1)^T$ 生成的子空间与由 $(2, -1, 3, 3)^T$，$(0, 1, -1, -1)^T$ 生成的子空间相等．

5. 在 $\mathbf{R}^3$ 中，求向量 $\boldsymbol{\alpha}=(3, 7, 1)^T$ 在基

$$\boldsymbol{\alpha}_1 = (1, 3, 5)^T, \ \boldsymbol{\alpha}_2 = (6, 3, 2)^T, \ \boldsymbol{\alpha}_3 = (3, 1, 0)^T$$

下的坐标．

6. 在 $\mathbf{R}^3$ 中，取两个基

$$\boldsymbol{\alpha}_1 = (1, 2, 1)^T, \ \boldsymbol{\alpha}_2 = (2, 3, 3)^T, \ \boldsymbol{\alpha}_3 = (3, 7, 1)^T$$

和　　　　$\boldsymbol{\beta}_1=(3, 1, 4)^T, \ \boldsymbol{\beta}_2=(5, 2, 1)^T, \ \boldsymbol{\beta}_3=(1, 1, -6)^T,$

试求坐标变换公式．

7. 在 $\mathbf{R}^4$ 中，取两个基

$$\begin{cases} \boldsymbol{\varepsilon}_1 = (1, 0, 0, 0)^T, \\ \boldsymbol{\varepsilon}_2 = (0, 1, 0, 0)^T, \\ \boldsymbol{\varepsilon}_3 = (0, 0, 1, 0)^T, \\ \boldsymbol{\varepsilon}_4 = (0, 0, 0, 1)^T, \end{cases} \text{和} \begin{cases} \boldsymbol{\alpha}_1 = (2, 1, -1, 1)^T, \\ \boldsymbol{\alpha}_2 = (0, 3, 1, 0)^T, \\ \boldsymbol{\alpha}_3 = (5, 3, 2, 1)^T, \\ \boldsymbol{\alpha}_4 = (6, 6, 1, 3)^T, \end{cases}$$

(1) 求由前一个基到后一个基的过渡矩阵；

(2) 求向量 $(x_1, x_2, x_3, x_4)^T$ 在后一个基下的坐标；

(3) 求在两个基下有相同的坐标的向量．

8. 设由 n 阶实对称方阵的全体对于矩阵的线性运算所构成的线性空间为 V，给出 n 阶方阵 $\boldsymbol{P}$，以 $\boldsymbol{A}$ 表示 V 中的任一元素，变换

$$T(\boldsymbol{A}) = \boldsymbol{P}^T \boldsymbol{A} \boldsymbol{P}$$

称为**合同变换**，试证：合同变换 T 是 V 中的线性变换．

9. 函数集合

$$V_3 = \{\alpha = (a_2 x^2 + a_1 x + a_0)e^x \,|\, a_2, a_1, a_0 \in \mathbf{R}\},$$

对于函数的线性运算构成 3 维线性空间，在 V_3 中取一个基 $\alpha_1 = x^2 e^x$，$\alpha_2 =$

$x\mathrm{e}^x$，$\alpha_3 = \mathrm{e}^x$，求微分运算 d 在这个基下的矩阵．

10. 二阶实对称矩阵的全体：

$$V_3 = \left\{ \boldsymbol{A} = \begin{bmatrix} x_1 & x_2 \\ x_2 & x_3 \end{bmatrix} \middle| x_1, x_2, x_3 \in \mathbf{R} \right\}$$

对于矩阵的加法和数量乘法构成 3 维线性空间．在 V_3 中取一组基：

$$\boldsymbol{A}_1 = \begin{bmatrix} 1 & 0 \\ 0 & 0 \end{bmatrix}, \quad \boldsymbol{A}_2 = \begin{bmatrix} 0 & 1 \\ 1 & 0 \end{bmatrix}, \quad \boldsymbol{A}_3 = \begin{bmatrix} 0 & 0 \\ 0 & 1 \end{bmatrix},$$

在 V_3 中定义合同变换 T：

$$T(\boldsymbol{A}) = \begin{bmatrix} 1 & 0 \\ 1 & 1 \end{bmatrix} \boldsymbol{A} \begin{bmatrix} 1 & 1 \\ 0 & 1 \end{bmatrix},$$

求 T 在 $\boldsymbol{A}_1$，$\boldsymbol{A}_2$，$\boldsymbol{A}_3$ 下的矩阵．

11. 设 $\boldsymbol{A}$ 和 $\boldsymbol{B}$ 分别是线性空间 V_n 的基 $\boldsymbol{\varepsilon}_1$，$\boldsymbol{\varepsilon}_2$，$\cdots$，$\boldsymbol{\varepsilon}_n$ 到基 $\boldsymbol{\alpha}_1$，$\boldsymbol{\alpha}_2$，$\cdots$，$\boldsymbol{\alpha}_n$ 和基 $\boldsymbol{\beta}_1$，$\boldsymbol{\beta}_2$，$\cdots$，$\boldsymbol{\beta}_n$ 的过渡矩阵，证明：由基 $\boldsymbol{\alpha}_1$，$\boldsymbol{\alpha}_2$，$\cdots$，$\boldsymbol{\alpha}_n$ 到基 $\boldsymbol{\beta}_1$，$\boldsymbol{\beta}_2$，$\cdots$，$\boldsymbol{\beta}_n$ 过渡矩阵为 $\boldsymbol{A}^{-1}\boldsymbol{B}$．

12. 设 $\boldsymbol{\alpha}_1$，$\boldsymbol{\alpha}_2$，$\cdots$，$\boldsymbol{\alpha}_s$ 和 $\boldsymbol{\beta}_1$，$\boldsymbol{\beta}_2$，$\cdots$，$\boldsymbol{\beta}_t$ 是线性空间 V_n 的两组向量，证明：生成子空间 $L(\boldsymbol{\alpha}_1, \boldsymbol{\alpha}_2, \cdots, \boldsymbol{\alpha}_s)$ 和 $L(\boldsymbol{\beta}_1, \boldsymbol{\beta}_2, \cdots, \boldsymbol{\beta}_t)$ 相等的充分必要条件是 $\boldsymbol{\alpha}_1$，$\boldsymbol{\alpha}_2$，$\cdots$，$\boldsymbol{\alpha}_s$ 和 $\boldsymbol{\beta}_1$，$\boldsymbol{\beta}_2$，$\cdots$，$\boldsymbol{\beta}_t$ 等价．

13. 设 W 是线性空间 V_n 的子空间，证明：若 W 的维数等于 V_n 的维数 n，则 $W = V_n$．

14. 设 W_1、W_2 是线性空间 V 的两个子空间，证明：V 的非空子集

$$W = \{ \boldsymbol{\alpha} = \boldsymbol{\alpha}_1 + \boldsymbol{\alpha}_2 \mid \boldsymbol{\alpha}_1 \in W_1, \boldsymbol{\alpha}_2 \in W_2 \}$$

构成 V 的子空间．这个子空间叫作 W_1 与 W_2 的**和子空间**，记作 $W_1 + W_2$．

阅读材料 7：

集 合 与 映 射

集合与映射是数学中的最基础的概念，在此做以下简单介绍．

一、集合

集合是一个不加定义的概念——**原始概念**．

任何一个集合 A 与任何一个元素 x 都有且仅有两种关系之一成立：x 属于 A，记作 $x \in A$；或者 x 不属于 A，记作 $x \notin A$．

若集合 A 的每个元素都是集合 B 的元素，则称集合 A 是集合 B 的子集，也说集合 B 包含集合 A，或集合 A 包含于集合 B，记作 $A \subseteq B$．

若集合 A 的每个元素都是集合 B 的元素，且集合 B 的每个元素也都是集

合 A 的元素，即 $A \subseteq B$ 且 $B \subseteq A$，则称 A 与 B 相等，记作 $A = B$.

有一个很重要的集合——空集——不包含任何元素的集合，通常用 $\varnothing$ 表示.

集合有以下三种最基本的运算.

交运算——由集合 A 与集合 B 的公共元素所构成的集合叫作 A 与 B 的交集，记作 $A \bigcap B$，即 $A \bigcap B = \{x \mid x \in A$ 且 $x \in B\}$.

并运算——由或者属于集合 A 或者属于集合 B 的全体元素所构成的集合叫作集合 A 与集合 B 的并集，记作 $A \bigcup B$，即 $A \bigcup B = \{x \mid x \in A$ 或 $x \in B\}$.

差运算——由属于集合 A 但不属于集合 B 的元素所构成的集合叫作集合 A 与集合 B 的差集，记作 $A - B$，即 $A - B = \{x \mid x \in A$ 且 $x \notin B\}$.

二、映射

1. 定义

设 A，B 是两个集合，所谓集合 A 到集合 B 的一个映射就是指一个法则 f，通过这个法则 f，对于集合 A 中的**每一个**元素 a，集合 B 中都**有唯一**的一个元素 b 与 a 对应，通常记作 $b = f(a)$，且称 b 为 a 在 f 之下的像，a 为 b 在 f 之下的原像.

一个集合 A 到自身的映射叫作集合 A 上的变换.

设 f 和 g 都是集合 A 到 B 的映射，若对每一个 $x \in A$ 都有

$$f(x) = g(x),$$

则称映射 f 与映射 g 相等，记作 $f = g$.

2. 再介绍三类特殊的映射

由集合的定义可知，集合 A 到集合 B 的映射 f，只要求集合 A 中每个元素在 B 中必须有像，且像必须唯一. 但没有要求集合 B 中的元素在 A 中必须有原像；对 B 中有原像的元素也没有要求原像唯一，即对于 x，$y \in A$，即使 $x \neq y$，也可能有 $f(x) = f(y)$.

设 f 是集合 A 到集合 B 的映射，

（1）如果对任意 x，$y \in A$，当 $x \neq y$ 时，必有 $f(x) \neq f(y)$，则称 f 是集合 A 到集合 B 的一个单映射，简称单射.

（2）如果集合 B 中的每一个元素在 A 中都有原像，则称 f 是集合 A 到集合 B 的一个满映射，简称满射.

（3）如果 f 既是单射又是满射，则称 f 是集合 A 到集合 B 的一个双映射，简称双射. 双映射也叫一一对应.

3. 映射的乘法运算——映射的合成

设 f 和 g 分别是集合 A 到集合 B 和集合 B 到集合 C 的映射，那么，对于

A 中的每个元素 a，通过映射 f 唯一确定 B 中的元素 $b = f(a)$；再对于 B 中的元素 $b = f(a)$，通过映射 g，又唯一确定 C 中的元素 $c = g(b) = g(f(a))$. 这样，对于 A 中的每个元素 a，通过映射 f 和 g 唯一确定 C 中的元素 $c = g(f(a))$. 因此，由映射的定义可知，通过映射 f 和 g 便定义了 A 到 C 的一个映射，叫作 g 与 f 的合成，也叫乘积，记作 fg，即

$$fg(x) = g(f(x)), \forall x \in A.$$

显然，函数是特殊的映射，而复合函数便是特殊映射的合成了.

习 题 参 考 答 案

习 题 一

1. (1) 4，偶；(2) 4，偶；(3) $\dfrac{n(n-1)}{2}$，当 $n=4k$ 和 $n=4k+1$ 时，是偶排列；当 $n=4k+2$ 和 $n=4k+3$ 时，是奇排列(其中 $k=1$，2，…).

2. (1) -92；(2) $abcd$；(3) $3abc-a^3-b^3-c^3$；
   (4) $(-1)^{\frac{n(n-1)}{2}}a_1a_2\cdots a_n$.

3. $a_{13}a_{21}a_{32}a_{44}$ 和 $-a_{14}a_{21}a_{32}a_{43}$.

4. (1) $-2(x^3+y^3)$；(2) 160；(3) $(b^2-a^2)(c^2-a^2)(c^2-b^2)$；(4) $3n+1$.

5. $A_{11}=-29$，$A_{12}=37$，$A_{13}=-71$，$A_{14}=-1$，$A_{21}=21$，$A_{22}=-28$，$A_{23}=56$，
   $A_{24}=0$，$A_{31}=7$，$A_{32}=$ 7，$A_{33}=14$，$A_{34}=0$，$A_{41}=-27$，$A_{42}=33$，
   $A_{43}=-62$，$A_{44}=1$.

6. (1) $\begin{cases} x_1=-\dfrac{31}{4}, \\ x_2=\dfrac{23}{8}, \\ x_3=6, \\ x_4=\dfrac{1}{8}; \end{cases}$ (2) $\begin{cases} x_1=1, \\ x_2=1, \\ x_3=1, \\ x_4=1. \end{cases}$

7. $\lambda=0$、2 或 3.

8. (1) $i=3$，$j=6$，$k=8$ 或 $i=6$，$j=8$，$k=3$ 或 $i=8$，$j=3$，$k=6$；
   (2) $i=4$，$j=5$，$k=9$ 或 $i=5$，$j=9$，$k=4$ 或 $i=9$，$j=4$，$k=5$.

9. 证明略.

10. $a=1$ 或 $b=0$ 时有非零解；当 $a\neq1$ 且 $b\neq0$ 时只有零解.

11. (1) -2；(2) $\displaystyle\prod_{i=1}^{n}(a_id_i-c_ib_i)$.

12. (1) $-2\cdot(n-2)!$ $(n\geqslant2)$；
    (2) $x^n+a_1x^{n-1}+\cdots+a_{n-1}x+a_n$.

习 题 二

1. (1) $\begin{bmatrix} 2 \\ 16 \\ 11 \end{bmatrix}$；(2) $\boldsymbol{\xi} = \begin{bmatrix} -\dfrac{2}{3} \\ 1 \\ -\dfrac{2}{3} \end{bmatrix}$.

2. $\begin{cases} x_1 = 1, \\ x_2 = 2, \\ x_3 = 3. \end{cases}$

3. (1) 证明略；(2) $\boldsymbol{\beta} = \boldsymbol{\alpha}_1 + 2\boldsymbol{\alpha}_2 - \boldsymbol{\alpha}_3$.

4、5. 证明略.

6. 答案不唯一，只要例子符合题意即可.

7. (1) $\arccos \dfrac{\sqrt{6}}{6}$；(2) $\sqrt{39}$；

   (3) 正交化：$\boldsymbol{\beta}_1 = \boldsymbol{\alpha}_1$，$\boldsymbol{\beta}_2 = \dfrac{1}{2}(-1, -2, 1, -2)^{\mathrm{T}}$，

               $\boldsymbol{\beta}_3 = \dfrac{1}{5}(-2, 1, 2, 1)^{\mathrm{T}}$，$\boldsymbol{\beta}_4 = \boldsymbol{\alpha}_4$.

    单位化：$\boldsymbol{\gamma}_1 = \dfrac{1}{\sqrt{2}}(1, 0, 1, 0)^{\mathrm{T}}$，$\boldsymbol{\gamma}_2 = \dfrac{1}{\sqrt{10}}(-1, -2, 1, -2)^{\mathrm{T}}$，

               $\boldsymbol{\gamma}_3 = \dfrac{1}{\sqrt{10}}(-2, 1, 2, 1)^{\mathrm{T}}$，$\boldsymbol{\gamma}_4 = \dfrac{1}{\sqrt{2}}(0, 1, 0, -1)^{\mathrm{T}}$.

8、9、10. 证明略.

习 题 三

1. (1) $\begin{bmatrix} -1 & 9 \\ -1 & 4 \end{bmatrix}$；(2) $\begin{bmatrix} 3 & 1 \\ -3 & -2 \end{bmatrix}$；(3) $\begin{bmatrix} -1 & 20 \\ 0 & 14 \end{bmatrix}$.

2. $\begin{bmatrix} \dfrac{19}{12} \\ \dfrac{11}{12} \\ 3 \end{bmatrix}$.

3. (1) $\begin{bmatrix} 35 \\ 6 \\ 49 \end{bmatrix}$; (2) $\begin{bmatrix} 2 & -4 \\ -1 & 2 \\ 3 & -6 \end{bmatrix}$; (3) -1;

(4) $\begin{bmatrix} 6 & -7 & 8 \\ 20 & -5 & -6 \end{bmatrix}$; (5) $\begin{bmatrix} a_{11}x_1 + a_{12}x_2 + a_{13}x_3 \\ a_{21}x_1 + a_{22}x_2 + a_{23}x_3 \\ a_{31}x_1 + a_{32}x_2 + a_{33}x_3 \end{bmatrix}$;

(6) $a_{11}x_1^2 + a_{22}x_2^2 + a_{33}x_3^2 + (a_{12}+a_{21})x_1x_2 + (a_{13}+a_{31})x_1x_3 + (a_{32}+a_{23})x_3x_2$;

(7) $\begin{bmatrix} \lambda_1 a_{11} & \lambda_1 a_{12} \\ \lambda_2 a_{21} & \lambda_2 a_{22} \\ \lambda_3 a_{31} & \lambda_3 a_{32} \end{bmatrix}$; (8) $\begin{bmatrix} \lambda_1 a_{11} & \lambda_2 a_{12} & \lambda_3 a_{13} \\ \lambda_1 a_{21} & \lambda_2 a_{22} & \lambda_3 a_{23} \end{bmatrix}$.

4. $\boldsymbol{AB} = \begin{bmatrix} 1 & 0 \\ 0 & 1 \end{bmatrix}$, $\boldsymbol{BA} = \begin{bmatrix} 1 & 0 & 0 \\ 0 & 1 & 0 \\ 1 & 0 & 0 \end{bmatrix}$, $\boldsymbol{AC} = \begin{bmatrix} 1 & 0 \\ 0 & 1 \end{bmatrix}$.

5. (1) $\begin{bmatrix} -9 & 7 & 13 \\ -3 & -19 & 15 \\ 1 & 21 & -9 \end{bmatrix}$; (2) $\begin{bmatrix} 6 & 1 & 6 \\ 0 & -7 & 4 \\ 2 & 5 & -4 \end{bmatrix}$; (3) 32.

6. 证明略.

7. (1) $\begin{bmatrix} 1 & n \\ 0 & 1 \end{bmatrix}$; (2) $\begin{bmatrix} 1 & n & \dfrac{n(n-1)}{2} \\ 0 & 1 & n \\ 0 & 0 & 1 \end{bmatrix}$; (3) $\begin{bmatrix} 1 & na & \dfrac{n(n-1)}{2}a \\ 0 & 1 & na \\ 0 & 0 & 1 \end{bmatrix}$;

(4) 当 $n=2$ 时为 $\begin{bmatrix} 0 & 0 & ac \\ 0 & 0 & 0 \\ 0 & 0 & 0 \end{bmatrix}$, 当 $n \geqslant 3$ 时为 0;

(5) 当 n 为奇数时为

$$2^{n-1} \begin{bmatrix} 1 & -1 & -1 & -1 \\ -1 & 1 & -1 & -1 \\ -1 & -1 & 1 & -1 \\ -1 & -1 & -1 & 1 \end{bmatrix},$$

当 n 为偶数时为

$$2^n \begin{bmatrix} 1 & 0 & 0 & 0 \\ 0 & 1 & 0 & 0 \\ 0 & 0 & 1 & 0 \\ 0 & 0 & 0 & 1 \end{bmatrix}.$$

8. (1) 36；(2) 1；(3) 1；(4) 5^{6n}.

9. 证明略.

10. (1) $\begin{bmatrix} -2 & 1 & 0 \\ -\dfrac{13}{2} & 3 & -\dfrac{1}{2} \\ -16 & 7 & -1 \end{bmatrix}$；

(2) $\begin{bmatrix} 1 & 0 & -2 & -3 \\ 0 & 1 & -4 & -5 \\ 0 & 0 & 1 & 0 \\ 0 & 0 & 0 & 1 \end{bmatrix}$；

(3) $\begin{bmatrix} \cos\theta & \sin\theta \\ -\sin\theta & \cos\theta \end{bmatrix}$；

(4) $\begin{bmatrix} \dfrac{3}{4} & \dfrac{1}{2} & \dfrac{1}{4} \\ \dfrac{1}{2} & 1 & \dfrac{1}{2} \\ \dfrac{1}{4} & \dfrac{1}{2} & \dfrac{3}{4} \end{bmatrix}$；

(5) $\begin{bmatrix} 5 & -2 & 0 & 0 \\ -2 & 1 & 0 & 0 \\ 0 & 0 & \dfrac{1}{7} & -\dfrac{1}{7} \\ 0 & 0 & 0 & 1 \end{bmatrix}$；

(6) $\begin{bmatrix} 0 & 0 & \cdots & 0 & \dfrac{1}{a_n} \\ \dfrac{1}{a_1} & 0 & \cdots & 0 & 0 \\ 0 & \dfrac{1}{a_2} & \cdots & 0 & 0 \\ \vdots & \vdots & & \vdots & \vdots \\ 0 & 0 & \cdots & \dfrac{1}{a_{n-1}} & 0 \end{bmatrix}$.

11. 证明略.

12. (1) 秩为 2；(2) 秩为 3；(3) 秩为 3.

13. $a \neq 1$ 且 $a \neq 1-n$.

14. (1) $\begin{bmatrix} 2 & -23 \\ 0 & 8 \end{bmatrix}$；(2) $\begin{bmatrix} -2 & 2 & 1 \\ -\dfrac{8}{3} & 5 & -\dfrac{2}{3} \end{bmatrix}$；(3) $\begin{bmatrix} \dfrac{1}{3} & -\dfrac{1}{3} \\ \dfrac{5}{12} & \dfrac{1}{3} \end{bmatrix}$.

15. $\begin{bmatrix} 2 & 0 & 0 \\ -1 & 2 & 0 \\ 0 & -1 & 2 \end{bmatrix}$.

16. 证明略.

17. 证明略.

18. 证明略，$A^{-1} = \dfrac{1}{2}(A-E)$，$(A+2E)^{-1} = \dfrac{1}{4}(3E-A)$.

19. -16.

20、21、22. 证明略.

习 题 四

1. (1) $\boldsymbol{\xi}_1 = (4, -9, 4, 3)^T$ 为方程组的一个基础解系.

   (2) $\boldsymbol{\xi}_1 = (2, -1, 0, 0)^T$, $\boldsymbol{\xi}_2 = (1, 0, 0, 1)^T$ 为方程组的一个基础解系.

   (3) 方程组只有零解.

   (4) $\boldsymbol{\xi}_1 = (3, 19, 17, 0)^T$, $\boldsymbol{\xi}_2 = (-13, -20, 0, 17)^T$ 为方程组的一个基础解系.

2. (1) 方程组无解;

   (2) $\boldsymbol{\xi} = \boldsymbol{\eta} + h\boldsymbol{\xi}$ (k 为任意实数), 其中,
$$\boldsymbol{\eta} = \left(\frac{1}{2}, 0, 0, 0\right)^T, \quad \boldsymbol{\xi} = \left(\frac{1}{2}, 0, 1, 0\right)^T;$$

   (3) $\boldsymbol{\xi} = \boldsymbol{\eta} + k_1\boldsymbol{\xi}_1 + k_2\boldsymbol{\xi}_2$ (k_1, k_2 为任意实数), 其中,
$$\boldsymbol{\eta} = (1, 0, 1, 0)^T, \quad \boldsymbol{\xi}_1 = (1, 5, 7, 0)^T, \quad \boldsymbol{\xi}_2 = (1, -9, 0, 7)^T;$$

   (4) $\boldsymbol{\xi} = \boldsymbol{\eta} + k\boldsymbol{\xi}$ (k 为任意实数), 其中, $\boldsymbol{\eta} = (-1, 2, 0)^T$, $\boldsymbol{\xi} = (-2, 1, 1)^T$.

3. (1) 当 $\lambda \neq 1$, -2 时, 方程组有唯一解:
$$x_1 = -\frac{\lambda+1}{\lambda+2}, \quad x_2 = \frac{1}{\lambda+2}, \quad x_3 = \frac{(\lambda+1)^2}{\lambda+2};$$

   (2) 当 $\lambda = -2$ 时, 方程组无解;

   (3) 当 $\lambda = 1$ 时, 方程组有无穷多解:
$$\boldsymbol{\eta} = \boldsymbol{\eta}^* + k_1\boldsymbol{\xi}_1 + k_2\boldsymbol{\xi}_2, \quad \boldsymbol{\eta}^* = \begin{pmatrix} 1 \\ 0 \\ 0 \end{pmatrix}, \quad \boldsymbol{\xi}_1 = \begin{pmatrix} -1 \\ 1 \\ 0 \end{pmatrix}, \quad \boldsymbol{\xi}_2 = \begin{pmatrix} -1 \\ 0 \\ 1 \end{pmatrix},$$

k_1, k_2 为任意实数.

4. $\boldsymbol{\xi} = k(3, 4, 5, 6)^T + (2, 3, 4, 5)^T$ (k 为任意实数).

5. (1) 当 $\lambda = 1$ 或 $\lambda = -2$ 时, 原方程组有解.

   (2) 当 $\lambda = 1$ 时, 方程组的通解为
$$\boldsymbol{\xi} = \boldsymbol{\eta} + k_1\boldsymbol{\xi}_1 \ (k_1 \text{ 为任意实数}),$$
其中 $\boldsymbol{\eta} = (1, 0, 0)^T$, $\boldsymbol{\xi}_1 = (1, 1, 1)^T$.

当 $\lambda = -2$ 时, 方程组的通解为
$$\boldsymbol{\xi} = \boldsymbol{\eta}^* + k_2\boldsymbol{\xi}_2 \ (k_2 \text{ 为任意实数}),$$
其中 $\boldsymbol{\eta}^* = (2, 2, 0)^T$, $\boldsymbol{\xi}_2 = (1, 1, 1)^T$.

6. (1) 前 3 列 (不唯一); (2) 第 1, 2, 5 列 (不唯一).

7. (1) 秩为 3，极大线性无关组为 $\boldsymbol{\alpha}_1$，$\boldsymbol{\alpha}_2$，$\boldsymbol{\alpha}_3$（不唯一），$\boldsymbol{\alpha}_4 = \boldsymbol{\alpha}_2 - \boldsymbol{\alpha}_3$；

    (2) 秩为 3，极大线性无关组为 $\boldsymbol{\alpha}_1$，$\boldsymbol{\alpha}_2$，$\boldsymbol{\alpha}_3$（不唯一），$\boldsymbol{\alpha}_4 = \boldsymbol{\alpha}_1 + \boldsymbol{\alpha}_2 - \boldsymbol{\alpha}_3$，

$\boldsymbol{\alpha}_5 = -2\boldsymbol{\alpha}_1 + 3\boldsymbol{\alpha}_2 + 4\boldsymbol{\alpha}_3$.

8、9、10. 证明略.

11. (1) 当 $b \neq 0$，$a \neq 1$ 时，方程组有唯一解.

    (2) 当 $a = 1$，$b = \dfrac{1}{2}$ 时，方程组有无穷多解.

    (3) 当 $a = 1$，$b \neq \dfrac{1}{2}$ 或 $b = 0$ 时，方程组无解.

12. (1) 当 $a \neq 1$，-1 时，方程组有唯一解 $\left(\dfrac{4a+1}{a^2-1}, \dfrac{2a^2-7a}{a^2-1}, \dfrac{-3a}{a+1} \right)^{\mathrm{T}}$.

    (2) 当 $a = -1$ 时，方程组无解.

    (3) 当 $a = 1$ 时，方程组有无穷多解，通解为

$\boldsymbol{\xi} = k(1, -1, 0)^{\mathrm{T}} + (1, 0, -1)^{\mathrm{T}}$ （k 为任意实数）.

13. A.   14. D.   15. D.

习 题 五

1. (1) $\lambda_1 = 2$，$\lambda_2 = 3$，对应于 $\lambda_1 = 2$ 的全体特征向量为 $k_1 \begin{bmatrix} 1 \\ -1 \end{bmatrix}$（$k_1 \neq 0$），对

应于 $\lambda_2 = 3$ 的全体特征向量为 $k_2 \begin{bmatrix} -1 \\ 2 \end{bmatrix}$（$k_2 \neq 0$）.

    (2) $\lambda_1 = -1$，$\lambda_2 = 0$，$\lambda_3 = 8$，对应于 $\lambda_1 = -1$ 的全体特征向量为

$k_1 \begin{bmatrix} 3 \\ -6 \\ 2 \end{bmatrix}$（$k_1 \neq 0$），对应于 $\lambda_2 = 0$ 的全体特征向量为 $k_2 \begin{bmatrix} 1 \\ 1 \\ -1 \end{bmatrix}$（$k_2 \neq 0$），

对应于 $\lambda_3 = 8$ 的全体特征向量为 $k_3 \begin{bmatrix} 3 \\ 3 \\ 5 \end{bmatrix}$（$k_3 \neq 0$）.

    (3) $\lambda_1 = 0$，$\lambda_2 = \lambda_3 = 1$，对应于 $\lambda_1 = 0$ 的全体特征向量为 $k_1 \begin{bmatrix} 1 \\ 0 \\ 0 \end{bmatrix}$（$k_1 \neq 0$），对

应于 $\lambda_2 = \lambda_3 = 1$ 的全体特征向量为 $k_2 \begin{bmatrix} 1 \\ 0 \\ 1 \end{bmatrix} + k_3 \begin{bmatrix} 0 \\ 1 \\ 0 \end{bmatrix}$（$k_2$，$k_3$ 不全为 0）.

(4) $\lambda_1=\lambda_2=\lambda_3=2$，$\lambda_4=-2$，对应于 $\lambda_1=\lambda_2=\lambda_3=2$ 的全体特征向量为

$$k_1\begin{bmatrix}1\\1\\0\\0\end{bmatrix}+k_2\begin{bmatrix}1\\0\\1\\0\end{bmatrix}+k_3\begin{bmatrix}1\\0\\0\\1\end{bmatrix}\quad(k_1,\ k_2,\ k_3\ \text{不全为}\ 0)，\text{对应于}\ \lambda_4=-2\ \text{的全体}$$

特征向量为 $k_4\begin{bmatrix}1\\-1\\-1\\-1\end{bmatrix}\ (k_4\neq0)$.

2. (1) $\boldsymbol{P}=\begin{bmatrix}2&2&2\\6&0&2\\-3&-1&1\end{bmatrix}$，$\boldsymbol{P}^{-1}\boldsymbol{A}\boldsymbol{P}=\begin{bmatrix}-1&0&0\\0&3&0\\0&0&7\end{bmatrix}$；

(2) $\boldsymbol{P}=\begin{bmatrix}3&4&-2\\2&1&0\\-2&-2&1\end{bmatrix}$，$\boldsymbol{P}^{-1}\boldsymbol{A}\boldsymbol{P}=\begin{bmatrix}0&0&0\\0&2&0\\0&0&4\end{bmatrix}$；

(3) $\boldsymbol{P}=\begin{bmatrix}9&12&-4\\1&1&0\\-2&-3&1\end{bmatrix}$，$\boldsymbol{P}^{-1}\boldsymbol{A}\boldsymbol{P}=\begin{bmatrix}1&0&0\\0&2&0\\0&0&3\end{bmatrix}$；

(4) $\boldsymbol{P}=\begin{bmatrix}0&1&2\\1&5&11\\3&4&12\end{bmatrix}$，$\boldsymbol{P}^{-1}\boldsymbol{A}\boldsymbol{P}=\begin{bmatrix}0&0&0\\0&3&0\\0&0&3\end{bmatrix}$.

3. $\dfrac{1}{6}\begin{bmatrix}5\cdot1.2^{50}+0.9^{50}&1.2^{50}-0.9^{50}\\5\cdot1.2^{50}-5\cdot0.9^{50}&1.2^{50}+5\cdot0.9^{50}\end{bmatrix}$.

4. (1) 否；(2) 是.

5. 证明略.

6. (1) $\boldsymbol{\eta}_1=(1,\ 0,\ 0)^{\mathrm{T}}$，$\boldsymbol{\eta}_2=\dfrac{\sqrt{2}}{2}(0,\ 1,\ 1)^{\mathrm{T}}$，$\boldsymbol{\eta}_3=\dfrac{\sqrt{2}}{2}(0,\ -1,\ 1)^{\mathrm{T}}$；

(2) $\boldsymbol{\eta}_1=\dfrac{1}{3\sqrt{3}}(1,\ 0,\ 0,\ -5,\ -1)^{\mathrm{T}}$，

$\boldsymbol{\eta}_2=\dfrac{1}{3\sqrt{15}}(-7,\ 9,\ 0,\ -1,\ -2)^{\mathrm{T}}$，

$\boldsymbol{\eta}_3=\dfrac{1}{3\sqrt{35}}(7,\ 6,\ 15,\ 1,\ 2)^{\mathrm{T}}$；

(3) $\boldsymbol{\eta}_1=\dfrac{\sqrt{2}}{2}(1,\ 0,\ 0,\ 0,\ 1)^{\mathrm{T}}$，$\boldsymbol{\eta}_2=\dfrac{\sqrt{10}}{10}(1,\ -2,\ 0,\ 2,\ -1)^{\mathrm{T}}$，

$$\boldsymbol{\eta}_3 = \frac{1}{2}(1,\ 1,\ 1,\ 0,\ -1)^{\mathrm{T}}.$$

7. (1) $\boldsymbol{P} = \frac{1}{3}\begin{pmatrix} -2 & 2 & 1 \\ -1 & -2 & 2 \\ 2 & 1 & 2 \end{pmatrix}$, $\boldsymbol{P}^{\mathrm{T}}\boldsymbol{AP} = \begin{pmatrix} 1 & & \\ & 4 & \\ & & -2 \end{pmatrix} = \boldsymbol{D}$;

(2) $\boldsymbol{P} = \begin{pmatrix} -\dfrac{1}{3} & -\dfrac{2}{\sqrt{5}} & \dfrac{2}{3\sqrt{5}} \\ -\dfrac{2}{3} & \dfrac{1}{\sqrt{5}} & \dfrac{4}{3\sqrt{5}} \\ \dfrac{2}{3} & 0 & \dfrac{5}{3\sqrt{5}} \end{pmatrix}$, $\boldsymbol{P}^{\mathrm{T}}\boldsymbol{AP} = \begin{pmatrix} 10 & & \\ & 1 & \\ & & 1 \end{pmatrix} = \boldsymbol{D}$;

(3) $\boldsymbol{P} = \frac{1}{2}\begin{pmatrix} 1 & 1 & -1 & 1 \\ 1 & 1 & 1 & -1 \\ 1 & -1 & -1 & -1 \\ 1 & -1 & 1 & 1 \end{pmatrix}$, $\boldsymbol{P}^{\mathrm{T}}\boldsymbol{AP} = \begin{pmatrix} 5 & & & \\ & -5 & & \\ & & 3 & \\ & & & -3 \end{pmatrix} = \boldsymbol{D}$.

8、9. 证明略. 　　　10. $\boldsymbol{A} = \dfrac{1}{3}\begin{pmatrix} -1 & 0 & 2 \\ 0 & 1 & 2 \\ 2 & 2 & 0 \end{pmatrix}$. 　　11. $0(n-1$个$)$和 n.

12. -2，-2 和 0. 　　13. $\left(\dfrac{|\boldsymbol{A}|}{\lambda}\right)^2 + 3$. 　　14. 反证法.

习 题 六

1. (1) $f = (x_1,\ x_2,\ x_3)\begin{pmatrix} 1 & 2 & 1 \\ 2 & 4 & 2 \\ 1 & 2 & 1 \end{pmatrix}\begin{pmatrix} x_1 \\ x_2 \\ x_3 \end{pmatrix}$，标准形为 y_1^2;

(2) $f = (x_1,\ x_2,\ x_3)\begin{pmatrix} 1 & 1 & 2 \\ 1 & 3 & \frac{1}{2} \\ 2 & \frac{1}{2} & 7 \end{pmatrix}\begin{pmatrix} x_1 \\ x_2 \\ x_3 \end{pmatrix}$，标准形为 $y_1^2 + y_2^2 + y_3^2$;

(3) $f = (x_1,\ x_2,\ x_3,\ x_4)\begin{pmatrix} 1 & -1 & 2 & -1 \\ -1 & 1 & 3 & -2 \\ 2 & 3 & 1 & 0 \\ -1 & -2 & 0 & 1 \end{pmatrix}\begin{pmatrix} x_1 \\ x_2 \\ x_3 \\ x_4 \end{pmatrix}$，标准形为 $y_1^2 + y_2^2 +$

$y_3^2 - y_4^2$;

(4) $f=(x_1, x_2, x_3)\begin{pmatrix} 2 & 2 & -2 \\ 2 & 5 & -4 \\ -2 & -4 & 5 \end{pmatrix}\begin{pmatrix} x_1 \\ x_2 \\ x_3 \end{pmatrix}$，标准形为 $y_1^2+y_2^2+10y_3^2$.

2. (1) 秩是 3，标准形为 $f=y_1^2+y_2^2+y_3^2$；

    (2) 秩是 2，标准形为 $f=y_1^2+y_2^2$；

    (3) 秩是 4，标准形为 $f=y_1^2+y_2^2-y_3^2-y_4^2$.

3. (1) $\begin{pmatrix} x_1 \\ x_2 \\ x_3 \end{pmatrix} = \begin{pmatrix} 1 & 0 & 0 \\ 0 & \dfrac{1}{\sqrt{2}} & \dfrac{1}{\sqrt{2}} \\ 0 & \dfrac{1}{\sqrt{2}} & -\dfrac{1}{\sqrt{2}} \end{pmatrix}\begin{pmatrix} y_1 \\ y_2 \\ y_3 \end{pmatrix}$，标准形为 $f=2y_1^2+5y_2^2+y_3^2$；

   (2) $\begin{pmatrix} x_1 \\ x_2 \\ x_3 \\ x_4 \end{pmatrix} = \begin{pmatrix} \dfrac{1}{2} & \dfrac{1}{2} & \dfrac{1}{\sqrt{2}} & 0 \\ -\dfrac{1}{2} & \dfrac{1}{2} & 0 & \dfrac{1}{\sqrt{2}} \\ -\dfrac{1}{2} & -\dfrac{1}{2} & \dfrac{1}{\sqrt{2}} & 0 \\ \dfrac{1}{2} & -\dfrac{1}{2} & 0 & \dfrac{1}{\sqrt{2}} \end{pmatrix}\begin{pmatrix} y_1 \\ y_2 \\ y_3 \\ y_4 \end{pmatrix}$，标准形为 $f=-y_1^2+3y_2^2+y_3^2+y_4^2$；

   (3) $\begin{pmatrix} x_1 \\ x_2 \\ x_3 \end{pmatrix} = \dfrac{1}{3}\begin{pmatrix} 2 & 2 & 1 \\ 1 & -2 & 2 \\ -2 & 1 & 2 \end{pmatrix}\begin{pmatrix} y_1 \\ y_2 \\ y_3 \end{pmatrix}$，标准形为 $f=y_1^2+4y_2^2-2y_3^2$.

4. (1) 否；(2) 正定；(3) 正定；(4) 否.

5. 证明略.

6. 证明 A 的特征值只有 1 或 0.

7. 由特征值，特征向量定义设出并求之.

8. 将 A 代入由二次型正定的定义证之.

9. 由标准形理论及合同变换证之.

10. 由所对应的二次型的矩阵相似，从而有相同的特征值，比较系数可得
    $a=3，b=1$；再将 $a，b$ 的值代入，求特征向量，从而求得

$$P=\begin{pmatrix} \dfrac{1}{\sqrt{2}} & \dfrac{1}{\sqrt{3}} & \dfrac{1}{\sqrt{6}} \\ 0 & -\dfrac{1}{\sqrt{3}} & \dfrac{2}{\sqrt{6}} \\ -\dfrac{1}{\sqrt{2}} & \dfrac{1}{\sqrt{3}} & \dfrac{1}{\sqrt{6}} \end{pmatrix}.$$

11. 通过判断 B 的特征值大于零验证.

习 题 七

1. (1) 否；(2) 是；(3) 否；(4) 是.

2. (1) 能；(2) 不能.

3. 验证 $L(\boldsymbol{\alpha}, \boldsymbol{\beta}, \boldsymbol{\gamma})$ 对加法和数乘是封闭的.

4. 验证 $(1, 1, 0, 0)^T$, $(1, 0, 1, 1)^T$ 和 $(2, -1, 3, 3)^T$, $(0, 1, -1, -1)^T$ 都是向量组 $(1, 1, 0, 0)^T$, $(1, 0, 1, 1)^T$, $(2, -1, 3, 3)^T$, $(0, 1, -1, -1)^T$ 的极大线性无关组，从而等价，进而结论成立.

5. $(33, -82, 154)^T$.

6. $\begin{bmatrix} y_1 \\ y_2 \\ y_3 \end{bmatrix} = \begin{bmatrix} 13 & 19 & \dfrac{181}{4} \\ -9 & -13 & -\dfrac{63}{2} \\ 7 & 10 & \dfrac{99}{4} \end{bmatrix} \begin{bmatrix} x_1 \\ x_2 \\ x_3 \end{bmatrix}$ 或 $\begin{bmatrix} x_1 \\ x_2 \\ x_3 \end{bmatrix} = \begin{bmatrix} -27 & -71 & -41 \\ 9 & 20 & 9 \\ 4 & 12 & 8 \end{bmatrix} \begin{bmatrix} y_1 \\ y_2 \\ y_3 \end{bmatrix}$.

7. (1) $\boldsymbol{P} = \begin{bmatrix} 2 & 0 & 5 & 6 \\ 1 & 3 & 3 & 6 \\ -1 & 1 & 2 & 1 \\ 1 & 0 & 1 & 3 \end{bmatrix}$; (2) $\dfrac{1}{27} \begin{bmatrix} 12 & 9 & -27 & -33 \\ 1 & 12 & -9 & -23 \\ 9 & 0 & 0 & -18 \\ -7 & -3 & 9 & 26 \end{bmatrix} \begin{bmatrix} x_1 \\ x_2 \\ x_3 \\ x_4 \end{bmatrix}$;

(3) $k(1, 1, 1, -1)^T (k \in \mathbf{R})$.

8. 根据线性变换的定义验证.

9. $\begin{bmatrix} 1 & 0 & 0 \\ 2 & 1 & 0 \\ 0 & 1 & 1 \end{bmatrix}$.

10. $\begin{bmatrix} 1 & 0 & 0 \\ 1 & 1 & 0 \\ 1 & 2 & 1 \end{bmatrix}$.

11、12. 证明略.

13. 证明 W 的基是 V_n 的基.

14. 由子空间的充要条件验证.

自 我 检 测 题

检 测 题 1

一、填空题(每空 2 分，共 10 分)

1. 若 n 阶方阵 A 的行列式 $|A|=a$，则 $2A$ 行列式 $|2A|=$ _____．

2. 若向量组 $\boldsymbol{\alpha}_1=(1,\ 0,\ 0)^{\mathrm{T}}$，$\boldsymbol{\alpha}_2=(0,\ 2,\ 4)^{\mathrm{T}}$，$\boldsymbol{\alpha}_3=(-1,\ 3,\ t)^{\mathrm{T}}$ 线性相关，则 $t=$ _____．

3. 矩阵 $\begin{bmatrix} 2 & 4 & 0 \\ -1 & 0 & -3 \\ 2 & 2 & 3 \end{bmatrix}$ 的秩为 _____．

4. 设可逆方阵 A 有一个特征值为 2，则 $\left(\dfrac{1}{3}A^2\right)^{-1}$ 必有一个特征值为 _____．

5. 二次型 $f(x_1,\ x_2,\ x_3)=3x_1x_2+6x_1x_3-x_2x_3-3x_3^2$ 的矩阵为 _____．

二、判断题(每题 2 分，共 16 分)

1. 若向量 $\boldsymbol{\beta}$ 可由向量组 $\boldsymbol{\alpha}_1$，$\boldsymbol{\alpha}_2$，$\cdots$，$\boldsymbol{\alpha}_n$ 线性表出，则向量组 $\boldsymbol{\alpha}_1$，$\cdots$，$\boldsymbol{\alpha}_n$，$\boldsymbol{\beta}$ 线性相关． （　　）

2. 若齐次线性方程组 $AX=0$ 只有零解，则非齐次线性方程组 $AX=b$ 必有唯一解． （　　）

3. 若 n 阶方阵 A 与 B 有相同的特征值，则 A 与 B 相似． （　　）

4. 若 $AB=E$，则 A 与 B 互为逆矩阵． （　　）

5. 若 A 与 B 均为 n 阶方阵，则 $|A+B|=|A|+|B|$． （　　）

6. 若 A 与 B 均为 n 阶对称矩阵，则 AB 也是对称矩阵． （　　）

7. 设 A 为 $m \times n$ 矩阵，若 $A^{\mathrm{T}}A$ 可逆，则 AA^{T} 不一定可逆． （　　）

8. 若齐次线性方程组中方程的个数少于未知量的个数，则必有非零解． （　　）

三、计算题(每题 10 分，共 50 分)

1. $D_4 = \begin{vmatrix} 1+a_1 & 1 & 1 & 1 \\ 1 & 1+a_2 & 1 & 1 \\ 1 & 1 & 1+a_3 & 1 \\ 1 & 1 & 1 & 1+a_4 \end{vmatrix}$，$a_1a_2a_3a_4 \neq 0$．

2. $D_n = \begin{vmatrix} x & y & 0 & \cdots & 0 & 0 \\ 0 & x & y & \cdots & 0 & 0 \\ \vdots & \vdots & \vdots & & \vdots & \vdots \\ 0 & 0 & 0 & \cdots & x & y \\ y & 0 & 0 & \cdots & 0 & x \end{vmatrix}$.

3. $A = \begin{pmatrix} 1 & 2 & 3 \\ 2 & 1 & 2 \\ 1 & 3 & 4 \end{pmatrix}$，求 A^{-1}.

4. 向量组 $\alpha_1 = (1, -2, -1, 0)^T$，$\alpha_2 = (-1, 2, 1, 3)^T$，$\alpha_3 = (2, -1, 0, 2)^T$，$\alpha_4 = (1, 1, 1, 1)^T$，(1) 求一个极大无关组；(2) 把其余向量用此极大无关组表示.

5. 求矩阵 $A = \begin{pmatrix} 2 & 0 & 0 \\ 0 & 3 & 2 \\ 0 & 2 & 3 \end{pmatrix}$ 的特征值、特征向量.

四、(每题 12 分，共 24 分)

1. 解非齐次方程组
$$\begin{cases} 2x_1 + x_2 - x_3 + x_4 = 1, \\ 4x_1 + 2x_2 - 2x_3 + x_4 = 2, \\ 2x_1 + x_2 - x_3 - x_4 = 1. \end{cases}$$

2. 讨论方程组
$$\begin{cases} \lambda x_1 + x_2 + x_3 = 0, \\ x_1 + \lambda x_2 + x_3 = 0, \\ x_1 + x_2 + \lambda x_3 = 0 \end{cases}$$
在 λ 取何值时只有零解、有非零解?

检测题 1 答案

一、1. $2^n a$. 2. 6. 3. 2. 4. $\dfrac{3}{4}$. 5. $\begin{pmatrix} 0 & \dfrac{3}{2} & -3 \\ \dfrac{3}{2} & 0 & -\dfrac{1}{2} \\ -3 & -\dfrac{1}{2} & -3 \end{pmatrix}$.

二、1. √. 2. ×. 3. ×. 4. ×. 5. ×. 6. ×. 7. √. 8. √.

三、1. 解 $D_4 = \begin{vmatrix} 1+a_1 & 1 & 1 & 1 \\ 1 & 1+a_2 & 1 & 1 \\ 1 & 1 & 1+a_3 & 1 \\ 1 & 1 & 1 & 1+a_4 \end{vmatrix}$

$\xrightarrow[\substack{r_i - r_1 \\ (i=2,\ 3,\ 4)}]{} \begin{vmatrix} 1+a_1 & 1 & 1 & 1 \\ -a_1 & a_2 & 0 & 0 \\ -a_1 & 0 & a_3 & 0 \\ -a_1 & 0 & 0 & a_4 \end{vmatrix}$

$\xrightarrow[\substack{c_1 + \frac{a_1}{a_i} c_i (i=2,\ 3,\ 4)}]{} \begin{vmatrix} 1+a_1+\dfrac{a_1}{a_2}+\dfrac{a_1}{a_3}+\dfrac{a_1}{a_4} & 1 & 1 & 1 \\ 0 & a_2 & 0 & 0 \\ 0 & 0 & a_3 & 0 \\ 0 & 0 & 0 & a_4 \end{vmatrix}$

$= \left(1+a_1+\dfrac{a_1}{a_2}+\dfrac{a_1}{a_3}+\dfrac{a_1}{a_4}\right) a_2 a_3 a_4$

$= a_1 a_2 a_3 a_4 + a_2 a_3 a_4 + a_1 a_3 a_4 + a_1 a_2 a_4 + a_1 a_2 a_3.$

2. 解 $D_n = \begin{vmatrix} x & y & 0 & \cdots & 0 & 0 \\ 0 & x & y & \cdots & 0 & 0 \\ \vdots & \vdots & \vdots & & \vdots & \vdots \\ 0 & 0 & 0 & \cdots & x & y \\ y & 0 & 0 & \cdots & 0 & x \end{vmatrix}$

$\xrightarrow[\text{按第 1 列展开}]{} x \begin{vmatrix} x & y & \cdots & 0 & 0 \\ \vdots & \vdots & & \vdots & \vdots \\ 0 & 0 & \cdots & x & y \\ 0 & 0 & \cdots & 0 & x \end{vmatrix}_{n-1} +$

$\qquad\qquad (-1)^{n+1} y \begin{vmatrix} y & 0 & \cdots & 0 & 0 \\ x & y & \cdots & 0 & 0 \\ \vdots & \vdots & & \vdots & \vdots \\ 0 & 0 & \cdots & x & y \end{vmatrix}_{n-1}$

$= x^n + (-1)^{n+1} y^n.$

3. 解 $(\boldsymbol{A} \mid \boldsymbol{E}) = \left(\begin{array}{ccc:ccc} 1 & 2 & 3 & 1 & 0 & 0 \\ 2 & 1 & 2 & 0 & 1 & 0 \\ 1 & 3 & 4 & 0 & 0 & 1 \end{array}\right) \xrightarrow[r_3 - r_1]{r_2 - 2r_1} \left(\begin{array}{ccc:ccc} 1 & 2 & 3 & 1 & 0 & 0 \\ 0 & -3 & -4 & -2 & 1 & 0 \\ 0 & 1 & 1 & -1 & 0 & 1 \end{array}\right)$

$$\xrightarrow{r_2\leftrightarrow r_3}\begin{pmatrix}1 & 2 & 3 & \vdots & 1 & 0 & 0\\ 0 & 1 & 1 & \vdots & -1 & 0 & 1\\ 0 & -3 & -4 & \vdots & -2 & 1 & 0\end{pmatrix}\xrightarrow{r_3+3r_2}\begin{pmatrix}1 & 2 & 3 & \vdots & 1 & 0 & 0\\ 0 & 1 & 1 & \vdots & -1 & 0 & 1\\ 0 & 0 & -1 & \vdots & -5 & 1 & 3\end{pmatrix}$$

$$\xrightarrow[r_2+r_3]{r_1+3r_3}\begin{pmatrix}1 & 2 & 0 & \vdots & -14 & 3 & 9\\ 0 & 1 & 0 & \vdots & -6 & 1 & 4\\ 0 & 0 & -1 & \vdots & -5 & 1 & 3\end{pmatrix}\xrightarrow{r_1-2r_2}\begin{pmatrix}1 & 0 & 0 & \vdots & -2 & 1 & 1\\ 0 & 1 & 0 & \vdots & -6 & 1 & 4\\ 0 & 0 & -1 & \vdots & -5 & 1 & 3\end{pmatrix}$$

$$\xrightarrow{(-1)r_3}\begin{pmatrix}1 & 0 & 0 & \vdots & -2 & 1 & 1\\ 0 & 1 & 0 & \vdots & -6 & 1 & 4\\ 0 & 0 & 1 & \vdots & 5 & -1 & -3\end{pmatrix},$$

所以 $$A^{-1}=\begin{pmatrix}-2 & 1 & 1\\ -6 & 1 & 4\\ 5 & -1 & -3\end{pmatrix}.$$

4. 解 $$A=\begin{pmatrix}1 & -1 & 2 & 1\\ -2 & 2 & -1 & 1\\ -1 & 1 & 0 & 1\\ 0 & 3 & 2 & 1\end{pmatrix}\xrightarrow[r_3+r_1]{r_2+2r_1}\begin{pmatrix}1 & -1 & 2 & 1\\ 0 & 0 & 3 & 3\\ 0 & 0 & 2 & 2\\ 0 & 3 & 2 & 1\end{pmatrix}$$

$$\xrightarrow{r_2\leftrightarrow r_4}\begin{pmatrix}1 & -1 & 2 & 1\\ 0 & 3 & 2 & 1\\ 0 & 0 & 2 & 2\\ 0 & 0 & 3 & 3\end{pmatrix}\xrightarrow[r_4\times\frac{1}{3}]{r_3\times\frac{1}{2}}\begin{pmatrix}1 & -1 & 2 & 1\\ 0 & 3 & 2 & 1\\ 0 & 0 & 1 & 1\\ 0 & 0 & 1 & 1\end{pmatrix}$$

$$\xrightarrow{r_4-r_3}\begin{pmatrix}1 & -1 & 2 & 1\\ 0 & 3 & 2 & 1\\ 0 & 0 & 1 & 1\\ 0 & 0 & 0 & 0\end{pmatrix}\xrightarrow[r_2-2r_3]{r_1-2r_3}\begin{pmatrix}1 & -1 & 0 & -1\\ 0 & 3 & 0 & -1\\ 0 & 0 & 1 & 1\\ 0 & 0 & 0 & 0\end{pmatrix}$$

$$\xrightarrow{r_2\times\frac{1}{3}}\begin{pmatrix}1 & -1 & 0 & -1\\ 0 & 1 & 0 & -\frac{1}{3}\\ 0 & 0 & 1 & 1\\ 0 & 0 & 0 & 0\end{pmatrix}\xrightarrow{r_1+r_2}\begin{pmatrix}1 & 0 & 0 & -\frac{4}{3}\\ 0 & 1 & 0 & -\frac{1}{3}\\ 0 & 0 & 1 & 1\\ 0 & 0 & 0 & 0\end{pmatrix},$$

(1) 一个极大无关组为 α_1，α_2，α_3；

(2) $\alpha_4=-\dfrac{4}{3}\alpha_1-\dfrac{1}{3}\alpha_2+\alpha_3.$

5. 解 $|\lambda E - A| = \begin{vmatrix} 2-\lambda & 0 & 0 \\ 0 & 3-\lambda & 2 \\ 0 & 2 & 3-\lambda \end{vmatrix} = (2-\lambda)(\lambda-1)(\lambda-5) = 0,$

解得特征值 $\lambda_1 = 1$，$\lambda_2 = 2$，$\lambda_3 = 5$.

当 $\lambda_1 = 1$ 时，

$$\lambda E - A = \begin{pmatrix} 1 & 0 & 0 \\ 0 & 2 & 2 \\ 0 & 2 & 2 \end{pmatrix} \xrightarrow{r_3 - r_2} \begin{pmatrix} 1 & 0 & 0 \\ 0 & 2 & 2 \\ 0 & 0 & 0 \end{pmatrix},$$

得基础解系 $\boldsymbol{\xi}_1 = (0, -1, 1)^{\mathrm{T}}$；

当 $\lambda_2 = 2$ 时，

$$\lambda E - A = \begin{pmatrix} 0 & 0 & 0 \\ 0 & 1 & 2 \\ 0 & 2 & 1 \end{pmatrix} \rightarrow \begin{pmatrix} 0 & 1 & 0 \\ 0 & 0 & 1 \\ 0 & 0 & 0 \end{pmatrix},$$

得基础解系 $\boldsymbol{\xi}_2 = (1, 0, 0)^{\mathrm{T}}$；

当 $\lambda_3 = 5$ 时，

$$\lambda E - A = \begin{pmatrix} -3 & 0 & 0 \\ 0 & -2 & 2 \\ 0 & 2 & -2 \end{pmatrix} \xrightarrow{r_3 + r_2} \begin{pmatrix} -3 & 0 & 0 \\ 0 & -2 & 2 \\ 0 & 0 & 0 \end{pmatrix},$$

得基础解系 $\boldsymbol{\xi}_3 = (0, 1, 1)^{\mathrm{T}}$.

因此，属于 $\lambda_1 = 1$，$\lambda_2 = 2$，$\lambda_3 = 5$ 的全体特征向量分别为

$$k_1\boldsymbol{\xi}_1,\ k_2\boldsymbol{\xi}_2,\ k_3\boldsymbol{\xi}_3 (k_1,\ k_2,\ k_3 \neq 0).$$

四、1. 解 $\begin{pmatrix} 2 & 1 & -1 & 1 & \vdots & 1 \\ 4 & 2 & -2 & 1 & \vdots & 2 \\ 2 & 1 & -1 & -1 & \vdots & 1 \end{pmatrix} \begin{array}{c} \xrightarrow{r_2 - 2r_1} \\ \xrightarrow{r_3 - r_1} \end{array} \begin{pmatrix} 2 & 1 & -1 & 1 & \vdots & 1 \\ 0 & 0 & 0 & -1 & \vdots & 0 \\ 0 & 0 & 0 & -2 & \vdots & 0 \end{pmatrix}$

$$\xrightarrow{r_3 - 2r_2} \begin{pmatrix} 2 & 1 & -1 & 1 & \vdots & 1 \\ 0 & 0 & 0 & -1 & \vdots & 0 \\ 0 & 0 & 0 & 0 & \vdots & 0 \end{pmatrix} \xrightarrow{r_2 \times (-1)} \begin{pmatrix} 2 & 1 & -1 & 1 & \vdots & 1 \\ 0 & 0 & 0 & 1 & \vdots & 0 \\ 0 & 0 & 0 & 0 & \vdots & 0 \end{pmatrix},$$

对应的齐次方程组为

$$\begin{cases} x_1 = -\dfrac{1}{2}x_2 + \dfrac{1}{2}x_3, \\ x_4 = 0 \end{cases} (x_2,\ x_3 \text{ 为自由变量}),$$

依次取 $\begin{bmatrix} x_2 \\ x_3 \end{bmatrix} = \begin{bmatrix} 1 \\ 0 \end{bmatrix}$，$\begin{bmatrix} 0 \\ 1 \end{bmatrix}$，得基础解系为

$$\boldsymbol{\xi}_1 = (-1, 2, 0, 0)^{\mathrm{T}},\ \boldsymbol{\xi}_2 = (1, 0, 2, 0)^{\mathrm{T}}.$$

在 $\begin{cases} 2x_1+x_2-x_3+x_4=1, \\ x_4=0 \end{cases}$ 中，取 $x_2=x_3=0$，得特解

$$\boldsymbol{\eta}^*=\left(\frac{1}{2},\ 0,\ 0,\ 0\right)^{\mathrm{T}},$$

所以通解为

$$\boldsymbol{\eta}=\boldsymbol{\eta}^*+k_1\boldsymbol{\xi}_1+k_2\boldsymbol{\xi}_2(k_1,\ k_2\ \text{为任意实数}).$$

2. 解 $\boldsymbol{A}=\begin{pmatrix} \lambda & 1 & 1 \\ 1 & \lambda & 1 \\ 1 & 1 & \lambda \end{pmatrix} \xrightarrow{r_1\leftrightarrow r_2} \begin{pmatrix} 1 & \lambda & 1 \\ \lambda & 1 & 1 \\ 1 & 1 & \lambda \end{pmatrix}$

$$\xrightarrow[\substack{r_3-r_1 \\ r_2\leftrightarrow r_3}]{r_2-\lambda r_1} \begin{pmatrix} 1 & \lambda & 1 \\ 0 & 1-\lambda & \lambda-1 \\ 0 & 1-\lambda^2 & 1-\lambda \end{pmatrix} \xrightarrow{r_3-(\lambda+1)r_2} \begin{pmatrix} 1 & \lambda & 1 \\ 0 & 1-\lambda & \lambda-1 \\ 0 & 0 & -\lambda^2-\lambda+2 \end{pmatrix}.$$

当 $R(\boldsymbol{A})=3$，即 $\begin{cases} -\lambda^2-\lambda+2\neq0, \\ 1-\lambda\neq0 \end{cases}$ 时，即 $\lambda\neq-2$ 且 $\lambda\neq1$ 时只有零解；

当 $R(\boldsymbol{A})<3$，即 $-\lambda^2-\lambda+2=0$ 时，即 $\lambda=-2$ 或 $\lambda=1$ 时有非零解.

此题利用 $|\boldsymbol{A}|$ 讨论更方便.

检 测 题 2

一、填空题（每空 2 分，共 10 分）

1. $\boldsymbol{A}=\begin{pmatrix} 1 & 2 \\ 3 & 4 \end{pmatrix}$ 的伴随矩阵 $\boldsymbol{A}^*=$ _____ .

2. 若向量组 $\boldsymbol{\alpha}_1=(k,\ 0,\ 0)^{\mathrm{T}}$，$\boldsymbol{\alpha}_2=(0,\ 2,\ 3)^{\mathrm{T}}$，$\boldsymbol{\alpha}_3=(1,\ 2,\ 1)^{\mathrm{T}}$ 线性相关，则 $k=$ _____ .

3. 行列式 $\begin{vmatrix} 1 & 1 & 1 \\ x & y & z \\ x^2 & y^2 & z^2 \end{vmatrix}=$ _____ .

4. 若三阶方阵 $\boldsymbol{A}$ 的特征值为 -1，1，2，则 $\boldsymbol{A}^2+2\boldsymbol{A}^{-1}$ 的特征值为 _____ .

5. 二次型 $f(x_1,\ x_2,\ x_3)=3x_1x_2-8x_1x_3-x_2x_3-3x_3^2$ 的矩阵为 _____ .

二、判断题（每空 2 分，共 16 分）

1. 若向量 $\boldsymbol{\beta}$ 可由向量组 $\boldsymbol{\alpha}_1$，$\boldsymbol{\alpha}_2$，$\cdots$，$\boldsymbol{\alpha}_n$ 线性表出，则 $\boldsymbol{\alpha}_1$，$\cdots$，$\boldsymbol{\alpha}_n$，$\boldsymbol{\beta}$ 线性相关. （　　）

2. 若方阵 $\boldsymbol{A}$ 与 $\boldsymbol{B}$ 相似，且 $\boldsymbol{B}$ 与 $\boldsymbol{C}$ 相似，则 $\boldsymbol{A}$ 与 $\boldsymbol{C}$ 相似. （　　）

3. 设 $A=BC$，若 C 的列向量组线性相关，则 A 的列向量组也线性相关． （　　）

4. 若向量组 $\boldsymbol{\alpha}_1$，$\boldsymbol{\alpha}_2$，$\boldsymbol{\alpha}_3$ 线性相关，则 $\boldsymbol{\alpha}_3$ 能由 $\boldsymbol{\alpha}_1$ 和 $\boldsymbol{\alpha}_2$ 线性表示． （　　）

5. 若 $AX=\boldsymbol{\beta}(\boldsymbol{\beta}\neq\mathbf{0})$ 有无穷多解，则 $AX=\mathbf{0}$ 也有无穷多解． （　　）

6. 若 A 与 B 均为 n 阶反对称矩阵，则 AB 也是反对称矩阵． （　　）

7. 设 A 为 $m\times n$ 实矩阵，则 $A^{\mathrm{T}}A$ 的秩等于 AA^{T} 的秩． （　　）

8. 设 A 为 n 阶方阵，非零矩阵 B 满足 $AB=O$，则必有 $|A|=0$． （　　）

三、计算题（每题 10 分，共 50 分）

1. $D_4=\begin{vmatrix} 1 & 2 & 3 & 2 \\ 1 & 0 & 0 & 0 \\ 2 & 1 & 3 & 1 \\ 2 & 1 & 3 & 2 \end{vmatrix}$.

2. $D_{n+1}=\begin{vmatrix} a_0 & 1 & 1 & \cdots & 1 \\ 1 & a_1 & 0 & \cdots & 0 \\ 1 & 0 & a_2 & \cdots & 0 \\ \vdots & \vdots & \vdots & & \vdots \\ 1 & 0 & 0 & \cdots & a_n \end{vmatrix}$，$a_1 a_2 \cdots a_n \neq 0$.

3. $A=\begin{bmatrix} 2 & 0 & 1 \\ 0 & 3 & 0 \\ 1 & 0 & 2 \end{bmatrix}$，求 A^{-1}.

4. 向量组 $\boldsymbol{\alpha}_1=(2,4,2)^{\mathrm{T}}$，$\boldsymbol{\alpha}_2=(1,1,0)^{\mathrm{T}}$，$\boldsymbol{\alpha}_3=(2,3,1)^{\mathrm{T}}$，$\boldsymbol{\alpha}_4=(3,5,2)^{\mathrm{T}}$，（1）求一个极大无关组；（2）把其余向量用这个极大无关组线性表示．

5. 方阵 $A=\begin{bmatrix} 1 & 0 & 2 \\ 0 & -1 & 0 \\ 0 & 4 & 2 \end{bmatrix}$，求 A 的特征值和特征向量．

四、（每题 12 分，共 24 分）

1. 解非齐次方程组 $\begin{cases} x_1+x_2+x_3+x_4=1, \\ 2x_1+x_3=0, \\ 3x_2-x_4=-1. \end{cases}$

2. 讨论 λ 分别取何值时，方程组

$$\begin{cases} (1+\lambda)x_1+x_2+x_3=0, \\ x_1+(1+\lambda)x_2+x_3=3, \\ x_1+x_2+(1+\lambda)x_3=\lambda \end{cases}$$

无解、有唯一解及无穷多个解?

检测题 2 答案

一、1. $\begin{bmatrix} 4 & -2 \\ -3 & 1 \end{bmatrix}$.   2. 0.   3. $(y-x)(z-x)(z-y)$.

4. -1,3,5.   5. $\begin{bmatrix} 0 & \dfrac{3}{2} & -4 \\ \dfrac{3}{2} & 0 & -\dfrac{1}{2} \\ -4 & -\dfrac{1}{2} & -3 \end{bmatrix}$.

二、1. $\checkmark$.   2. $\checkmark$.   3. $\checkmark$.   4. $\times$.   5. $\checkmark$.   6. $\times$.   7. $\checkmark$.   8. $\checkmark$.

三、1. **解** $D_4 = \begin{vmatrix} 1 & 2 & 3 & 2 \\ 1 & 0 & 0 & 0 \\ 2 & 1 & 3 & 1 \\ 2 & 1 & 3 & 2 \end{vmatrix} \xrightarrow[\text{按第 2 行展开}]{} (-1)^{2+1} \begin{vmatrix} 2 & 3 & 2 \\ 1 & 3 & 1 \\ 1 & 3 & 2 \end{vmatrix}$

$$\xrightarrow{r_1 \leftrightarrow r_2} \begin{vmatrix} 1 & 3 & 1 \\ 2 & 3 & 2 \\ 1 & 3 & 2 \end{vmatrix} \xrightarrow[r_3-r_1]{r_2-2r_1} \begin{vmatrix} 1 & 3 & 1 \\ 0 & -3 & 0 \\ 0 & 0 & 1 \end{vmatrix} = -3.$$

2. **解** $D_{n+1} = \begin{vmatrix} a_0 & 1 & 1 & \cdots & 1 \\ 1 & a_1 & 0 & \cdots & 0 \\ 1 & 0 & a_2 & \cdots & 0 \\ \vdots & \vdots & \vdots & & \vdots \\ 1 & 0 & 0 & \cdots & a_n \end{vmatrix}$

$$\xrightarrow{c_0+c_i\left(-\frac{1}{a_i}\right)(i=1,\cdots,n)} \begin{vmatrix} a_0-\sum\limits_{i=1}^{n}\dfrac{1}{a_i} & 1 & 1 & \cdots & 1 \\ 0 & a_1 & 0 & \cdots & 0 \\ 0 & 0 & a_2 & \cdots & 0 \\ \vdots & \vdots & \vdots & & \vdots \\ 0 & 0 & 0 & \cdots & a_n \end{vmatrix}$$

$$= a_1 a_2 \cdots a_n \left(a_0 - \sum_{i=1}^{n} \frac{1}{a_i} \right).$$

3. **解** $(\boldsymbol{A} \vdots \boldsymbol{E}) = \begin{pmatrix} 2 & 0 & 1 & \vdots & 1 & 0 & 0 \\ 0 & 3 & 0 & \vdots & 0 & 1 & 0 \\ 1 & 0 & 2 & \vdots & 0 & 0 & 1 \end{pmatrix} \xrightarrow{r_1 \leftrightarrow r_3} \begin{pmatrix} 1 & 0 & 2 & \vdots & 0 & 0 & 1 \\ 0 & 3 & 0 & \vdots & 0 & 1 & 0 \\ 2 & 0 & 1 & \vdots & 1 & 0 & 0 \end{pmatrix}$

$$\xrightarrow[\frac{1}{3}r_2]{r_3 - 2r_1} \begin{pmatrix} 1 & 0 & 2 & \vdots & 0 & 0 & 1 \\ 0 & 1 & 0 & \vdots & 0 & \frac{1}{3} & 0 \\ 0 & 0 & -3 & \vdots & 1 & 0 & -2 \end{pmatrix}$$

$$\xrightarrow{-\frac{1}{3}r_3} \begin{pmatrix} 1 & 0 & 2 & \vdots & 0 & 0 & 1 \\ 0 & 1 & 0 & \vdots & 0 & \frac{1}{3} & 0 \\ 0 & 0 & 1 & \vdots & -\frac{1}{3} & 0 & \frac{2}{3} \end{pmatrix}$$

$$\xrightarrow{r_1 - 2r_3} \begin{pmatrix} 1 & 0 & 0 & \vdots & \frac{2}{3} & 0 & -\frac{1}{3} \\ 0 & 1 & 0 & \vdots & 0 & \frac{1}{3} & 0 \\ 0 & 0 & 1 & \vdots & -\frac{1}{3} & 0 & \frac{2}{3} \end{pmatrix},$$

所以 $$\boldsymbol{A}^{-1} = \begin{pmatrix} \frac{2}{3} & 0 & -\frac{1}{3} \\ 0 & \frac{1}{3} & 0 \\ -\frac{1}{3} & 0 & \frac{2}{3} \end{pmatrix}.$$

4. **解** $\boldsymbol{A} = \begin{pmatrix} 2 & 1 & 2 & 3 \\ 4 & 1 & 3 & 5 \\ 2 & 0 & 1 & 2 \end{pmatrix} \xrightarrow[r_3 - r_1]{r_2 - 2r_1} \begin{pmatrix} 2 & 1 & 2 & 3 \\ 0 & -1 & -1 & -1 \\ 0 & -1 & -1 & -1 \end{pmatrix}$

$$\xrightarrow[r_3 - r_2]{r_1 + r_2} \begin{pmatrix} 2 & 0 & 1 & 2 \\ 0 & -1 & -1 & -1 \\ 0 & 0 & 0 & 0 \end{pmatrix} \xrightarrow[-1 \times r_2]{\frac{1}{2}r_1} \begin{pmatrix} 1 & 0 & \frac{1}{2} & 1 \\ 0 & 1 & 1 & 1 \\ 0 & 0 & 0 & 0 \end{pmatrix}.$$

(1) 一个极大无关组为 $\boldsymbol{\alpha}_1$，$\boldsymbol{\alpha}_2$；

(2) $\boldsymbol{\alpha}_3 = \dfrac{1}{2}\boldsymbol{\alpha}_1 + \boldsymbol{\alpha}_2$，$\boldsymbol{\alpha}_4 = \boldsymbol{\alpha}_1 + \boldsymbol{\alpha}_2$.

5. 解 $|A-\lambda E| = \begin{vmatrix} 1-\lambda & 0 & 2 \\ 0 & -1-\lambda & 0 \\ 0 & 4 & 2-\lambda \end{vmatrix} = -(\lambda-1)(\lambda+1)(\lambda-2)=0,$

解得特征值为 $\lambda_1=1$，$\lambda_2=-1$，$\lambda_3=2$.

当 $\lambda_1=1$ 时，得基础解系：$\boldsymbol{\xi}_1=(1,0,0)^T$；

当 $\lambda_2=-1$ 时，得基础解系：$\boldsymbol{\xi}_2=(4,3,-4)^T$；

当 $\lambda_3=2$ 时，得基础解系：$\boldsymbol{\xi}_3=(2,0,1)^T$.

因此，属于 $\lambda_1=1$，$\lambda_2=-1$，$\lambda_3=2$ 的全体特征向量分别为

$$k_1\boldsymbol{\xi}_1,\ k_2\boldsymbol{\xi}_2,\ k_3\boldsymbol{\xi}_3(k_1,\ k_2,\ k_3\neq0).$$

四、1. 解 $\bar{A} = \begin{pmatrix} 1 & 1 & 1 & 1 & 1 \\ 2 & 0 & 1 & 0 & 0 \\ 0 & 3 & 0 & -1 & -1 \end{pmatrix} \xrightarrow{r_2-2r_1} \begin{pmatrix} 1 & 1 & 1 & 1 & 1 \\ 0 & -2 & -1 & -2 & -2 \\ 0 & 3 & 0 & -1 & -1 \end{pmatrix}$

$\xrightarrow[\substack{r_1-r_2 \\ r_3-3r_2}]{r_2+r_3} \begin{pmatrix} 1 & 0 & 2 & 4 & 4 \\ 0 & 1 & -1 & -3 & -3 \\ 0 & 0 & 3 & 8 & 8 \end{pmatrix}$

$\xrightarrow[\substack{r_2+r_3 \\ r_1-2r_3}]{r_3\times\frac{1}{3}} \begin{pmatrix} 1 & 0 & 0 & -\frac{4}{3} & -\frac{4}{3} \\ 0 & 1 & 0 & -\frac{1}{3} & -\frac{1}{3} \\ 0 & 0 & 1 & \frac{8}{3} & \frac{8}{3} \end{pmatrix},$

所以方程组有无穷多解，对应的齐次线性方程组为

$$\begin{cases} x_1=\dfrac{4}{3}x_4, \\ x_2=\dfrac{1}{3}x_4, \\ x_3=-\dfrac{8}{3}x_4, \end{cases}$$

得一基础解系：

$$\boldsymbol{\xi} = \begin{pmatrix} 4 \\ 1 \\ -8 \\ 3 \end{pmatrix}.$$

非齐次方程组化为

$$\begin{cases} x_1 = \dfrac{4}{3}x_4 - \dfrac{4}{3}, \\[2mm] x_2 = \dfrac{1}{3}x_4 - \dfrac{1}{3}, \\[2mm] x_3 = -\dfrac{8}{3}x_4 + \dfrac{8}{3}. \end{cases}$$

令 $x_4 = 0$，得一特解：

$$\boldsymbol{\eta}^* = \begin{pmatrix} -\dfrac{4}{3} \\[2mm] -\dfrac{1}{3} \\[2mm] \dfrac{8}{3} \\[2mm] 0 \end{pmatrix},$$

于是原方程组的通解为

$$\boldsymbol{\eta} = \boldsymbol{\eta}^* + k\boldsymbol{\xi} \ (k \text{ 为任意实数}).$$

2. **解**
$$\begin{pmatrix} 1+\lambda & 1 & 1 & \vdots & 0 \\ 1 & 1+\lambda & 1 & \vdots & 3 \\ 1 & 1 & 1+\lambda & \vdots & \lambda \end{pmatrix} \xrightarrow{r_1 \leftrightarrow r_2} \begin{pmatrix} 1 & 1+\lambda & 1 & \vdots & 3 \\ 1+\lambda & 1 & 1 & \vdots & 0 \\ 1 & 1 & 1+\lambda & \vdots & \lambda \end{pmatrix}$$

$$\longrightarrow \begin{pmatrix} 1 & 1+\lambda & 1 & \vdots & 3 \\ 0 & \lambda & -\lambda & \vdots & 3-\lambda \\ 0 & 0 & \lambda(\lambda+3) & \vdots & (\lambda-1)(\lambda+3) \end{pmatrix},$$

当 $\lambda(\lambda+3)=0$ 且 $(\lambda-1)(\lambda+3)\neq 0$，即 $\lambda=0$ 时，方程组无解；

当 $\lambda(\lambda+3)\neq 0$，即 $\lambda\neq 0$ 且 $\lambda\neq -3$ 时，方程组有唯一解；

当 $\lambda(\lambda+3)=0$ 且 $(\lambda-1)(\lambda+3)=0$，即 $\lambda=-3$ 时，方程组有无穷解.

检 测 题 3

一、填空题(每题 3 分，共 15 分)

1. 二次型 $f = 3x_1^2 + 4x_2^2 - 6x_3 x_4$ 的矩阵为_____.

2. 设 $\boldsymbol{A}$ 为三阶方阵，且 $|\boldsymbol{A}|=3$，则 $|-3\boldsymbol{A}^{-1}|=$_____.

3. 若 $D = \begin{vmatrix} 1 & 1 & 1 \\ a & b & c \\ a^2 & b^2 & c^2 \end{vmatrix}$，则 $D=$_____.

4. 设齐次线性方程组 $AX=0(A=A_{m\times n})$，若 $R(A)=r(r<n)$，则其基础解系含有_____个解向量.

5. 设 $AXB=E$，其中 A，B 为已知可逆矩阵，E 为单位矩阵，则 $X=$ _____.

二、判断题（每题 3 分，共 15 分）

1. 设 n 阶方阵 A，B 都可逆，则 $(AB)^{-1}A^{-1}B^{-1}=E$. （   ）

2. 若 $\boldsymbol{\alpha}_1$，$\boldsymbol{\alpha}_2$ 线性无关，则 $\boldsymbol{\alpha}_1$，$\boldsymbol{\alpha}_2$，$\boldsymbol{\alpha}_3$，$\boldsymbol{\alpha}_4$ 也线性无关. （   ）

3. 设 A 为 n 阶可逆方阵，则 $|A|\neq 0$. （   ）

4. 一个齐次线性方程组中方程的个数小于未知量的个数，则这个方程组一定有非零解. （   ）

5. 初等变换不改变矩阵的秩. （   ）

三、计算题（每题 8 分，共 40 分）

1. 求四阶行列式 $D=\begin{vmatrix} 1 & 1 & 1 & 5 \\ 2 & 1 & -1 & 1 \\ 1 & 2 & -1 & 2 \\ 0 & 1 & 2 & 3 \end{vmatrix}$ 的值.

2. 求 n 阶行列式 $D_n=\begin{vmatrix} 1 & 2 & 2 & \cdots & 2 \\ 2 & 2 & 2 & \cdots & 2 \\ 2 & 2 & 3 & \cdots & 2 \\ \vdots & \vdots & \vdots & & \vdots \\ 2 & 2 & 2 & \cdots & n \end{vmatrix}$ 的值.

3. 设向量组 S：$\boldsymbol{\alpha}_1=(4，-1，-2，3)^{\mathrm{T}}$，$\boldsymbol{\alpha}_2=(1，-2，5，-3)^{\mathrm{T}}$，$\boldsymbol{\alpha}_3=(5，4，-19，15)^{\mathrm{T}}$，$\boldsymbol{\alpha}_4=(-10，-1，16，-15)^{\mathrm{T}}$，(1) 求 S 的秩；(2) 判断 S 的线性相关性；(3) 求 S 的一个极大无关组，并用其表示其余向量.

4. 用初等变换法求 $A=\begin{pmatrix} 1 & 1 & 2 \\ 0 & 2 & -1 \\ -1 & -1 & -1 \end{pmatrix}$ 的逆矩阵 A^{-1}.

5. 求矩阵 $A=\begin{pmatrix} 2 & 3 & 2 \\ 1 & 4 & 2 \\ 1 & -3 & 1 \end{pmatrix}$ 的特征值和特征向量.

四、解方程组（每题 15 分，共 30 分）

1. 设方程组

$$\begin{cases} kx_1 + x_2 + x_3 = 4, \\ x_1 + kx_2 + x_3 = 3, \\ x_1 + 2kx_2 + x_3 = 3, \end{cases}$$

问：当 k 取何值时，方程组（1）有唯一解；（2）有无穷多解；（3）无解．

2. 求解非齐次线性方程组

$$\begin{cases} x_1 - 3x_2 + 4x_3 + 5x_4 = -2, \\ 2x_1 - x_2 + x_3 + x_4 = 1, \\ 3x_1 + x_2 - 2x_3 - 3x_4 = 4 \end{cases}$$

的通解．

检测题 3 答案

一、1. $\begin{bmatrix} 3 & 0 & 0 & 0 \\ 0 & 4 & 0 & 0 \\ 0 & 0 & 0 & -3 \\ 0 & 0 & 3 & 0 \end{bmatrix}$. 2. -9. 3. $(a-b)(b-c)(c-a)$. 4. $n-r$.

5. $\boldsymbol{A}^{-1}\boldsymbol{B}^{-1}$.

二、1. ×. 2. ×. 3. √. 4. √. 5. √.

三、1. 解 $D = \begin{vmatrix} 1 & 1 & 1 & 5 \\ 0 & -1 & -3 & -9 \\ 0 & 1 & -2 & -3 \\ 0 & 1 & 2 & 3 \end{vmatrix} = \begin{vmatrix} 1 & 1 & 1 & 5 \\ 0 & -1 & -3 & -9 \\ 0 & 0 & -5 & -12 \\ 0 & 0 & -1 & -6 \end{vmatrix}$

$= -\begin{vmatrix} 1 & 1 & 1 & 5 \\ 0 & -1 & -3 & -9 \\ 0 & 0 & -1 & -6 \\ 0 & 0 & -5 & -12 \end{vmatrix} = -\begin{vmatrix} 1 & 1 & 1 & 5 \\ 0 & -1 & -3 & -9 \\ 0 & 0 & -1 & -6 \\ 0 & 0 & 0 & 18 \end{vmatrix} = -18$.

2. 解 $D_n = \begin{vmatrix} -1 & 0 & 0 & \cdots & 0 \\ 2 & 2 & 2 & \cdots & 2 \\ 0 & 0 & 1 & \cdots & 0 \\ \vdots & \vdots & \vdots & & \vdots \\ 0 & 0 & 0 & \cdots & n-2 \end{vmatrix} = -1 \begin{vmatrix} 2 & 2 & \cdots & 2 \\ 0 & 1 & \cdots & 0 \\ \vdots & \vdots & & \vdots \\ 0 & 0 & 0 & n-2 \end{vmatrix}$

$= -2(n-2)!$.

3. 解 $A = \begin{pmatrix} 4 & 1 & 5 & -10 \\ -1 & -2 & 4 & -1 \\ -2 & 5 & -19 & 16 \\ 3 & -3 & 15 & -15 \end{pmatrix} \rightarrow \begin{pmatrix} 1 & 2 & -4 & 1 \\ 0 & 1 & -3 & 2 \\ 0 & 0 & 0 & 0 \\ 0 & 0 & 0 & 0 \end{pmatrix}$

$\rightarrow \begin{pmatrix} 1 & 0 & 2 & -3 \\ 0 & 1 & -3 & 2 \\ 0 & 0 & 0 & 0 \\ 0 & 0 & 0 & 0 \end{pmatrix}$,

所以 (1) $R(S)=2$；(2) 线性相关；(3) α_1，α_2 为向量组的一个极大无关组，且

$$\alpha_3 = 2\alpha_1 - 3\alpha_2, \quad \alpha_4 = -3\alpha_1 + 2\alpha_2.$$

4. 解 $(A \vdots E) = \begin{pmatrix} 1 & 1 & 2 & \vdots & 1 & 0 & 0 \\ 0 & 2 & -1 & \vdots & 0 & 1 & 0 \\ -1 & -1 & -1 & \vdots & 0 & 0 & 1 \end{pmatrix}$

$\xrightarrow{r_3+r_1} \begin{pmatrix} 1 & 1 & 2 & \vdots & 1 & 0 & 0 \\ 0 & 2 & -1 & \vdots & 0 & 1 & 0 \\ 0 & 0 & 1 & \vdots & 1 & 0 & 1 \end{pmatrix} \xrightarrow{\frac{1}{2}r_2} \begin{pmatrix} 1 & 1 & 2 & \vdots & 1 & 0 & 0 \\ 0 & 1 & -\frac{1}{2} & \vdots & 0 & \frac{1}{2} & 0 \\ 0 & 0 & 1 & \vdots & 1 & 0 & 1 \end{pmatrix}$

$\xrightarrow[\substack{r_1-2r_3 \\ r_1-r_2}]{r_2+\frac{1}{2}r_3} \begin{pmatrix} 1 & 0 & 0 & \vdots & -\frac{3}{2} & -\frac{1}{2} & -\frac{5}{2} \\ 0 & 1 & 0 & \vdots & \frac{1}{2} & \frac{1}{2} & \frac{1}{2} \\ 0 & 0 & 1 & \vdots & 1 & 0 & 1 \end{pmatrix}$,

所以 $A^{-1} = \begin{pmatrix} -\frac{3}{2} & -\frac{1}{2} & -\frac{5}{2} \\ \frac{1}{2} & \frac{1}{2} & \frac{1}{2} \\ 1 & 0 & 1 \end{pmatrix}$.

5. 解 $|\lambda E - A| = \begin{vmatrix} \lambda-2 & -3 & -2 \\ -1 & \lambda-4 & -2 \\ -1 & 3 & \lambda-1 \end{vmatrix} = (\lambda-3)^2(\lambda-1)$,

所以特征值为 $\lambda_1=1$，$\lambda_2=\lambda_3=3$.

当 $\lambda_1=1$ 时，

$$E-A = \begin{pmatrix} -1 & -3 & -2 \\ -1 & -3 & -2 \\ -1 & 3 & 0 \end{pmatrix} \rightarrow \begin{pmatrix} -1 & -3 & -2 \\ 0 & 0 & 0 \\ 0 & 6 & 2 \end{pmatrix} \rightarrow \begin{pmatrix} 1 & 0 & 1 \\ 0 & 3 & 1 \\ 0 & 0 & 0 \end{pmatrix},$$

所以 $\begin{cases} x_1 = -x_3, \\ 3x_2 = -x_3, \end{cases}$ 得基础解系

$$\boldsymbol{\xi}_1 = \begin{pmatrix} 3 \\ 1 \\ -3 \end{pmatrix},$$

所以对应于 $\lambda_1 = 1$ 的全部特征向量为

$$k_1\boldsymbol{\xi}_1 = \begin{pmatrix} 3 \\ 1 \\ -3 \end{pmatrix} (k_1 \neq 0).$$

当 $\lambda_2 = \lambda_3 = 3$ 时,

$$3\boldsymbol{E} - \boldsymbol{A} = \begin{pmatrix} 1 & -3 & -2 \\ -1 & 1 & -2 \\ -1 & 3 & 2 \end{pmatrix} \rightarrow \begin{pmatrix} 1 & -3 & -2 \\ 0 & -4 & -4 \\ 0 & 0 & 0 \end{pmatrix} \rightarrow \begin{pmatrix} 1 & 0 & 1 \\ 0 & 1 & 1 \\ 0 & 0 & 0 \end{pmatrix},$$

所以 $\begin{cases} x_1 = -x_3, \\ x_2 = -x_3, \end{cases}$ 得基础解系

$$\boldsymbol{\xi}_2 = \begin{pmatrix} 1 \\ 1 \\ -1 \end{pmatrix},$$

所以对应于 $\lambda_2 = \lambda_3 = 3$ 的全部特征向量为

$$k_2\boldsymbol{\xi}_2 = \begin{pmatrix} 1 \\ 1 \\ -1 \end{pmatrix} (k_2 \neq 0).$$

四、1. 解 $|\boldsymbol{A}| = \begin{vmatrix} k & 1 & 1 \\ 1 & k & 1 \\ 1 & 2k & 1 \end{vmatrix} = -k(k-1).$

(1) 当 $k \neq 0$ 且 $k \neq 1$ 时,方程组有唯一解.

(2) 当 $k = 0$ 时,

$$\overline{\boldsymbol{A}} = \begin{pmatrix} 0 & 1 & 1 & 4 \\ 1 & 0 & 1 & 3 \\ 1 & 0 & 1 & 3 \end{pmatrix} \rightarrow \begin{pmatrix} 0 & 1 & 1 & 4 \\ 1 & 0 & 1 & 3 \\ 0 & 0 & 0 & 0 \end{pmatrix} \rightarrow \begin{pmatrix} 1 & 0 & 1 & 3 \\ 0 & 1 & 1 & 4 \\ 0 & 0 & 0 & 0 \end{pmatrix},$$

$R(\overline{\boldsymbol{A}}) = R(\boldsymbol{A}) = 2$,故方程组有无穷多解.

(3) 当 $k = 1$ 时,

$$\overline{\boldsymbol{A}} = \begin{pmatrix} 1 & 1 & 1 & 4 \\ 1 & 1 & 1 & 3 \\ 1 & 2 & 1 & 3 \end{pmatrix} \rightarrow \begin{pmatrix} 1 & 1 & 1 & 4 \\ 0 & 0 & 0 & -1 \\ 0 & 1 & 0 & -1 \end{pmatrix} \rightarrow \begin{pmatrix} 1 & 1 & 1 & 4 \\ 0 & 1 & 0 & 0 \\ 0 & 0 & 0 & 1 \end{pmatrix},$$

$R(\overline{A})=3\neq R(A)=2$，故方程组无解．

2. 解　$\overline{A}=\begin{pmatrix}1&-3&4&5&-2\\2&-1&1&1&1\\3&1&-2&-3&4\end{pmatrix}\rightarrow\begin{pmatrix}1&-3&4&5&-2\\0&5&-7&-9&5\\0&10&-14&-18&10\end{pmatrix}$

$\rightarrow\begin{pmatrix}1&-3&4&5&-2\\0&5&-7&-9&5\\0&0&0&0&0\end{pmatrix}\rightarrow\begin{pmatrix}1&0&-\dfrac{1}{5}&-\dfrac{2}{5}&1\\0&1&-\dfrac{7}{5}&-\dfrac{9}{5}&1\\0&0&0&0&0\end{pmatrix}.$

因为 $R(\overline{A})=R(A)=2<4$，故方程组有无穷多解．原方程组对应的导出组为

$$\begin{cases}x_1=\dfrac{1}{5}x_3+\dfrac{2}{5}x_4,\\x_2=\dfrac{7}{5}x_3+\dfrac{9}{5}x_4,\end{cases}$$

得基础解系为

$$\boldsymbol{\xi}_1=\begin{pmatrix}1\\7\\5\\0\end{pmatrix},\ \boldsymbol{\xi}_2=\begin{pmatrix}2\\9\\0\\5\end{pmatrix}.$$

原方程组对应的同解方程组为

$$\begin{cases}x_1=1+\dfrac{1}{5}x_3+\dfrac{2}{5}x_4,\\x_2=1+\dfrac{7}{5}x_3+\dfrac{9}{5}x_4,\end{cases}$$

得特解为

$$\boldsymbol{\eta}^*=\begin{pmatrix}1\\1\\0\\0\end{pmatrix},$$

于是原方程组的通解为

$$\boldsymbol{X}=\boldsymbol{\eta}^*+k_1\boldsymbol{\xi}_1+k_2\boldsymbol{\xi}_2(\text{其中}\ k_1,\ k_2\ \text{为任意实数}).$$

检 测 题 4

一、填空题(12 分，每空 2 分)

1. 设 A 是三阶方阵且 $|A|=2$，则 $|2A^{-1}|=$ _____，$|AA^*|=$ _____．

2. 设 $A = \begin{pmatrix} 1 & -1 & 0 & 1 \\ -1 & 0 & 1 & k \\ 0 & 1 & -1 & -2 \end{pmatrix}$ 的秩为 2，则 $k =$ _____ .

3. 向量组 $\boldsymbol{\alpha}_1 = (1, 3, 1, 0, 0)^T$，$\boldsymbol{\alpha}_2 = (-1, 6, 0, 1, 0)^T$，$\boldsymbol{\alpha}_3 = (2, 4, 0, 0, 1)^T$ _____（填线性相关或线性无关）.

4. 设 $A = \begin{pmatrix} 2 & 1 & 0 \\ 1 & 1 & 2 \\ -1 & 2 & 1 \end{pmatrix}$，$B = \begin{pmatrix} 1 & -1 \\ 0 & 2 \\ 3 & 2 \end{pmatrix}$，则 $A^T B =$ _____ .

5. 二次型 $f = 3x_1^2 - 2x_2^2 + 3x_1 x_3 - 2x_2 x_3$ 的矩阵是 _____ .

二、选择题（10 分，每题 2 分）

1. A、B 是 n 阶方阵，下列结论正确的是（   ）.

    A. $A^2 = O$，则 $A = O$；   B. $A^2 = A$，则 $A = O$ 或 $A = E$；

    C. $(A - B)(A + B) = A^2 - B^2$；   D. $(A - B)^2 = A^2 - AB - BA + B^2$.

2. A、B 是 n 阶方阵，则 $R(A + B)$ 的大小为（   ）.

    A. $\geqslant \max\{R(A), R(B)\}$；   B. $\leqslant \min\{R(A), R(B)\}$；

    C. $\geqslant R(A) + R(B)$；   D. $\leqslant R(A) + R(B)$.

3. 设 $\lambda = 2$ 是可逆矩阵 A 的一个特征值，则 $2A^2 - 4A^{-1}$ 有一个特征值为（   ）.

    A. 2；   B. 4；   C. 6；   D. 8.

4. 设向量 $\boldsymbol{\eta}_1$，$\boldsymbol{\eta}_2$ 是线性方程组 $AX = \boldsymbol{\beta}(\boldsymbol{\beta} \neq \mathbf{0})$ 的两个解，则（   ）.

    A. $\boldsymbol{\eta}_1 + \boldsymbol{\eta}_2$ 是 $AX = \mathbf{0}$ 的解；   B. $\boldsymbol{\eta}_1 - \boldsymbol{\eta}_2$ 是 $AX = \boldsymbol{\beta}$ 的解；

    C. $\boldsymbol{\eta}_1 + \boldsymbol{\eta}_2$ 是 $AX = \boldsymbol{\beta}$ 的解；   D. $\boldsymbol{\eta}_1 - \boldsymbol{\eta}_2$ 是 $AX = \mathbf{0}$ 的解.

5. 若矩阵 $A^T = -A$，则称 A 为反对称矩阵. 若 A 为 n 阶反对称矩阵，B 为 n 阶对称矩阵，则下列矩阵为反对称矩阵的是（   ）.

    A. $BA - AB$；   B. $(AB)^2$；   C. $AB + BA$；   D. ABA.

三、计算以下各题（共 55 分）

1.（10 分）求四阶行列式 $D_4 = \begin{vmatrix} 1 & 1 & 5 & 1 \\ 2 & 3 & 10 & 0 \\ 2 & 0 & 2 & 1 \\ 4 & 2 & 0 & 7 \end{vmatrix}$ 的值.

2.（10 分）计算 n 阶行列式 $D_n = \begin{vmatrix} 1 & 1 & 1 & \cdots & 1 \\ 1 & 2 & 1 & \cdots & 1 \\ 1 & 1 & 3 & \cdots & 1 \\ \vdots & \vdots & \vdots & & \vdots \\ 1 & 1 & 1 & \cdots & n \end{vmatrix}$ 的值.

3.(10 分)设 $A=\begin{pmatrix} 1 & 2 & -1 \\ 3 & 1 & 0 \\ -1 & -1 & -2 \end{pmatrix}$，求矩阵 A 的逆矩阵．

4.(10 分)设向量组 $\boldsymbol{\alpha}_1=(2,1,1,3)^{\mathrm{T}}$，$\boldsymbol{\alpha}_2=(1,-1,1,1)^{\mathrm{T}}$，$\boldsymbol{\alpha}_3=(3,3,1,5)^{\mathrm{T}}$，$\boldsymbol{\alpha}_4=(5,-2,4,6)^{\mathrm{T}}$，$\boldsymbol{\alpha}_5=(5,1,3,7)^{\mathrm{T}}$．

(1) 求一个极大线性无关组；

(2) 用此极大线性无关组表示其他向量．

5.(15 分)设 $A=\begin{pmatrix} 2 & -1 & -1 \\ -1 & 2 & -1 \\ -1 & -1 & 2 \end{pmatrix}$，

(1) 求 A 的特征值和特征向量；

(2) 求可逆矩阵 P 和对角形矩阵 D，使得 $P^{-1}AP=D$；

(3) 求 A^n．

四、(共 23 分)

1.(10 分)求下面齐次线性方程组的一个基础解系：

$$\begin{cases} x_1-x_2+x_3-x_4=0, \\ 2x_1+x_2+x_3-2x_4=0, \\ 3x_1+3x_2+x_3-3x_4=0. \end{cases}$$

2.(13 分)讨论 a 分别取何值时，非齐次线性方程组

$$\begin{cases} ax_1+x_2+x_3=a-3, \\ x_1+ax_2+x_3=-2, \\ x_1+x_2+ax_3=-2 \end{cases}$$

无解、有唯一解及无穷多个解？

检 测 题 4 答 案

一、1. 4，8． 2. 1． 3. 线性无关．

4. $\begin{pmatrix} -1 & -2 \\ 7 & 5 \\ 3 & 6 \end{pmatrix}$． 5. $\begin{pmatrix} 3 & 0 & \frac{3}{2} \\ 0 & -2 & -1 \\ \frac{3}{2} & -1 & 0 \end{pmatrix}$．

二、1. D． 2. D． 3. C． 4. D． 5. C．

三、1. 解 $D_4 = \begin{vmatrix} 1 & 1 & 5 & 1 \\ 2 & 3 & 10 & 0 \\ 2 & 0 & 2 & 1 \\ 4 & 2 & 0 & 7 \end{vmatrix} \xrightarrow[\substack{r_2-2r_1 \\ r_3-2r_1 \\ r_4-4r_1}]{} \begin{vmatrix} 1 & 1 & 5 & 1 \\ 0 & 1 & 0 & -2 \\ 0 & -2 & -8 & -1 \\ 0 & -2 & -20 & 3 \end{vmatrix}$

$$\xrightarrow[\substack{r_3+2r_2 \\ r_4+2r_2}]{} \begin{vmatrix} 1 & 1 & 5 & 1 \\ 0 & 1 & 0 & -2 \\ 0 & 0 & -8 & -5 \\ 0 & 0 & -20 & -1 \end{vmatrix} = \begin{vmatrix} -8 & -5 \\ -20 & -1 \end{vmatrix} = -92.$$

2. 解 $D_n = \begin{vmatrix} 1 & 1 & 1 & \cdots & 1 \\ 1 & 2 & 1 & \cdots & 1 \\ 1 & 1 & 3 & \cdots & 1 \\ \vdots & \vdots & \vdots & & \vdots \\ 1 & 1 & 1 & \cdots & n \end{vmatrix}$

$$\xrightarrow{r_i-r_1(i=2,\,3,\,\cdots,\,n)} \begin{vmatrix} 1 & 1 & 1 & \cdots & 1 \\ 0 & 1 & 0 & \cdots & 0 \\ 0 & 0 & 2 & \cdots & 0 \\ \vdots & \vdots & \vdots & & \vdots \\ 0 & 0 & 0 & \cdots & n-1 \end{vmatrix} = (n-1)!\,.$$

3. 解 $(\boldsymbol{A} \vdots \boldsymbol{E}) = \begin{pmatrix} 1 & 2 & -1 & \vdots & 1 & 0 & 0 \\ 3 & 1 & 0 & \vdots & 0 & 1 & 0 \\ -1 & -1 & -2 & \vdots & 0 & 0 & 1 \end{pmatrix}$

$$\xrightarrow[\substack{r_2-3r_1 \\ r_3+r_1}]{} \begin{pmatrix} 1 & 2 & -1 & \vdots & 1 & 0 & 0 \\ 0 & -5 & 3 & \vdots & -3 & 1 & 0 \\ 0 & 1 & -3 & \vdots & 1 & 0 & 1 \end{pmatrix}$$

$$\xrightarrow{r_2 \leftrightarrow r_3} \begin{pmatrix} 1 & 2 & -1 & \vdots & 1 & 0 & 0 \\ 0 & 1 & -3 & \vdots & 1 & 0 & 1 \\ 0 & -5 & 3 & \vdots & -3 & 1 & 0 \end{pmatrix}$$

$$\xrightarrow{r_3+5r_2} \begin{pmatrix} 1 & 2 & -1 & \vdots & 1 & 0 & 0 \\ 0 & 1 & -3 & \vdots & 1 & 0 & 1 \\ 0 & 0 & -12 & \vdots & 2 & 1 & 5 \end{pmatrix}$$

$$\xrightarrow{-\frac{1}{12}r_3} \begin{pmatrix} 1 & 2 & -1 & \vdots & 1 & 0 & 0 \\ 0 & 1 & -3 & \vdots & 1 & 0 & 1 \\ 0 & 0 & 1 & \vdots & -\dfrac{1}{6} & -\dfrac{1}{12} & -\dfrac{5}{12} \end{pmatrix}$$

$$\xrightarrow[r_2+3r_3]{r_1+r_3} \begin{pmatrix} 1 & 2 & 0 & \vdots & \dfrac{5}{6} & -\dfrac{1}{12} & -\dfrac{5}{12} \\ 0 & 1 & 0 & \vdots & \dfrac{1}{2} & -\dfrac{1}{4} & -\dfrac{1}{4} \\ 0 & 0 & 1 & \vdots & -\dfrac{1}{6} & -\dfrac{1}{12} & -\dfrac{5}{12} \end{pmatrix}$$

$$\xrightarrow{r_1-2r_2} \begin{pmatrix} 1 & 0 & 0 & \vdots & -\dfrac{1}{6} & \dfrac{5}{12} & \dfrac{1}{12} \\ 0 & 1 & 0 & \vdots & \dfrac{1}{2} & -\dfrac{1}{4} & -\dfrac{1}{4} \\ 0 & 0 & 1 & \vdots & -\dfrac{1}{6} & -\dfrac{1}{12} & -\dfrac{5}{12} \end{pmatrix},$$

所以
$$A^{-1}=\begin{pmatrix} -\dfrac{1}{6} & \dfrac{5}{12} & \dfrac{1}{12} \\ \dfrac{1}{2} & -\dfrac{1}{4} & -\dfrac{1}{4} \\ -\dfrac{1}{6} & -\dfrac{1}{12} & -\dfrac{5}{12} \end{pmatrix}.$$

4. 解 $(\boldsymbol{\alpha}_1, \boldsymbol{\alpha}_2, \boldsymbol{\alpha}_3, \boldsymbol{\alpha}_4, \boldsymbol{\alpha}_5)=\begin{pmatrix} 2 & 1 & 3 & 5 & 5 \\ 1 & -1 & 3 & -2 & 1 \\ 1 & 1 & 1 & 4 & 3 \\ 3 & 1 & 5 & 6 & 7 \end{pmatrix}$

$$\xrightarrow{r_1\leftrightarrow r_2} \begin{pmatrix} 1 & -1 & 3 & -2 & 1 \\ 2 & 1 & 3 & 5 & 5 \\ 1 & 1 & 1 & 4 & 3 \\ 3 & 1 & 5 & 6 & 7 \end{pmatrix} \xrightarrow[r_4-3r_1]{\substack{r_2-2r_1 \\ r_3-r_1}} \begin{pmatrix} 1 & -1 & 3 & -2 & 1 \\ 0 & 3 & -3 & 9 & 3 \\ 0 & 2 & -2 & 6 & 2 \\ 0 & 4 & -4 & 12 & 4 \end{pmatrix}$$

$$\xrightarrow[\frac{1}{4}r_4]{\frac{1}{3}r_2,\ \frac{1}{2}r_3} \begin{pmatrix} 1 & -1 & 3 & -2 & 1 \\ 0 & 1 & -1 & 3 & 1 \\ 0 & 1 & -1 & 3 & 1 \\ 0 & 1 & -1 & 3 & 1 \end{pmatrix} \xrightarrow[r_4-r_2]{r_3-r_2} \begin{pmatrix} 1 & -1 & 3 & -2 & 1 \\ 0 & 1 & -1 & 3 & 1 \\ 0 & 0 & 0 & 0 & 0 \\ 0 & 0 & 0 & 0 & 0 \end{pmatrix}$$

$$\xrightarrow{r_1+r_2} \begin{pmatrix} 1 & 0 & 2 & 1 & 2 \\ 0 & 1 & -1 & 3 & 1 \\ 0 & 0 & 0 & 0 & 0 \\ 0 & 0 & 0 & 0 & 0 \end{pmatrix},$$

(1) 一个极大线性无关组是 $\boldsymbol{\alpha}_1$, $\boldsymbol{\alpha}_2$；

(2) $\boldsymbol{\alpha}_3=2\boldsymbol{\alpha}_1-\boldsymbol{\alpha}_2$, $\boldsymbol{\alpha}_4=\boldsymbol{\alpha}_1+3\boldsymbol{\alpha}_2$, $\boldsymbol{\alpha}_5=2\boldsymbol{\alpha}_1+\boldsymbol{\alpha}_2$.

5. **解**　(1) $|A-\lambda E| = \begin{vmatrix} 2-\lambda & -1 & -1 \\ -1 & 2-\lambda & -1 \\ -1 & -1 & 2-\lambda \end{vmatrix} = -\lambda(\lambda-3)^2,$

所以 A 的特征值是：$\lambda_1=0$，$\lambda_2=\lambda_3=3$.

当 $\lambda_1=0$ 时，求得

$$\begin{pmatrix} 2 & -1 & -1 \\ -1 & 2 & -1 \\ -1 & -1 & -2 \end{pmatrix} \begin{pmatrix} x_1 \\ x_2 \\ x_3 \end{pmatrix} = \begin{pmatrix} 0 \\ 0 \\ 0 \end{pmatrix}$$

的基础解系是：$\boldsymbol{\xi}_1=(1,\ 1,\ 1)^{\mathrm{T}}$，对应 $\lambda_1=0$ 的全部特征向量为 $k_1\boldsymbol{\xi}_1(k_1\neq 0)$；

当 $\lambda_2=\lambda_3=3$ 时，求得

$$\begin{pmatrix} -1 & -1 & -1 \\ -1 & -1 & -1 \\ -1 & -1 & -1 \end{pmatrix} \begin{pmatrix} x_1 \\ x_2 \\ x_3 \end{pmatrix} = \begin{pmatrix} 0 \\ 0 \\ 0 \end{pmatrix}$$

的基础解系是：

$$\boldsymbol{\xi}_2=(-1,\ 1,\ 0)^{\mathrm{T}},\quad \boldsymbol{\xi}_3=(-1,\ 0,\ 1)^{\mathrm{T}},$$

对应 $\lambda_2=\lambda_3=3$ 的全部特征向量为 $k_2\boldsymbol{\xi}_2+k_3\boldsymbol{\xi}_3(k_2,\ k_3$ 不同时为零$)$.

(2) $\boldsymbol{P}=\begin{pmatrix} 1 & -1 & -1 \\ 1 & 1 & 0 \\ 1 & 0 & 1 \end{pmatrix}$，对角形矩阵为 $\boldsymbol{D}=\begin{pmatrix} 0 & 0 & 0 \\ 0 & 3 & 0 \\ 0 & 0 & 3 \end{pmatrix}$ 使得 $\boldsymbol{P}^{-1}\boldsymbol{AP}=\boldsymbol{D}$.

(3) 因为 $\boldsymbol{P}^{-1}\boldsymbol{AP}=\begin{pmatrix} 0 & 0 & 0 \\ 0 & 3 & 0 \\ 0 & 0 & 3 \end{pmatrix}$，所以

$$(\boldsymbol{P}^{-1}\boldsymbol{AP})^n=\boldsymbol{P}^{-1}\boldsymbol{A}^n\boldsymbol{P}=\begin{pmatrix} 0 & 0 & 0 \\ 0 & 3 & 0 \\ 0 & 0 & 3 \end{pmatrix}^n=\begin{pmatrix} 0 & 0 & 0 \\ 0 & 3^n & 0 \\ 0 & 0 & 3^n \end{pmatrix},$$

从而　　　$\boldsymbol{A}^n=\boldsymbol{P}\begin{pmatrix} 0 & 0 & 0 \\ 0 & 3^n & 0 \\ 0 & 0 & 3^n \end{pmatrix}\boldsymbol{P}^{-1}$

$$=\begin{pmatrix} 1 & -1 & -1 \\ 1 & 1 & 0 \\ 1 & 0 & 1 \end{pmatrix}\begin{pmatrix} 0 & 0 & 0 \\ 0 & 3^n & 0 \\ 0 & 0 & 3^n \end{pmatrix} \cdot \frac{1}{3} \cdot \begin{pmatrix} 1 & 1 & 1 \\ -1 & 2 & -1 \\ -1 & -1 & 2 \end{pmatrix}$$

$$=3^{n-1}\begin{pmatrix} 2 & -1 & -1 \\ -1 & 2 & -1 \\ -1 & -1 & 2 \end{pmatrix}.$$

四、1. 解 $\boldsymbol{A} = \begin{pmatrix} 1 & -1 & 1 & -1 \\ 2 & 1 & 1 & -2 \\ 3 & 3 & 1 & -3 \end{pmatrix} \xrightarrow[r_3-3r_1]{r_2-2r_1} \begin{pmatrix} 1 & -1 & 1 & -1 \\ 0 & 3 & -1 & 0 \\ 0 & 6 & -2 & 0 \end{pmatrix}$

$\xrightarrow{r_3-2r_2} \begin{pmatrix} 1 & -1 & 1 & -1 \\ 0 & 3 & -1 & 0 \\ 0 & 0 & 0 & 0 \end{pmatrix} \xrightarrow[\frac{1}{3}r_2]{r_1+\frac{1}{3}r_2} \begin{pmatrix} 1 & 0 & \frac{2}{3} & -1 \\ 0 & 1 & -\frac{1}{3} & 0 \\ 0 & 0 & 0 & 0 \end{pmatrix},$

对应的同解方程组为

$$\begin{cases} x_1 = -\dfrac{2}{3}x_3 + x_4, \\ x_2 = \dfrac{1}{3}x_3, \end{cases}$$

x_3，x_4 为自由变量，分别取 $\begin{pmatrix} x_3 \\ x_4 \end{pmatrix} = \begin{pmatrix} 1 \\ 0 \end{pmatrix}$，$\begin{pmatrix} 0 \\ 1 \end{pmatrix}$，则得基础解系为

$$\boldsymbol{\xi}_1 = \left(-\frac{2}{3}, \frac{1}{3}, 1, 0\right)^{\mathrm{T}}, \quad \boldsymbol{\xi}_2 = (1, 0, 0, 1)^{\mathrm{T}}.$$

2. 解 $D = \begin{vmatrix} a & 1 & 1 \\ 1 & a & 1 \\ 1 & 1 & a \end{vmatrix} = (a+2)(a-1)^2.$

(1) 当 $D \neq 0$，即 $a \neq -2$ 且 $a \neq 1$ 时，方程组有唯一解．

(2) 当 $D = 0$，即 $a = -2$ 或 $a = 1$ 时，

① 当 $a = -2$ 时，原方程组为

$$\begin{cases} -2x_1 + x_2 + x_3 = -5, \\ x_1 - 2x_2 + x_3 = -2, \\ x_1 + x_2 - 2x_3 = -2, \end{cases}$$

$\bar{\boldsymbol{A}} = \begin{pmatrix} -2 & 1 & 1 & -5 \\ 1 & -2 & 1 & -2 \\ 1 & 1 & -2 & -2 \end{pmatrix} \to \begin{pmatrix} 1 & -2 & 1 & -2 \\ -2 & 1 & 1 & -5 \\ 1 & 1 & -2 & -2 \end{pmatrix} \to \begin{pmatrix} 1 & -2 & 1 & -2 \\ 0 & -3 & 3 & -9 \\ 0 & 0 & 0 & -9 \end{pmatrix},$

因为 $R(\boldsymbol{A}) = 2$，$R(\bar{\boldsymbol{A}}) = 3$，所以方程组无解．

② 当 $a = 1$ 时，原方程组为

$$x_1 + x_2 + x_3 = -2,$$

所以 $x_1 = -x_2 - x_3 - 2$（x_2，x_3 为自由未知量），

此时方程组有无穷多解．

检 测 题 5

一、填空题（10分，每空2分）

1. 已知 $\boldsymbol{A}$ 为三阶方阵，且 $|\boldsymbol{A}|=2$，则 $\left|(2\boldsymbol{A})^{-1}+\dfrac{3}{4}\boldsymbol{A}^*\right|=$ _____ .

2. 若 $\boldsymbol{A}=\begin{pmatrix}1&2\\-1&3\end{pmatrix}$，$\boldsymbol{B}=\begin{pmatrix}-1&-2&3\\1&2&-1\end{pmatrix}$，则 $R(\boldsymbol{AB})=$ _____ .

3. 设向量 $\boldsymbol{\alpha}=(1,2,2)^{\mathrm{T}}$，则 $3\boldsymbol{\alpha}$ 的长度 $|3\boldsymbol{\alpha}|=$ _____ .

4. 设 $\boldsymbol{A}$ 为不可逆方阵，则 $\boldsymbol{A}$ 有一个特征值为 _____ .

5. 设 $\boldsymbol{\alpha}=\begin{pmatrix}1\\x\\x\end{pmatrix}$ 与 $\boldsymbol{\beta}=\begin{pmatrix}1\\x\\-2\end{pmatrix}$ 正交，则 $x=$ _____ .

二、选择题（10分，每题2分）

1. 设 $\boldsymbol{A}$ 为 n 阶可逆方阵，则下列结论不成立的是（   ）.

    A. $|\boldsymbol{A}|\neq0$；

    B. $R(\boldsymbol{A})=n$；

    C. $\boldsymbol{A}$ 可表示为有限个初等矩阵的乘积；

    D. 齐次线性方程组 $\boldsymbol{AX}=\boldsymbol{0}$ 有非零解.

2. n 阶方阵 $\boldsymbol{A}$ 相似于对角阵的充分必要条件是（   ）.

    A. $\boldsymbol{A}$ 有 n 个互不相同的特征值；   B. $\boldsymbol{A}$ 有 n 个互不相同的特征向量；

    C. $\boldsymbol{A}$ 有 n 个线性无关的特征向量；   D. $\boldsymbol{A}$ 有 n 个两两正交的特征向量.

3. 已知方阵 $\boldsymbol{A}=\begin{pmatrix}3&2&0\\2&4&-2\\0&-2&5\end{pmatrix}$ 为正定矩阵，则其相似的对角阵为（   ）.

    A. $\begin{pmatrix}1&0&0\\0&1&0\\0&0&1\end{pmatrix}$；   B. $\begin{pmatrix}2&0&0\\0&0&0\\0&0&10\end{pmatrix}$；

    C. $\begin{pmatrix}1&0&0\\0&4&0\\0&0&7\end{pmatrix}$；   D. $\begin{pmatrix}-1&0&0\\0&6&0\\0&0&7\end{pmatrix}$.

4. 设 $\boldsymbol{A}$、$\boldsymbol{B}$ 都是 n 阶非零矩阵，且 $\boldsymbol{AB}=\boldsymbol{O}$，则 $\boldsymbol{A}$ 和 $\boldsymbol{B}$ 的秩（   ）.

    A. 必有一个为0；   B. 一个小于 n，一个大于 n；

    C. 都小于 n；   D. 都等于 n.

5. 设向量组 $\boldsymbol{\alpha}_1$，$\boldsymbol{\alpha}_2$，$\boldsymbol{\alpha}_3$ 线性无关，向量组 $\boldsymbol{\alpha}_2$，$\boldsymbol{\alpha}_3$，$\boldsymbol{\alpha}_4$ 线性相关，则（ ）.

    A. $\boldsymbol{\alpha}_2$ 可由 $\boldsymbol{\alpha}_3$，$\boldsymbol{\alpha}_4$ 线性表示；

    B. $\boldsymbol{\alpha}_4$ 可由 $\boldsymbol{\alpha}_2$，$\boldsymbol{\alpha}_3$ 线性表示；

    C. $\boldsymbol{\alpha}_4$ 不可由 $\boldsymbol{\alpha}_1$，$\boldsymbol{\alpha}_2$，$\boldsymbol{\alpha}_3$ 线性表示；

    D. $\boldsymbol{\alpha}_4$ 可由 $\boldsymbol{\alpha}_2$，$\boldsymbol{\alpha}_3$ 线性表示，但表法不唯一.

三、求下列行列式的值（14 分）

$$(1)\ D_4=\begin{vmatrix} 3 & 1 & -1 & 2 \\ -5 & 1 & 3 & -4 \\ 2 & 0 & 1 & -1 \\ 1 & -5 & 3 & -3 \end{vmatrix};\quad (2)\ D_n=\begin{vmatrix} x-b & b & b & \cdots & b \\ b & x-b & b & \cdots & b \\ b & b & x-b & \cdots & b \\ \vdots & \vdots & \vdots & & \vdots \\ b & b & b & \cdots & x-b \end{vmatrix}_n.$$

四、（12 分）设向量组 T：

$$\boldsymbol{\alpha}_1=\begin{pmatrix} 1 \\ 2 \\ 2 \\ 3 \end{pmatrix},\quad \boldsymbol{\alpha}_2=\begin{pmatrix} 1 \\ -1 \\ -3 \\ 6 \end{pmatrix},\quad \boldsymbol{\alpha}_3=\begin{pmatrix} 1 \\ 1 \\ -1 \\ 7 \end{pmatrix},\quad \boldsymbol{\alpha}_4=\begin{pmatrix} 4 \\ 2 \\ 2 \\ 9 \end{pmatrix},$$

（1）求向量组 T 的秩；

（2）判断向量组的线性相关性；

（3）求向量组的一个极大线性无关组；

（4）用此极大线性无关组表示其余向量.

五、（12 分）设方阵 $\boldsymbol{A}=\begin{pmatrix} 1 & 2 & 0 \\ 2 & 3 & 1 \\ 2 & 0 & 2 \end{pmatrix}$，$\boldsymbol{B}=\begin{pmatrix} 1 & 0 \\ 0 & 2 \\ 1 & 3 \end{pmatrix}$，满足 $\boldsymbol{AX}=\boldsymbol{B}$，求 $\boldsymbol{X}$.

六、（15 分）讨论 λ 分别取何值时，方程组

$$\begin{cases} x_1+x_2+x_3=1, \\ x_1+2x_2+\lambda x_3=1, \\ x_1+4x_2+\lambda^2 x_3=\lambda \end{cases}$$

无解、有唯一解和有无穷多个解，并在有解时求出解.

七、（15 分）设方阵 $\boldsymbol{A}=\begin{pmatrix} 1 & -1 & 1 \\ 2 & -2 & 2 \\ -1 & 1 & -1 \end{pmatrix}$，求：

（1）$\boldsymbol{A}$ 的特征值和特征向量；

（2）求可逆矩阵 $\boldsymbol{P}$ 和对角形矩阵 $\boldsymbol{D}$，使得 $\boldsymbol{P}^{-1}\boldsymbol{AP}=\boldsymbol{D}$；

(3) 求 A^n.

八、(12分)问 a 为何值时，下列二次型为正定二次型？

$$f(x_1,\ x_2,\ x_3)=x_1^2+x_2^2+5x_3^2+2ax_1x_2-2x_1x_3+4x_2x_3.$$

检 测 题 5 答 案

一、1. 4.　2. 2.　3. 9.　4. 0.　5. 1.

二、1. D.　2. C.　3. C.　4. C.　5. B.

三、解　1. $D_4=\begin{vmatrix} 3 & 1 & -1 & 2 \\ -5 & 1 & 3 & -4 \\ 2 & 0 & 1 & -1 \\ 1 & -5 & 3 & -3 \end{vmatrix}=-\begin{vmatrix} 1 & -5 & 3 & -3 \\ -5 & 1 & 3 & -4 \\ 2 & 0 & 1 & -1 \\ 3 & 1 & -1 & 2 \end{vmatrix}$

$=-\begin{vmatrix} 1 & -5 & 3 & -3 \\ 0 & -24 & 18 & -19 \\ 0 & 10 & -5 & 5 \\ 0 & 16 & -10 & 11 \end{vmatrix}=-5\begin{vmatrix} -24 & 18 & -19 \\ 2 & -1 & 1 \\ 16 & -10 & 11 \end{vmatrix}$

$=5\begin{vmatrix} 2 & -1 & 1 \\ -24 & 18 & -19 \\ 16 & -10 & 11 \end{vmatrix}=5\begin{vmatrix} 2 & 1 & 1 \\ 0 & 6 & -7 \\ 0 & -2 & 3 \end{vmatrix}$

$=10\begin{vmatrix} 6 & -7 \\ -2 & 3 \end{vmatrix}=40.$

2. $D_n=[x+(n-2)b]\begin{vmatrix} 1 & b & b & \cdots & b \\ 1 & x-b & b & \cdots & b \\ 1 & b & x-b & \cdots & b \\ \vdots & \vdots & \vdots & & \vdots \\ 1 & b & b & \cdots & x-b \end{vmatrix}_n$

$=[x+(n-2)b]\begin{vmatrix} 1 & b & b & \cdots & b \\ & x-2b & 0 & \cdots & 0 \\ & & x-2b & \cdots & 0 \\ & & & \ddots & \vdots \\ & & & & x-2b \end{vmatrix}_n$

$=[x+(n-2)b](x-2b)^{n-1}.$

四、解　设 $A=(\boldsymbol{\alpha}_1,\ \boldsymbol{\alpha}_2,\ \boldsymbol{\alpha}_3,\ \boldsymbol{\alpha}_4)$，则

$$A=\begin{pmatrix}1&1&1&4\\2&-1&1&2\\2&-3&-1&2\\3&6&7&9\end{pmatrix}\xrightarrow[\substack{r_3-2r_1\\r_4-3r_1}]{r_2-2r_1}\begin{pmatrix}1&1&1&4\\0&-3&-1&-6\\0&-5&-3&-6\\0&3&4&-3\end{pmatrix}$$

$$\xrightarrow{r_3-2r_2}\begin{pmatrix}1&1&1&4\\0&-3&-1&-6\\0&1&-1&6\\0&3&4&-3\end{pmatrix}\xrightarrow{r_2\leftrightarrow r_3}\begin{pmatrix}1&1&1&4\\0&1&-1&6\\0&-3&-1&-6\\0&3&4&-3\end{pmatrix}$$

$$\xrightarrow[\substack{r_3+3r_2}]{r_4+r_3}\begin{pmatrix}1&1&1&4\\0&1&-1&6\\0&0&-4&12\\0&0&3&-9\end{pmatrix}\xrightarrow[\substack{r_4-3r_3}]{-\frac{1}{4}r_3}\begin{pmatrix}1&1&1&4\\0&1&-1&6\\0&0&1&-3\\0&0&0&0\end{pmatrix}$$

$$\xrightarrow[\substack{r_1-r_3}]{r_2+r_3}\begin{pmatrix}1&1&0&7\\0&1&0&3\\0&0&1&-3\\0&0&0&0\end{pmatrix}\xrightarrow{r_1-r_2}\begin{pmatrix}1&0&0&4\\0&1&0&3\\0&0&1&-3\\0&0&0&0\end{pmatrix},$$

所以(1) 向量组 T 的秩为 3；

(2) $r=3<n=4$，所以向量组线性相关；

(3) $\boldsymbol{\alpha}_1$，$\boldsymbol{\alpha}_2$，$\boldsymbol{\alpha}_3$ 是向量组的一个极大线性无关组；

(4) $\boldsymbol{\alpha}_4=4\boldsymbol{\alpha}_1+3\boldsymbol{\alpha}_2-3\boldsymbol{\alpha}_3$.

五、解　$A^{-1}=\begin{pmatrix}3&-2&1\\-1&1&-\frac{1}{2}\\-3&2&-\frac{1}{2}\end{pmatrix}$, $X=A^{-1}B=\begin{pmatrix}4&-1\\-\frac{3}{2}&\frac{1}{2}\\-\frac{7}{2}&\frac{5}{2}\end{pmatrix}$.

六、解　因为 $|A|=\begin{vmatrix}1&1&1\\1&2&\lambda\\1&4&\lambda^2\end{vmatrix}=(\lambda-1)(\lambda-2)$（范德蒙行列式），

所以 (1) 当 $\lambda\neq1$ 且 $\lambda\neq2$ 时，有唯一解，且

$$D_1=\begin{vmatrix}1&1&1\\1&2&\lambda\\\lambda&4&\lambda^2\end{vmatrix}=\begin{vmatrix}1&1&1\\0&1&\lambda-1\\0&4-\lambda&\lambda^2-\lambda\end{vmatrix}=2(\lambda-1)(\lambda-2),$$

$$D_2=\begin{vmatrix}1&1&1\\1&1&\lambda\\1&\lambda&\lambda^2\end{vmatrix}=\begin{vmatrix}1&1&1\\0&0&\lambda-1\\0&\lambda-1&\lambda^2-1\end{vmatrix}=-(\lambda-1)^2,$$

$$D_3 = \begin{vmatrix} 1 & 1 & 1 \\ 1 & 2 & 1 \\ 1 & 4 & \lambda \end{vmatrix} = \begin{vmatrix} 1 & 1 & 1 \\ 0 & 1 & 0 \\ 0 & 3 & \lambda-1 \end{vmatrix} = \lambda-1,$$

故 $\quad x_1 = \dfrac{D_1}{|\mathbf{A}|} = 2, \quad x_2 = \dfrac{D_2}{|\mathbf{A}|} = -\dfrac{\lambda-1}{\lambda-2}, \quad x_3 = \dfrac{D_3}{|\mathbf{A}|} = \dfrac{1}{\lambda-2}.$

(2) 当 $\lambda = 1$ 时，

$$\bar{\mathbf{A}} = \begin{pmatrix} 1 & 1 & 1 & 1 \\ 1 & 2 & 1 & 1 \\ 1 & 4 & 1 & 1 \end{pmatrix} \xrightarrow[r_3-r_1]{r_2-r_1} \begin{pmatrix} 1 & 1 & 1 & 1 \\ 0 & 1 & 0 & 0 \\ 0 & 3 & 0 & 0 \end{pmatrix} \xrightarrow[r_3-3r_2]{r_1-r_2} \begin{pmatrix} 1 & 0 & 1 & 1 \\ 0 & 1 & 0 & 0 \\ 0 & 0 & 0 & 0 \end{pmatrix},$$

故方程组有无穷多解，一般解为

$$\begin{cases} x_1 = 1 - x_3, \\ x_2 = 0 \end{cases} \quad (x_3 \text{ 任意}).$$

(3) 当 $\lambda = 2$ 时，

$$\bar{\mathbf{A}} = \begin{pmatrix} 1 & 1 & 1 & 1 \\ 1 & 2 & 2 & 1 \\ 1 & 4 & 4 & 2 \end{pmatrix} \xrightarrow[r_3-r_1]{r_2-r_1} \begin{pmatrix} 1 & 1 & 1 & 1 \\ 0 & 1 & 1 & 0 \\ 0 & 3 & 3 & 1 \end{pmatrix} \xrightarrow[r_3-3r_2]{r_1-r_2} \begin{pmatrix} 1 & 0 & 0 & 1 \\ 0 & 1 & 1 & 0 \\ 0 & 0 & 0 & 1 \end{pmatrix},$$

故方程组无解．

七、解 (1) $|\mathbf{A} - \lambda\mathbf{E}| = -\lambda^2(\lambda+2)$，故特征值为：$\lambda_1 = \lambda_2 = 0$，$\lambda_3 = -2$.

对于 $\lambda_1 = \lambda_2 = 0$，解 $\mathbf{A}\mathbf{X} = \mathbf{0}$ 得基础解系为

$$\boldsymbol{\xi}_1 = \begin{pmatrix} 1 \\ 1 \\ 0 \end{pmatrix}, \quad \boldsymbol{\xi}_2 = \begin{pmatrix} -1 \\ 0 \\ 1 \end{pmatrix},$$

故对应于 $\lambda_1 = \lambda_2 = 0$ 的全部特征向量为

$$k_1\boldsymbol{\xi}_1 + k_2\boldsymbol{\xi}_2 (k_1, \ k_2 \text{ 为不全为零的任意常数});$$

对于 $\lambda_3 = -2$，解 $(\mathbf{A}+2\mathbf{E})\mathbf{X} = \mathbf{0}$ 得基础解系为

$$\boldsymbol{\xi}_3 = \begin{pmatrix} -1 \\ -2 \\ 1 \end{pmatrix},$$

故对应于 $\lambda_3 = -2$ 的全部特征向量为 $k_3\boldsymbol{\xi}_3 (k_3$ 为不为零的任意常数).

(2) 因为 $\mathbf{A}$ 有三个线性无关的特征向量，故 $\mathbf{A}$ 可相似对角化，且

$$\mathbf{P} = (\boldsymbol{\xi}_1, \ \boldsymbol{\xi}_2, \ \boldsymbol{\xi}_3) = \begin{pmatrix} 1 & -1 & -1 \\ 1 & 0 & -2 \\ 0 & 1 & 1 \end{pmatrix}, \quad \mathbf{P}^{-1} = \begin{pmatrix} 1 & 0 & 1 \\ -\dfrac{1}{2} & \dfrac{1}{2} & \dfrac{1}{2} \\ \dfrac{1}{2} & -\dfrac{1}{2} & \dfrac{1}{2} \end{pmatrix},$$

$$D=P^{-1}AP=\begin{pmatrix} 0 & 0 & 0 \\ 0 & 0 & 0 \\ 0 & 0 & -2 \end{pmatrix}.$$

(3) $A^n=PD^nP^{-1}=\begin{pmatrix} 1 & -1 & -1 \\ 1 & 0 & -2 \\ 0 & 1 & 1 \end{pmatrix}\begin{pmatrix} 0 & 0 & 0 \\ 0 & 0 & 0 \\ 0 & 0 & (-2)^n \end{pmatrix}\begin{pmatrix} 1 & 0 & 1 \\ -\dfrac{1}{2} & \dfrac{1}{2} & \dfrac{1}{2} \\ \dfrac{1}{2} & -\dfrac{1}{2} & \dfrac{1}{2} \end{pmatrix}$

$$=\begin{pmatrix} -\dfrac{1}{2}(-2)^n & \dfrac{1}{2}(-2)^n & -\dfrac{1}{2}(-2)^n \\ -(-2)^n & (-2)^n & -(-2)^n \\ \dfrac{1}{2}(-2)^n & -\dfrac{1}{2}(-2)^n & \dfrac{1}{2}(-2)^n \end{pmatrix}.$$

八、解 因为 $A=\begin{pmatrix} 1 & a & -1 \\ a & 1 & 2 \\ -1 & 2 & 5 \end{pmatrix}$，所以 f 正定当且仅当：$D_1=1>0$，

且 $D_2=\begin{vmatrix} 1 & a \\ a & 1 \end{vmatrix}=1-a^2>0$，且 $D_3=\begin{vmatrix} 1 & a & -1 \\ a & 1 & 2 \\ -1 & 2 & 5 \end{vmatrix}=-5a^2-4a>0$，即

$$\begin{cases} 1-a^2>0, \\ -5a^2-4a>0 \end{cases} \Rightarrow \begin{cases} -1<a<1, \\ -\dfrac{4}{5}<a<0, \end{cases}$$

故当 $-\dfrac{4}{5}<a<0$ 时，f 是正定二次型.

检 测 题 6

一、填空题(15 分，每空 3 分)

1. 设 A、B 都是 n 阶方阵，且 $|A|=2$，$|B|=-3$，则 $|2A^*B^{-1}|=$ _____ .

2. 若 $A=\begin{pmatrix} k & 1 & 1 & 1 \\ 1 & k & 1 & 1 \\ 1 & 1 & k & 1 \\ 1 & 1 & 1 & k \end{pmatrix}$，$R(A)=3$，则 $k=$ _____ .

3. 设向量 $\alpha=(2, 2, 1)^{\mathrm{T}}$，则 $-\dfrac{1}{3}\alpha$ 的长度 $|-\dfrac{1}{3}\alpha|=$ _____ .

4. 若实二次型 $f(x_1, x_2, x_3)=a(x_1^2+x_2^2+x_3^2)+4x_1x_2+4x_1x_3+4x_2x_3$

经正交变换 $X=PY$ 化为标准形 $f(y_1，y_2，y_3)=6y_1^2$，则 $a=$ _____ .

5. 若 α_1，α_2，α_3 线性无关，$\alpha_1+2\alpha_2$，$2\alpha_2+k\alpha_3$，$3\alpha_3+2\alpha_1$ 线性相关，则 $k=$ _____ .

二、选择题（15 分，每题 3 分）

1. 设矩阵 $A_{m\times n}$，$B_{n\times p}$，$C_{p\times m}$，则下列运算无意义的是（　　）.

　　A. $C+(AB)^T$；　　　B. ABC；　　　C. $(BC)^T-A$；　　　D. AC^T.

2. 设四阶方阵 A 的行列式 $|A|=0$，则必有（　　）.

　　A. A 的列向量组线性相关，且任意 3 个列向量也线性相关；

　　B. A 的 4 个列向量两两线性相关；

　　C. A 中必有一个列向量是其余列向量的线性组合；

　　D. A 的任意 3 个行向量线性无关，但其 4 个行向量线性相关.

3. 下列矩阵中不是正交阵的是（　　）.

　　A. $\begin{pmatrix} 0 & -1 \\ 1 & 0 \end{pmatrix}$；　　　B. $\begin{pmatrix} \cos\theta & \sin\theta & 0 \\ -\sin\theta & \cos\theta & 0 \\ 0 & 0 & -1 \end{pmatrix}$；

　　C. $\dfrac{1}{6}\begin{pmatrix} 1 & 5 & \sqrt{10} \\ 5 & 1 & -\sqrt{10} \\ \sqrt{10} & -\sqrt{10} & 4 \end{pmatrix}$；　　D. $\dfrac{1}{2}\begin{pmatrix} \sqrt{3}+1 & \sqrt{3}+1 \\ \sqrt{3}-1 & -\sqrt{3}-1 \end{pmatrix}$.

4. 若 $A=\begin{pmatrix} 1 & x & -3 \\ 0 & 1 & -4 \\ 0 & 0 & 2 \end{pmatrix}$ 相似于对角矩阵，则 x 的值为（　　）.

　　A. 1；　　　　　　　　　B. -1；

　　C. 3；　　　　　　　　　D. 0.

5. 设 n 元齐次线性方程组 $AX=0$，若 $R(A)=r<n$，则其基础解系（　　）.

　　A. 唯一存在；　　　　　　B. 共有 $n-r$ 个；

　　C. 含有 $n-r$ 个解向量；　　D. 含有无穷多个解向量.

三、计算行列式（14 分，每题 7 分）

1. $D=\begin{vmatrix} 0 & 2 & -1 & 0 \\ 4 & -3 & 0 & 6 \\ 2 & 2 & 1 & 3 \\ 3 & -1 & -2 & 3 \end{vmatrix}$；　　2. $D=\begin{vmatrix} 1 & 3 & 3 & \cdots & 3 \\ 3 & 2 & 3 & \cdots & 3 \\ 3 & 3 & 3 & \cdots & 3 \\ \vdots & \vdots & \vdots & & \vdots \\ 3 & 3 & 3 & \cdots & n \end{vmatrix}$.

四、(14 分，每题 7 分)

1. 向量组：$\boldsymbol{\alpha}_1 = (1, -2, -1, 0)^{\mathrm{T}}$，$\boldsymbol{\alpha}_2 = (-1, 2, 1, 3)^{\mathrm{T}}$，$\boldsymbol{\alpha}_3 = (2, -1, 0, 2)^{\mathrm{T}}$，$\boldsymbol{\alpha}_4 = (1, 1, 1, 1)^{\mathrm{T}}$．(1) 求一个极大无关组；(2) 把其余向量用此极大无关组线性表示．

2. 设 $\boldsymbol{AX} = \boldsymbol{B}$，求 $\boldsymbol{X}$，其中，

$$\boldsymbol{A} = \begin{bmatrix} 1 & 0 & -1 \\ 0 & 1 & 2 \\ -1 & 0 & 0 \end{bmatrix}, \quad \boldsymbol{B} = \begin{bmatrix} 1 & 2 \\ 2 & 0 \\ 3 & 1 \end{bmatrix}.$$

五、(14 分)a 取何值时，下面的齐次线性方程组有唯一零解，有非零解？并在有非零解时求一组基础解系．

$$\begin{cases} x_1 + x_2 + x_3 = 0, \\ x_1 + x_2 + ax_3 = 0, \\ ax_1 + x_2 + x_3 = 0. \end{cases}$$

六、(14 分，每题 7 分)设三阶方阵 $\boldsymbol{A}$ 的三个特征值为 $\lambda_1 = 1$，$\lambda_2 = 0$，$\lambda_3 = -1$，相应的特征向量为

$$\boldsymbol{\alpha}_1 = \begin{bmatrix} 1 \\ 1 \\ 1 \end{bmatrix}, \quad \boldsymbol{\alpha}_2 = \begin{bmatrix} 1 \\ 1 \\ 0 \end{bmatrix}, \quad \boldsymbol{\alpha}_3 = \begin{bmatrix} 1 \\ 0 \\ 0 \end{bmatrix},$$

(1) 求方阵 $\boldsymbol{A}$； (2) 求 $\boldsymbol{A}^{2n}$，其中 n 为正整数．

七、(14 分，每题 7 分)设

$$\boldsymbol{\alpha}_1 = \begin{bmatrix} 1 \\ 1 \\ 1 \\ 1 \end{bmatrix}, \quad \boldsymbol{\alpha}_2 = \begin{bmatrix} 1 \\ 0 \\ -1 \\ 0 \end{bmatrix}, \quad \boldsymbol{\alpha}_3 = \begin{bmatrix} 1 \\ 1 \\ -1 \\ 0 \end{bmatrix},$$

(1) 证明：$\boldsymbol{\alpha}_1$，$\boldsymbol{\alpha}_2$，$\boldsymbol{\alpha}_3$ 线性无关； (2) 请将 $\boldsymbol{\alpha}_1$，$\boldsymbol{\alpha}_2$，$\boldsymbol{\alpha}_3$ 标准正交化．

检测题 6 答案

一、1. $-\dfrac{1}{3} \cdot 2^{2n-1}$． 2. -3． 3. 1． 4. 2． 5. $-\dfrac{3}{2}$．

二、1. D． 2. C． 3. D． 4. D． 5. C．

三、1. 解 $D = \begin{vmatrix} 0 & 2 & -1 & 0 \\ 4 & -3 & 0 & 6 \\ 2 & 2 & 1 & 3 \\ 3 & -1 & -2 & 3 \end{vmatrix} = \begin{vmatrix} 0 & 2 & -1 & 0 \\ 0 & -7 & -2 & 0 \\ 2 & 2 & 1 & 3 \\ 3 & -1 & -2 & 3 \end{vmatrix}$

$= \begin{vmatrix} 0 & 2 & -1 & 0 \\ 0 & -7 & -2 & 0 \\ 2 & 2 & 1 & 3 \\ 1 & -3 & -3 & 0 \end{vmatrix} = -3 \times 1 \times (-4 - 7) = 33.$

2. 解 $D = \begin{vmatrix} 1 & 3 & 3 & \cdots & 3 \\ 3 & 2 & 3 & \cdots & 3 \\ 3 & 3 & 3 & \cdots & 3 \\ \vdots & \vdots & \vdots & & \vdots \\ 3 & 3 & 3 & \cdots & n \end{vmatrix} = \begin{vmatrix} -2 & 0 & 0 & \cdots & 0 \\ 0 & -1 & 0 & \cdots & 0 \\ 3 & 3 & 3 & \cdots & 3 \\ \vdots & \vdots & \vdots & & \vdots \\ 0 & 0 & 0 & \cdots & n-3 \end{vmatrix}$

$= -1 \times (-2) \times 3 \times 1 \times 2 \times \cdots \times (n-3) = 6(n-3)!.$

四、1. 解 $A = (\boldsymbol{\alpha}_1, \boldsymbol{\alpha}_2, \boldsymbol{\alpha}_3, \boldsymbol{\alpha}_4) = \begin{pmatrix} 1 & -1 & 2 & 1 \\ 2 & 2 & -1 & 1 \\ -1 & 1 & 0 & 1 \\ 0 & 3 & 2 & 1 \end{pmatrix}$

$\rightarrow \begin{pmatrix} 1 & -1 & 0 & -1 \\ 0 & 3 & 0 & -1 \\ 0 & 0 & 1 & 1 \\ 0 & 0 & 0 & 0 \end{pmatrix} \rightarrow \begin{pmatrix} 1 & 0 & 0 & -\frac{4}{3} \\ 0 & 1 & 0 & -\frac{1}{3} \\ 0 & 0 & 1 & 1 \\ 0 & 0 & 0 & 0 \end{pmatrix},$

(1) 一个极大无关组为 $\boldsymbol{\alpha}_1, \boldsymbol{\alpha}_2, \boldsymbol{\alpha}_3$;

(2) $\boldsymbol{\alpha}_4 = -\dfrac{4}{3}\boldsymbol{\alpha}_1 - \dfrac{1}{3}\boldsymbol{\alpha}_2 + \boldsymbol{\alpha}_3.$

2. 解 由于 $A = \begin{pmatrix} 1 & 0 & -1 \\ 0 & 1 & 2 \\ -1 & 0 & 0 \end{pmatrix}$, 求得 $A^{-1} = \begin{pmatrix} 0 & 0 & -1 \\ 2 & 1 & 2 \\ -1 & 0 & -1 \end{pmatrix}$, 所以

$$X = A^{-1}B = \begin{pmatrix} 0 & 0 & -1 \\ 2 & 1 & 2 \\ -1 & 0 & -1 \end{pmatrix}\begin{pmatrix} 1 & 2 \\ 2 & 0 \\ 3 & 1 \end{pmatrix} = \begin{pmatrix} -3 & -1 \\ 10 & 6 \\ -4 & -3 \end{pmatrix}.$$

五、解 系数矩阵的行列式为

$$D=\begin{vmatrix} 1 & 1 & 1 \\ 1 & 1 & a \\ a & 1 & 1 \end{vmatrix}=\begin{vmatrix} 1 & 1 & 1 \\ 0 & 0 & a-1 \\ a & 1 & 1 \end{vmatrix}=(1-a)^2.$$

(1) 当 $D\neq 0$，即 $a\neq 1$ 时，方程组有唯一零解；

(2) 当 $D=0$，即 $a=1$ 时，方程组有非零解.

此时，系数矩阵

$$A=\begin{pmatrix} 1 & 1 & 1 \\ 1 & 1 & 1 \\ 1 & 1 & 1 \end{pmatrix}\rightarrow\begin{pmatrix} 1 & 1 & 1 \\ 0 & 0 & 0 \\ 0 & 0 & 0 \end{pmatrix},$$

同解方程组为

$$x_1=-x_2-x_3(x_2,\ x_3\ 为自由未知量),$$

取 $(x_2,\ x_3)^{\mathrm{T}}=(1,\ 0)^{\mathrm{T}}$ 和 $(0,\ 1)^{\mathrm{T}}$，得一组基础解系为

$$\boldsymbol{\xi}_1=(-1,\ 1,\ 0)^{\mathrm{T}},\ \boldsymbol{\xi}_2=(-1,\ 0,\ 1)^{\mathrm{T}}.$$

六、解 (1) 记 $C=\begin{pmatrix} 1 & 1 & 1 \\ 1 & 1 & 0 \\ 1 & 0 & 0 \end{pmatrix}$，$D=\begin{pmatrix} 1 & & \\ & 0 & \\ & & -1 \end{pmatrix}$，由方阵的相似对角

化有：

$$C^{-1}AC=D,\ C^{-1}=\begin{pmatrix} 0 & 0 & 1 \\ 0 & 1 & -1 \\ 1 & -1 & 0 \end{pmatrix},$$

所以

$$A=CDC^{-1}=\begin{pmatrix} -1 & 1 & 1 \\ 0 & 0 & 1 \\ 0 & 0 & 1 \end{pmatrix}.$$

(2) $A^{2n}=CD^{2n}C^{-1}=\begin{pmatrix} 1 & -1 & 1 \\ 0 & 0 & 1 \\ 0 & 0 & 1 \end{pmatrix}.$

七、解 (1) $A=(\boldsymbol{\alpha}_1,\ \boldsymbol{\alpha}_2,\ \boldsymbol{\alpha}_3)=\begin{pmatrix} 1 & 1 & 1 \\ 1 & 0 & 1 \\ 1 & -1 & -1 \\ 1 & 0 & 0 \end{pmatrix},$

因为 $R(A)=3$ 等于变量的个数，所以此向量组线性无关.

(2) 施密特正交化方法：

正交化得 $\qquad\qquad\qquad\boldsymbol{\beta}_1=\boldsymbol{\alpha}_1,$

$$\boldsymbol{\beta}_2 = \boldsymbol{\alpha}_2 - \frac{(\boldsymbol{\alpha}_2, \boldsymbol{\beta}_1)}{(\boldsymbol{\beta}_1, \boldsymbol{\beta}_1)}\boldsymbol{\beta}_1 = \begin{pmatrix} 1 \\ 0 \\ -1 \\ 0 \end{pmatrix},$$

$$\boldsymbol{\beta}_3 = \boldsymbol{\alpha}_3 - \frac{(\boldsymbol{\alpha}_3, \boldsymbol{\beta}_2)}{(\boldsymbol{\beta}_2, \boldsymbol{\beta}_2)}\boldsymbol{\beta}_2 - \frac{(\boldsymbol{\alpha}_3, \boldsymbol{\beta}_1)}{(\boldsymbol{\beta}_1, \boldsymbol{\beta}_1)}\boldsymbol{\beta}_1 = \begin{pmatrix} -\frac{1}{4} \\ \frac{3}{4} \\ -\frac{1}{4} \\ -\frac{1}{4} \end{pmatrix}.$$

单位化得

$$\boldsymbol{\gamma}_1 = \frac{\boldsymbol{\beta}_1}{|\boldsymbol{\beta}_1|} = \begin{pmatrix} \frac{1}{2} \\ \frac{1}{2} \\ \frac{1}{2} \\ \frac{1}{2} \end{pmatrix}, \quad \boldsymbol{\gamma}_2 = \frac{\boldsymbol{\beta}_2}{|\boldsymbol{\beta}_2|} = \begin{pmatrix} \frac{\sqrt{2}}{2} \\ 0 \\ -\frac{\sqrt{2}}{2} \\ 0 \end{pmatrix},$$

$$\boldsymbol{\gamma}_3 = \frac{\boldsymbol{\beta}_3}{|\boldsymbol{\beta}_3|} = \frac{\sqrt{3}}{3} \begin{pmatrix} -\frac{1}{2} \\ \frac{3}{2} \\ -\frac{1}{2} \\ -\frac{1}{2} \end{pmatrix},$$

$\boldsymbol{\gamma}_1$，$\boldsymbol{\gamma}_2$，$\boldsymbol{\gamma}_3$ 即为所求.

检 测 题 7

一、填空题(每空 3 分，满分为 36 分)

1. 设 $D = \begin{vmatrix} 1 & x & 2 \\ 3 & 4 & 1 \\ a & 0 & 1 \end{vmatrix}$，已知 x 的代数余子式等于 1，则 $a = $ _____.

2. 设 $A=\begin{pmatrix} 1 & 2 & 3 \\ 2 & 3 & \lambda \\ 3 & 7 & 4 \end{pmatrix}$，已知 $R(A)=2$，则 $\lambda=$ ＿＿＿＿＿．

3. 四阶行列式 D 的项：$a_{32}a_{43}a_{21}a_{14}$ 应取 ＿＿＿＿＿ 号．

4. 设 $A=\begin{pmatrix} x & a & b \\ a & 3 & c \\ b & c & 4 \end{pmatrix}$ 不可逆，且 $\lambda_1=\lambda_2=3$ 是 A 的特征值，则 $x=$ ＿＿＿＿＿．

5. 设三阶方阵 A 的行列式 $|A|=2$，A^* 表示 A 的伴随矩阵，则 $|A^*-4A^{-1}|=$ ＿＿＿＿＿．

6. 已知 $\alpha=(1,2,0,2)^T$ 与 $\beta=(2,k,0,-3)^T$ 正交，则 $k=$ ＿＿＿＿＿．

7. 设 $\alpha=(1,2,-2,0)^T$，$\beta=(-1,1,-1,1)^T$，则 β 的长度 $|\beta|=$ ＿＿＿＿＿，α 与 β 的夹角 $\langle\alpha,\beta\rangle=$ ＿＿＿＿＿，α 与 β 之间的距离 $d(\alpha,\beta)=$ ＿＿＿＿＿．

8. 当 ＿＿＿＿＿ 时，n 元非齐次线性方程组 $AX=b$ 无解．

9. 三元二次型 $f(x_1,x_2,x_3)=2x_1^2-3x_3^2+4x_1x_2-6x_2x_3$ 的矩阵 $A=$ ＿＿＿＿＿．

10. 设 $\alpha_1=(1,0,2)^T$，$\alpha_2=(2,1,5)^T$，$\alpha_3=(3,0,k)^T$ 线性相关，则 $k=$ ＿＿＿＿＿．

二、求下面四阶行列式的值（满分为 10 分）

$$D=\begin{vmatrix} 1 & 0 & 1 & 2 \\ 0 & 7 & -1 & 3 \\ 1 & 7 & 0 & 2 \\ 2 & 3 & 5 & 1 \end{vmatrix}.$$

三、（满分为 14 分）设 $AX=B$，求矩阵 X，其中，

$$A=\begin{pmatrix} -1 & 2 & 1 \\ 3 & -1 & 0 \\ -2 & 3 & 2 \end{pmatrix}, \quad B=\begin{pmatrix} -1 & 1 & 1 \\ 2 & 1 & 1 \\ 0 & -4 & 1 \end{pmatrix}.$$

四、（满分为 14 分）λ 取何值时下面的线性方程组有唯一解、有无穷多解、无解？并在有解时求解．

$$\begin{cases} \lambda x_1+x_2+x_3=1, \\ x_1+\lambda x_2+x_3=1, \\ x_1+x_2+\lambda x_3=\lambda. \end{cases}$$

五、（满分为 14 分）已知三阶方阵 A 的三个特征值为 $\lambda_1=1$，$\lambda_2=3$，$\lambda_3=-2$，其对应的特征向量分别为

$$\begin{bmatrix}1\\0\\0\end{bmatrix}, \begin{bmatrix}2\\1\\2\end{bmatrix}, \begin{bmatrix}2\\6\\-3\end{bmatrix},$$

（1）求矩阵 $\boldsymbol{A}$；（2）求 $\boldsymbol{A}^{20}$.

六、（满分为 12 分）求三元二次型 $f(x_1, x_2, x_3)=x_1^2-x_3^2+2x_1x_2-4x_2x_3$ 的标准形，并写出所经过的非退化线性变换.

检测题 7 答案

一、1. 4. 2. 11. 3. 负. 4. -1. 5. -4. 6. 2. 7. 2，$\dfrac{\pi}{3}$，$\sqrt{7}$.

8. $R(\boldsymbol{A}) \neq R(\boldsymbol{A}, \boldsymbol{b})$. 9. $\begin{bmatrix}2 & 2 & 0\\2 & 0 & -3\\0 & -3 & -3\end{bmatrix}$. 10. 6.

二、解 $D = \begin{vmatrix}1 & 0 & 1 & 2\\0 & 7 & -1 & 3\\1 & 7 & 0 & 2\\2 & 3 & 5 & 1\end{vmatrix} = \begin{vmatrix}1 & 0 & 1 & 2\\0 & 7 & -1 & 3\\0 & 7 & -1 & 0\\0 & 3 & 3 & -3\end{vmatrix}$

$= \begin{vmatrix}1 & 0 & 1 & 2\\0 & 7 & -1 & 3\\0 & 0 & 0 & -3\\0 & 3 & 3 & -3\end{vmatrix} = \begin{vmatrix}1 & 0 & 1 & 2\\0 & 3 & 3 & -3\\0 & 7 & -1 & 3\\0 & 0 & 0 & -3\end{vmatrix} = 72.$

三、解 $|\boldsymbol{A}| = -3$，$\boldsymbol{A}^* = \begin{bmatrix}-2 & -1 & 1\\-6 & 0 & 3\\7 & -1 & -5\end{bmatrix}$，所以

$$\boldsymbol{A}^{-1} = \frac{1}{|\boldsymbol{A}|}\boldsymbol{A}^* = -\frac{1}{3}\begin{bmatrix}-2 & -1 & 1\\-6 & 0 & 3\\7 & -1 & -5\end{bmatrix}.$$

$$\boldsymbol{X} = \boldsymbol{A}^{-1}\boldsymbol{B} = -\frac{1}{3}\begin{bmatrix}-2 & -1 & 1\\-6 & 0 & 3\\7 & -1 & -5\end{bmatrix}\begin{bmatrix}-1 & 1 & 1\\2 & 1 & 1\\0 & -4 & 1\end{bmatrix} = \begin{bmatrix}0 & \dfrac{7}{3} & \dfrac{2}{3}\\-2 & 6 & 1\\3 & -\dfrac{26}{3} & -\dfrac{1}{3}\end{bmatrix}.$$

（或者直用 $(\boldsymbol{A} \vdots \boldsymbol{B}) \xrightarrow{\text{初等行变换}} (\boldsymbol{E} \vdots \boldsymbol{X})$ 求得）.

四、解 $D=\begin{vmatrix} \lambda & 1 & 1 \\ 1 & \lambda & 1 \\ 1 & 1 & \lambda \end{vmatrix}=(\lambda+2)(\lambda-1)^2.$

(1) $D\neq 0$，即 $\lambda\neq -2$ 且 $\lambda\neq 1$ 时，有唯一解，且解为

$$x_1=\frac{D_1}{D}=0,\ x_2=\frac{D_2}{D}=0,\ x_3=\frac{D_3}{D}=1.$$

(2) 当 $\lambda=-2$ 时，

$$\overline{A}=\begin{pmatrix} -2 & 1 & 1 & 1 \\ 1 & -2 & 1 & 1 \\ 1 & 1 & -2 & -2 \end{pmatrix}\rightarrow\begin{pmatrix} 1 & 1 & -2 & -2 \\ 0 & -3 & 3 & 3 \\ 0 & 3 & -3 & -3 \end{pmatrix}\rightarrow\begin{pmatrix} 1 & 0 & -1 & -1 \\ 0 & 1 & -1 & -1 \\ 0 & 0 & 0 & 0 \end{pmatrix},$$

同解方程组为

$$\begin{cases} x_1=-1+x_3, \\ x_2=-1+x_3 \end{cases}(x_3\ 为自由未知量),$$

取 $x_3=0$，得特解：$\boldsymbol{\eta}=\begin{pmatrix} -1 \\ -1 \\ 0 \end{pmatrix}$；取 $x_3=1$，得 $\boldsymbol{\xi}=\begin{pmatrix} 1 \\ 1 \\ 1 \end{pmatrix}.$

所以通解为 $\boldsymbol{X}=\boldsymbol{\eta}+k\boldsymbol{\xi}$（$k$ 为任意常数）.

(3) 当 $\lambda=1$ 时，

$$\overline{A}=\begin{pmatrix} 1 & 1 & 1 & 1 \\ 1 & 1 & 1 & 1 \\ 1 & 1 & 1 & 1 \end{pmatrix}\rightarrow\begin{pmatrix} 1 & 1 & 1 & 1 \\ 0 & 0 & 0 & 0 \\ 0 & 0 & 0 & 0 \end{pmatrix},$$

同解方程组为

$$x_1=1-x_2-x_3(x_2,\ x_3\ 为自由变量),$$

取 $\begin{bmatrix} x_2 \\ x_3 \end{bmatrix}=\begin{pmatrix} 0 \\ 0 \end{pmatrix}$，得特解：$\boldsymbol{\eta}=\begin{pmatrix} 1 \\ 0 \\ 0 \end{pmatrix}$；取 $\begin{bmatrix} x_2 \\ x_3 \end{bmatrix}=\begin{pmatrix} 1 \\ 0 \end{pmatrix}$，$\begin{pmatrix} 0 \\ 1 \end{pmatrix}$，得

$$\boldsymbol{\xi}_1=\begin{pmatrix} -1 \\ 1 \\ 0 \end{pmatrix},\ \boldsymbol{\xi}_2=\begin{pmatrix} -1 \\ 0 \\ 1 \end{pmatrix},$$

所以通解为 $\boldsymbol{X}=\boldsymbol{\eta}+k_1\boldsymbol{\xi}_1+k_2\boldsymbol{\xi}_2$（$k_i$ 为任意常数）.

没有无解的情况.

五、解 (1) 因为 $\boldsymbol{A}$ 有三个线性无关的特征向量，所以 $\boldsymbol{A}$ 能相似对角化，所以

$$P=\begin{pmatrix} 1 & 2 & 2 \\ 0 & 1 & 6 \\ 0 & 2 & -3 \end{pmatrix}, \quad D=\begin{pmatrix} 1 & 0 & 0 \\ 0 & 3 & 0 \\ 0 & 0 & -2 \end{pmatrix}, \quad P^{-1}=-\frac{1}{15}\begin{pmatrix} -15 & 10 & 10 \\ 0 & -3 & -6 \\ 0 & -2 & 1 \end{pmatrix},$$

故
$$P^{-1}AP=D \Rightarrow A=PDP^{-1}=\begin{pmatrix} 1 & 0 & 2 \\ 0 & -1 & 2 \\ 0 & 2 & 2 \end{pmatrix}.$$

(2) $A^{20}=PD^{20}P^{-1}=-\dfrac{1}{15}\begin{pmatrix} -15 & 10-6\times3^{20}-2^{22} & 10-12\times3^{20}+2^{21} \\ 0 & -3^{21}-12\times2^{20} & -6\times3^{20}+6\times2^{20} \\ 0 & -6\times3^{20}+6\times2^{20} & -12\times3^{20}-3\times2^{20} \end{pmatrix}.$

六、解

$$\begin{aligned} f(x_1,\ x_2,\ x_3) &= x_1^2+2x_1x_2+x_2^2-x_2^2-x_3^2-4x_2x_3 \\ &= (x_1+x_2)^2-(x_2^2-4x_2x_3+4x_3^2)+3x_3^2, \\ &= (x_1+x_2)^2-(x_2-2x_3)^2+3x_3^2. \end{aligned}$$

令 $\begin{cases} y_1=x_1+x_2, \\ y_2=x_2-2x_3, \\ y_3=x_3, \end{cases}$ 即 $\begin{cases} x_1=y_1-y_2-2y_3, \\ x_2=y_2+2y_3, \\ x_3=y_3 \end{cases}$ 为所用的可逆变换，则标准形为

$$f=y_1^2-y_2^2+3y_3^2.$$

检 测 题 8

一、填空题（满分为 40 分，每小题 4 分）

1. 设 $A=\begin{pmatrix} 3 & -2 & 1 \\ k & 3 & 5 \\ -5 & 7 & 3 \end{pmatrix}$，已知 $R(A)=2$，则 $k=$＿＿＿＿．

2. 设三阶正定矩阵 A 的三个特征值为 4，6，λ，且 A 的行列式 $|A|=48$，则 $\lambda=$＿＿＿＿．

3. 设 $\alpha_1=(-1,\ 0,\ 1)^T$，$\alpha_2=(1,\ -2,\ -1)^T$，$\alpha_3=(-3,\ -2,\ a)^T$ 线性相关，则 $a=$＿＿＿＿．

4. 设 A 是三阶方阵，且 $|A|=-2$，A^* 是 A 的伴随矩阵，则 $|-A^*|=$＿＿＿＿．

5. 设 $\alpha_1=\begin{pmatrix} 1 \\ 0 \\ 1 \\ -\sqrt{3} \end{pmatrix}$，$\alpha_2=\begin{pmatrix} 1 \\ 1 \\ -1 \\ 0 \end{pmatrix}$，则向量 α_1 与 α_2 的夹角为＿＿＿＿．

6. 设 $D=\begin{vmatrix} 4 & x & -2 \\ 2 & -4 & 4 \\ -a & 0 & -4 \end{vmatrix}$，已知 x 的代数余子式等于 -16，则 $a=$

_____.

7. 四阶行列式 D 的项 $a_{32}a_{21}a_{14}a_{43}$ 应取 _____ 号.

8. 二次型 $f(x_1，x_2，x_3)=x_1^2+2x_2^2+x_3^2+2x_1x_2+2tx_2x_3$ 的矩阵是

_____.

9. n 阶方阵 A 的对应于不同特征值的特征向量一定 _____.

10. 设 n 阶方阵 A 的秩为 $n-1$，η_1，η_2 是非齐次线性方程组 $AX=\beta$ 的两个解，则齐次线性方程组 $AX=0$ 的通解可表示为 _____.

二、计算行列式(10 分)

1. $\begin{vmatrix} 4 & 1 & 2 & 4 \\ 1 & 2 & 0 & 2 \\ 10 & 5 & 2 & 0 \\ 0 & 1 & 1 & 7 \end{vmatrix}$； 2. $D_{n+1}=\begin{vmatrix} x & a_1 & a_2 & a_3 & \cdots & a_n \\ a_1 & x & a_2 & a_3 & \cdots & a_n \\ a_1 & a_2 & x & a_3 & \cdots & a_n \\ \vdots & \vdots & \vdots & \vdots & & \vdots \\ a_1 & a_2 & a_3 & a_4 & \cdots & x \end{vmatrix}$.

三、(10 分)已知向量组 T：

$$\alpha_1=\begin{pmatrix} 1 \\ 1 \\ 2 \\ -1 \end{pmatrix}，\alpha_2=\begin{pmatrix} 1 \\ 2 \\ 3 \\ 1 \end{pmatrix}，\alpha_3=\begin{pmatrix} -2 \\ -6 \\ -8 \\ -6 \end{pmatrix}，\alpha_4=\begin{pmatrix} 1 \\ -2 \\ 8 \\ -7 \end{pmatrix}，$$

求向量组 T 的一个极大线性无关组，并用该极大线性无关组表示其余向量.

四、求解矩阵方程(10 分)

设 $AB=B+A$，求 B，其中，

$$A=\begin{pmatrix} 2 & 2 & -1 \\ 0 & 2 & 3 \\ 0 & 0 & -2 \end{pmatrix}.$$

五、(10 分)讨论 λ 分别取何值时，方程组

$$\begin{cases} x_1+x_2+x_3=1， \\ x_1+\lambda x_2+2x_3=\lambda， \\ x_1+\lambda^2 x_2+4x_3=4 \end{cases}$$

无解、有唯一解及无穷多个解，并在有解时求出解.

六、(10 分)设方阵 $A=\begin{pmatrix} 1 & 2 \\ 2 & 1 \end{pmatrix}$，(1) 对 A 进行相似对角化；(2) 求 A^{2n}.

七、(10分)设二次型 $f(x_1,x_2,x_3)=5x_1^2+3x_2^2+3x_3^2-4x_2x_3$,

(1) 写出二次型的矩阵;

(2) 用正交变换化二次型为标准形,并求出该正交变换;

(3) 判别该二次型是否正定.

检测题8答案

一、1. 1.   2. 2.   3. 3.   4. −4.   5. $\dfrac{\pi}{2}$.   6. 6.   7. 负.

8. $\begin{bmatrix} 1 & 1 & 0 \\ 1 & 2 & t \\ 0 & t & 1 \end{bmatrix}$.   9. 线性无关.   10. $k(\boldsymbol{\eta}_1-\boldsymbol{\eta}_2)$,$k$任意.

二、1. 解 $\begin{vmatrix} 4 & 1 & 2 & 4 \\ 1 & 2 & 0 & 2 \\ 10 & 5 & 2 & 0 \\ 0 & 1 & 1 & 7 \end{vmatrix} \xlongequal[\ \ \ \ \ \ \ \ ]{r_1\leftrightarrow r_2} -\begin{vmatrix} 1 & 2 & 0 & 2 \\ 4 & 1 & 2 & 4 \\ 10 & 5 & 2 & 0 \\ 0 & 1 & 1 & 7 \end{vmatrix}$

$\xlongequal[r_3-10r_1]{r_2-4r_1} -\begin{vmatrix} 1 & 2 & 0 & 2 \\ 0 & -7 & 2 & -4 \\ 0 & -15 & 2 & -20 \\ 0 & 1 & 1 & 7 \end{vmatrix}.$

$\xlongequal{r_2\leftrightarrow r_4} \begin{vmatrix} 1 & 2 & 0 & 2 \\ 0 & 1 & 1 & 7 \\ 0 & -15 & 2 & -20 \\ 0 & -7 & 2 & -4 \end{vmatrix} \xlongequal[r_4+7r_2]{r_3+15r_2} \begin{vmatrix} 1 & 2 & 0 & 2 \\ 0 & 1 & 1 & 7 \\ 0 & 0 & 17 & 85 \\ 0 & 0 & 9 & 45 \end{vmatrix}$

$\xlongequal{r_4-\frac{9}{17}r_3} \begin{vmatrix} 1 & 2 & 0 & 2 \\ 0 & 1 & 1 & 7 \\ 0 & 0 & 17 & 85 \\ 0 & 0 & 0 & 0 \end{vmatrix} =0.$

2. 解 $D_{n+1}= \begin{vmatrix} x & a_1 & a_2 & a_3 & \cdots & a_n \\ a_1 & x & a_2 & a_3 & \cdots & a_n \\ a_1 & a_2 & x & a_3 & \cdots & a_n \\ \vdots & \vdots & \vdots & \vdots & & \vdots \\ a_1 & a_2 & a_3 & a_4 & \cdots & x \end{vmatrix}$

$$\xrightarrow[i=2,3,\cdots,n]{c_1+c_i} \begin{vmatrix} x+\sum_{i=1}^{n}a_i & a_1 & a_2 & \cdots & a_n \\ x+\sum_{i=1}^{n}a_i & x & a_2 & \cdots & a_n \\ x+\sum_{i=1}^{n}a_i & a_2 & x & \cdots & a_n \\ \vdots & \vdots & \vdots & & \vdots \\ x+\sum_{i=1}^{n}a_i & a_2 & a_3 & \cdots & x \end{vmatrix}$$

$$= \left(x+\sum_{i=1}^{n}a_i\right) \begin{vmatrix} 1 & a_1 & a_2 & \cdots & a_n \\ 1 & x & a_2 & \cdots & a_n \\ 1 & a_2 & x & \cdots & a_n \\ \vdots & \vdots & \vdots & & \vdots \\ 1 & a_2 & a_3 & \cdots & x \end{vmatrix}$$

$$\xrightarrow[i=2,3,\cdots,n,n+1]{c_i-a_{i-1}c_1} \left(x+\sum_{i=1}^{n}a_i\right) \begin{vmatrix} 1 & 0 & 0 & \cdots & 0 \\ 1 & x-a_1 & 0 & \cdots & 0 \\ 1 & a_2-a_1 & x-a_2 & \cdots & 0 \\ \vdots & \vdots & \vdots & & \vdots \\ 1 & a_2-a_1 & a_3-a_2 & \cdots & x-a_n \end{vmatrix}$$

$$= \left(x+\sum_{i=1}^{n}a_i\right)\prod_{i=1}^{n}(x-a_i).$$

三、解 $A=(\boldsymbol{\alpha}_1,\ \boldsymbol{\alpha}_2,\ \boldsymbol{\alpha}_3,\ \boldsymbol{\alpha}_4)=\begin{pmatrix} 1 & 1 & -2 & 1 \\ 1 & 2 & -6 & -2 \\ 2 & 3 & -8 & 8 \\ -1 & 1 & -6 & -7 \end{pmatrix}$

$$\xrightarrow[\substack{r_2-r_1 \\ r_3-2r_1 \\ r_4+r_1}]{} \begin{pmatrix} 1 & 1 & -2 & 1 \\ 0 & 1 & -4 & -3 \\ 0 & 1 & -4 & 6 \\ 0 & 2 & -8 & -6 \end{pmatrix} \xrightarrow[\substack{r_3-r_2 \\ r_4-2r_2}]{} \begin{pmatrix} 1 & 1 & -2 & 1 \\ 0 & 1 & -4 & -3 \\ 0 & 0 & 0 & 9 \\ 0 & 0 & 0 & 0 \end{pmatrix}$$

$$\xrightarrow{\frac{1}{9}r_3} \begin{pmatrix} 1 & 1 & -2 & 1 \\ 0 & 1 & -4 & -3 \\ 0 & 0 & 0 & 1 \\ 0 & 0 & 0 & 0 \end{pmatrix} \xrightarrow[\substack{r_2+3r_3 \\ r_1-r_3}]{} \begin{pmatrix} 1 & 1 & -2 & 0 \\ 0 & 1 & -4 & 0 \\ 0 & 0 & 0 & 1 \\ 0 & 0 & 0 & 0 \end{pmatrix}$$

$$\xrightarrow{r_1-r_2}\begin{pmatrix}1&0&2&0\\0&1&-4&0\\0&0&0&1\\0&0&0&0\end{pmatrix}.$$

向量组 T 的一个极大无关组为 $\boldsymbol{\alpha}_1$，$\boldsymbol{\alpha}_2$，$\boldsymbol{\alpha}_4$，且 $\boldsymbol{\alpha}_3=2\boldsymbol{\alpha}_1-4\boldsymbol{\alpha}_2$.

四、解 由于 $\boldsymbol{A}=\begin{pmatrix}2&2&-1\\0&2&3\\0&0&-2\end{pmatrix}$，所以

$$\boldsymbol{A}-\boldsymbol{E}=\begin{pmatrix}1&2&-1\\0&1&3\\0&0&-3\end{pmatrix},$$

$$(\boldsymbol{A}-\boldsymbol{E})^{-1}=\frac{1}{-3}\begin{pmatrix}-3&6&7\\0&-3&-3\\0&0&1\end{pmatrix}=\begin{pmatrix}1&-2&-\dfrac{7}{3}\\0&1&1\\0&0&-\dfrac{1}{3}\end{pmatrix}.$$

由 $\boldsymbol{AB}=\boldsymbol{B}+\boldsymbol{A}$，得

$$\boldsymbol{AB}-\boldsymbol{B}=\boldsymbol{A},\quad (\boldsymbol{A}-\boldsymbol{E})\boldsymbol{B}=\boldsymbol{A},$$

所以 $\boldsymbol{B}=(\boldsymbol{A}-\boldsymbol{E})^{-1}\boldsymbol{A}$

$$=\begin{pmatrix}1&-2&-\dfrac{7}{3}\\0&1&1\\0&0&-\dfrac{1}{3}\end{pmatrix}\begin{pmatrix}2&2&-1\\0&2&3\\0&0&-2\end{pmatrix}=\begin{pmatrix}2&-2&-\dfrac{7}{3}\\0&2&1\\0&0&\dfrac{2}{3}\end{pmatrix}.$$

（或应用初等变换法）

五、解 因为 $|\boldsymbol{A}|=\begin{vmatrix}1&1&1\\1&\lambda&2\\1&\lambda^2&4\end{vmatrix}=(\lambda-1)(2-\lambda)$（范德蒙行列式），所以

(1) 当 $\lambda\neq1$ 且 $\lambda\neq2$ 时，有唯一解，且

$$D_1=\begin{vmatrix}1&1&1\\\lambda&\lambda&2\\4&\lambda^2&4\end{vmatrix}=\begin{vmatrix}1&1&1\\0&0&2-\lambda\\0&\lambda^2-4&0\end{vmatrix}=(\lambda+2)(\lambda-2)^2,$$

$$D_2=\begin{vmatrix}1&1&1\\1&\lambda&2\\1&4&4\end{vmatrix}=\begin{vmatrix}1&1&1\\0&\lambda-1&1\\0&3&3\end{vmatrix}=3(\lambda-2),$$

$$D_3 = \begin{vmatrix} 1 & 1 & 1 \\ 1 & \lambda & \lambda \\ 1 & \lambda^2 & 4 \end{vmatrix} = \begin{vmatrix} 1 & 1 & 1 \\ 0 & \lambda-1 & \lambda-1 \\ 0 & \lambda^2-1 & 3 \end{vmatrix} = (\lambda-1)(4-\lambda^2),$$

故　　　　$x_1 = \dfrac{D_1}{|\boldsymbol{A}|} = \dfrac{4-\lambda^2}{\lambda-1}$，　$x_2 = \dfrac{D_2}{|\boldsymbol{A}|} = \dfrac{3}{1-\lambda}$，　$x_3 = \dfrac{D_3}{|\boldsymbol{A}|} = \lambda+2$.

(2) 当 $\lambda=1$ 时，

$$\bar{\boldsymbol{A}} = \begin{pmatrix} 1 & 1 & 1 & 1 \\ 1 & 1 & 2 & 1 \\ 1 & 1 & 4 & 4 \end{pmatrix} \xrightarrow[r_3-r_1]{r_2-r_1} \begin{pmatrix} 1 & 1 & 1 & 1 \\ 0 & 0 & 1 & 0 \\ 0 & 0 & 3 & 3 \end{pmatrix} \xrightarrow[r_3-3r_2]{r_1-r_2} \begin{pmatrix} 1 & 1 & 0 & 1 \\ 0 & 0 & 1 & 0 \\ 0 & 0 & 0 & 3 \end{pmatrix},$$

故方程组无解．

(3) 当 $\lambda=2$ 时，

$$\bar{\boldsymbol{A}} = \begin{pmatrix} 1 & 1 & 1 & 1 \\ 1 & 2 & 2 & 2 \\ 1 & 4 & 4 & 4 \end{pmatrix} \xrightarrow[r_3-r_1]{r_2-r_1} \begin{pmatrix} 1 & 1 & 1 & 1 \\ 0 & 1 & 1 & 1 \\ 0 & 3 & 3 & 3 \end{pmatrix} \xrightarrow[r_3-3r_2]{r_1-r_2} \begin{pmatrix} 1 & 0 & 0 & 0 \\ 0 & 1 & 1 & 1 \\ 0 & 0 & 0 & 0 \end{pmatrix},$$

故方程组有无穷多解，一般解为

$$\begin{cases} x_1=0, \\ x_2=1-x_3 \end{cases} (x_3 \text{ 任意}).$$

六、解 (1) $|\boldsymbol{A}-\lambda\boldsymbol{E}| = \begin{vmatrix} 1-\lambda & 2 \\ 2 & 1-\lambda \end{vmatrix} = (3-\lambda)(-1-\lambda)=0,$

所以特征值为 $\lambda_1=3$，$\lambda_2=-1$.

当 $\lambda_1=3$ 时，解 $(\boldsymbol{A}-\lambda\boldsymbol{E})\boldsymbol{X}=\boldsymbol{0}$ 有

$$\boldsymbol{A}-\lambda\boldsymbol{E} = \begin{pmatrix} -2 & 2 \\ 2 & -2 \end{pmatrix} \to \begin{pmatrix} 1 & -1 \\ 0 & 0 \end{pmatrix},$$

得基础解系 $\boldsymbol{\xi}_1 = \begin{pmatrix} 1 \\ 1 \end{pmatrix}$；

当 $\lambda_2=-1$ 时，解 $(\boldsymbol{A}-\lambda\boldsymbol{E})\boldsymbol{X}=\boldsymbol{0}$ 有

$$\boldsymbol{A}-\lambda\boldsymbol{E} = \begin{pmatrix} 2 & 2 \\ 2 & 2 \end{pmatrix} \to \begin{pmatrix} 1 & 1 \\ 0 & 0 \end{pmatrix},$$

得基础解系 $\boldsymbol{\xi}_2 = \begin{pmatrix} -1 \\ 1 \end{pmatrix}$.

存在方阵 $\boldsymbol{P} = \begin{pmatrix} 1 & -1 \\ 1 & 1 \end{pmatrix}$，$\boldsymbol{D} = \begin{pmatrix} 3 & 0 \\ 0 & 1 \end{pmatrix}$，使得 $\boldsymbol{P}^{-1}\boldsymbol{A}\boldsymbol{P}=\boldsymbol{D}.$

(2) $\boldsymbol{A}=\boldsymbol{P}\boldsymbol{D}\boldsymbol{P}^{-1}$，

$$A^{2n}=PD^{2n}P^{-1}=\frac{1}{2}\begin{pmatrix}1&-1\\1&1\end{pmatrix}\begin{pmatrix}3^{2n}&0\\0&1\end{pmatrix}\begin{pmatrix}1&1\\-1&1\end{pmatrix}=\frac{1}{2}\begin{pmatrix}3^{2n}+1&3^{2n}-1\\3^{2n}-1&3^{2n}+1\end{pmatrix}.$$

七、解 （1）矩阵 $A=\begin{pmatrix}5&0&0\\0&3&-2\\0&-2&3\end{pmatrix}$.

（2）特征方程

$$|A-\lambda E|=(5-\lambda)(\lambda-1)(\lambda-5)=0,$$

所以特征值为 $\lambda_1=5$，$\lambda_2=5$，$\lambda_3=1$.

当 $\lambda_1=\lambda_2=5$ 时，

$$A-5E=\begin{pmatrix}0&0&0\\0&-2&-2\\0&-2&-2\end{pmatrix}\rightarrow\begin{pmatrix}0&1&1\\0&0&0\\0&0&0\end{pmatrix},$$

同解方程组：$x_2=-x_3$，取 $(x_1,x_3)^T=(1,0)^T$ 和 $(0,1)^T$，得

$$\xi_1=\begin{pmatrix}1\\0\\0\end{pmatrix},\ \xi_2=\begin{pmatrix}0\\-1\\1\end{pmatrix}.$$

当 $\lambda_3=1$ 时，

$$A-E=\begin{pmatrix}4&0&0\\0&2&-2\\0&-2&2\end{pmatrix}\rightarrow\begin{pmatrix}1&0&0\\0&1&-1\\0&0&0\end{pmatrix},$$

同解方程组：$\begin{cases}x_1=0,\\x_2=x_3,\end{cases}$ 取 $x_3=1$，得

$$\xi_3=\begin{pmatrix}0\\1\\1\end{pmatrix}.$$

单位化得

$$p_1=\frac{\xi_1}{|\xi_1|}=\begin{pmatrix}1\\0\\0\end{pmatrix},\ p_2=\frac{\xi_2}{|\xi_2|}=\begin{pmatrix}0\\-\frac{1}{\sqrt2}\\\frac{1}{\sqrt2}\end{pmatrix},\ p_3=\frac{\xi_3}{|\xi_3|}=\begin{pmatrix}0\\\frac{1}{\sqrt2}\\\frac{1}{\sqrt2}\end{pmatrix}.$$

记 $\quad P=(p_1, p_2, p_3)=\begin{pmatrix} 1 & 0 & 0 \\ 0 & -\dfrac{1}{\sqrt{2}} & \dfrac{1}{\sqrt{2}} \\ 0 & \dfrac{1}{\sqrt{2}} & \dfrac{1}{\sqrt{2}} \end{pmatrix},$

则正交变换为 $X=PY$，所以标准形为 $f=5y_1^2+5y_2^2+y_3^2$.

（3）因为 A 的各阶顺序主子式：

$$5>0, \quad \begin{vmatrix} 5 & 0 \\ 0 & 3 \end{vmatrix}=15>0, \quad |A|=25>0,$$

所以 f 正定．

（（3）的另解：因为实对称矩阵 $A=\begin{pmatrix} 5 & 0 & 0 \\ 0 & 3 & -2 \\ 0 & -2 & 3 \end{pmatrix}$ 的三个特征值分别为 5，

5，1，全大于零，所以 A 正定，即 f 正定．）

主要参考文献

安希忠，崔文善．2005．新编线性代数．长春：吉林科学技术出版社．

北京大学数学系几何与代数教研室前代数小组．2003．高等代数．第3版．北京：高等教育
    出版社．

蒋尔雄，高坤敏，等．1979．线性代数．北京：人民教育出版社．

李尚志．2006．线性代数．北京：高等教育出版社．

同济大学应用数学系．2003．线性代数．第4版．北京：高等教育出版社．

王品超．1989．高等代数新方法．济南：山东教育出版社．

谢邦杰．1978．线性代数．北京：人民教育出版社．

张禾瑞，郝鈵新．2007．高等代数．第5版．北京：高等教育出版社．

Berberian S. K. 1992. Linear algebra. Oxford：Oxford Univ Press.

Lipschutz S. 1991. Theory and problems of linear algebra. New York：McGraw‐Hill.

图书在版编目（CIP）数据

线性代数 / 张洪谦主编 . —3 版 . —北京：中国
农业出版社，2014.1（2016.8 重印）
普通高等教育农业部"十二五"规划教材　全国高等
农林院校"十二五"规划教材
ISBN 978 - 7 - 109 - 18602 - 6

Ⅰ.①线…　Ⅱ.①张…　Ⅲ.①线性代数-高等学校-
教材　Ⅳ.①O151.2

中国版本图书馆 CIP 数据核字（2013）第 297674 号

中国农业出版社出版
（北京市朝阳区农展馆北路 2 号）
（邮政编码 100125）
策划编辑　朱　雷　魏明龙
文字编辑　魏明龙

北京通州皇家印刷厂印刷　新华书店北京发行所发行
2006 年 9 月第 1 版　2014 年 1 月第 3 版
2016 年 8 月第 3 版北京第 4 次印刷

开本：720mm×960mm　1/16　印张：13.5
字数：232 千字
定价：29.00 元（含光盘）
（凡本版图书出现印刷、装订错误，请向出版社发行部调换）